国 家 精 品 在 线 开 放 课 程 教 材

高等学校计算机技术类课程规划教材

"互联网＋"教材

C 与 C++ 程序设计

主　编　戴　波
副主编　陈文宇　丘志杰　卢光辉

U0196579

北京大学出版社

PEKING UNIVERSITY PRESS

内 容 简 介

本教材一共 10 章，第 1 章介绍软件开发过程及 Visual Studio 2015 开发环境的使用，第 2～6 章介绍 C 语言基础知识及面向过程技术，第 7～10 章介绍 C++语言基础知识及面向对象技术。

本教材基础理论浅显易懂，编程案例趣味性强，适合没有编程基础以及学习了 C 语言或者 C++语言，仍然不能根据问题独立编写程序的初学者。本教材将理论与实践紧密结合，从分析问题，到寻找解题思路，再到编程、调试、运行，都借助实际案例展开。初学者可以通过扫描二维码来观看视频讲解，从而掌握相关的基础知识及编程过程；并通过视频中的详细演示学会编程方法与调试技术，避免初学者在学习初期常犯的编译错误和后期的运行错误。

本教材提供配套 PPT、视频讲解、编程习题库及 QQ 答疑等丰富资源，既适合传统教学使用，又适合翻转课堂教学法的课前预习和课堂编程与讨论；同时，也适合没有教师辅导的独立学习者使用。

图书在版编目 (CIP) 数据

C 与 C++程序设计／戴波主编.—北京：北京大学出版社，2018.1
（高等学校计算机技术类课程规划教材）

ISBN 978-7-301-29031-6

Ⅰ.①C… Ⅱ.①戴… Ⅲ.①C 语言—程序设计—高等学校—教材 Ⅳ.①TP312.8

中国版本图书馆 CIP 数据核字（2017）第 307019 号

书　　　名	C 与 C++程序设计
	C YU C++ CHENGXU SHEJI
著作责任者	戴　波　主编
策 划 编 辑	孙　晔
责 任 编 辑	温丹丹
标 准 书 号	ISBN 978-7-301-29031-6
出 版 发 行	北京大学出版社
地　　　址	北京市海淀区成府路 205 号　100871
网　　　址	http://www.pup.cn　新浪微博：@北京大学出版社
编辑部邮箱	zyjy@pup.cn
总编室邮箱	zpup@pup.cn
电　　　话	邮购部 010-62752015　发行部 010-62750672　编辑部 010-62756923
印 刷 者	三河市博文印刷有限公司
经 销 者	新华书店
	787 毫米×1092 毫米　16 开本　20 印张　470 千字
	2018 年 1 月第 1 版　2023 年 8 月第 7 次印刷
定　　　价	48.00 元

高等学校计算机技术类课程规划教材
编 委 会

前　言

一、编写背景

MOOC(Massive Open Online Courses,大型开放式网络课程,一般称为"慕课")的兴起,让众多非计算机专业的学生也可以通过网络学习计算机专业课程。为了照顾不同层次的学习者,MOOC 的计算机课程虽然通俗易懂,但是深度与难度却不够;而加大深度与难度后,对于没有教师指导与辅导的初学者来说,要学好并能够使用则极为困难,二者不能兼得。因此,对于非计算机专业学生来说,通过 MOOC 学习达到计算机程序设计课程的专业要求,还存在困难。实际情况也显示,不少提前通过 MOOC 学习达到优秀成绩的计算机专业的学生,在进入学校的同一门专业课程学习时仍然会感觉难度很大,他们对许多问题的认识不到位,甚至是错误的。对于非计算机专业的 MOOC 学习者来说,要想深入掌握并灵活应用程序设计语言解决问题,还需要专业训练指导和实验实践。

对于计算机专业的学生来说,目前程序设计语言仍然采用大量的课时进行基础理论教学,少量的课时进行上机训练。这样做存在的问题是,由于初学者没有上机实践的基础,理论学习太抽象,因此只能死记硬背,不能学以致用;等到了上机训练时一点点问题就会被难倒,无法完成一个简单的上机编程实验。这样很容易打击初学者的信心,从而让他们丧失学习兴趣。有的学校试点所有的课程都在机房上,目的是让学生有更多进行上机训练的机会。但实际情况是,有的教师只是换教室而已,教学方法还和以前相同,问题同样存在;有的教师发现学生一做编程题,问题就很多,教师一节课还没有讲什么,下课时间就到了,结果编程没有指导好,而理论课的时间也没有了。翻转课堂教学法可以很好地解决这个问题。首先,学生可以预习简单的基础理论课程。为了照顾部分自学能力比较差的同学,任课教师提前录制基础理论讲解视频,配合 PPT 动画和预习检测题(配答案),让学生每周花 2 个学时的时间自学基础理论。其次,学生可以自由选择最适合自己的资料进行自学,并通过完成简单的预习检测题来检测自己的学习效果。最后,课堂上,教师先通过几分钟的测验来检测学生的预习效果,并根据检测结果,灵活地调整上课内容。如果学生预习效果好,则直接给出应用型的问题引导学生思考、编程解决问题;如果学生预习效果不好,则先进行基础理论的复习,可以只针对难点进行细致地讲解,然后再引导学生理解如何通过编程解决问题的方式灵活地运用基础理论知识解决实际问题。

C 语言和 C++语言既有区别又有联系,具有广泛的应用场合,可以用来编制各种系统软件与应用软件,是大多数学校的计算机专业必修课程,但一般分成 2 个学期完成教学。这样做带来的问题是,学时数紧张。学生对 C 语言还没有掌握好,经过 1 个或者 2 个学期后再学习 C++语言,可能 C 语言的知识又忘记了,教师还得花时间讲授 C 语言基础。有的学校只讲授 C++语言,学生具备面向对象的编程思想,但对面向过程的编程思想不了解,对于复杂问题的解决存在困难。电子科技大学计算机学院进行试点,将这两门课程进行梳理,合并成一门课程,学时数比以前两门课程的总和少,但是学习效率更高。学生学习了 C 语言后立刻进行半期考试,然后再开始 C++ 语言的学习。通过分析二者的区别与联系,可以使学生快速进入 C++ 语言的学习。学生一边学习 C++ 语言面向对象编程思想,一边将 C 语言的面向过程编程思想使用起来,可以达到较好的学习效果。

电子科技大学计算机学院通过四年的实践发现,在有教师辅导和引导的情况下,将所有的上课时间用来进行思考、讨论、编程解决问题,这大大提高了学生课堂积极性和对时间的利用率,达到了很好的学以致用的效果。

二、本书特色

(1)C 语言与 C++ 语言结合起来学习,所需的学时数量减少。同一个问题在 C 语言中出现时,用的是面向过程的方法解决;在 C++ 语言中出现时,用的是面向对象的方法解决。学习者可以从中体会面向对象思想的优势,通过对比地学习达到更好的学习效果。

(2)可以作为计算机专业学生的翻转课堂教学和 MOOC 学习者的进一步学习与补充资料。

(3)本教材为学习者提供预习资料(预习 PPT 与预习讲解视频),课堂练习资料(课堂PPT)以及习题库等数字资源,便于学习者学习。

(4)本教材是互联网 + 教材,学习者可以通过扫描书中的二维码观看视频。编者针对初学者(计算机专业和非计算机专业),根据学习内容与进度,提供完整的问题分析、设计、编程、调试过程的视频,学习者可以跟着视频进行编程训练和学习调试技巧。

程序设计语言的学习和编程技术的掌握,都必须在大量的编程练习基础上逐渐掌握和提高,即使学习基础理论和观看教师的视频编程过程,在没有编程练习之前只能有一个大概理解,而真正的理解还是要在自己做了大量的编程练习之后,才能够进行深入掌握。但是如何保障编程练习的数量及品质呢? 编者给学习者提供了可以在线编程练习的网站,学习者注册后可以根据里面的章节进行编程练习。此外,习题库中还有大量的习题供学习者参考。具体学习方法如下:

习题库网站

(1)登录网站。登录北京大学出版社首页,单击"下载专区"导航条,在"课件下载"专区中选择"理工"(http://www.pup.cn/dl/newsmore.cfm?sSnom = d204),单击"《C 与 C++ 程序设计》的习题库"后即可进入习题库网站。

(2)注册。学习者在注册的时候要选择"教材学习者的练习题:程序设计(C 与 C++)"这个班级,等待教师同意。同时,学习者可以通过 QQ 群(群号:341588984)提醒教师同意通过教材练习题的注册。

(3)学习者在注册通过后,通过"课程中心"下面的"我的课程",进入"教材学习者的练习题:程序设计(C 与 C++)"的作业列表,就可以看到各章作业和练习题。每章作业题量不大,难度居中;每章根据难度等级的不同,分成简单,中等,难,实验四个难度等级的练习题。学习者可以根据自己的编程水平选择相应难度等级的练习题进行练习。初学者建议从简单练习题入手,熟练编程者直接做难的练习题和实验。遇到不会的题目,学习者可以等学完下一章积累更多知识和技能之后,再回过头来做。学习者每次提交作业后都可以看到实时分数及错误提示信息,根据错误提示信息可以多次修改和提交。

此外,如果学习者在教材中发现错误或者在学习过程中遇到问题,都可以通过QQ群向教师反馈,或者和QQ群中的成员进行讨论。

三、教学安排

本书共10章,除了第1章没有预习资料,其他章均提供预习资料。每一章(除了第1章)都有基础理论学习(预习内容)、课堂练习题(教师在课堂引导学生深入学习的资料)。课程参考学时如下表所示。教材第2~6章介绍C语言与技术部分,第7章介绍C++语言与C语言的主要区别,第8~10章介绍C++语言与技术部分。

各章学时安排

各章内容	基础理论(预习时间)	深入与提高(课堂用时)
第1章　C语言程序设计概述	0分钟	4学时
第2章　基本数据类型及运算	80分钟	4学时
第3章　控制语句	50分钟	6学时
第4章　数组和结构	68分钟	4学时
第5章　指针	64分钟	8学时
第6章　函数	112分钟	8学时
第7章　C++语言编程基础	47分钟	4学时
第8章　类与对象	80分钟	8学时
第9章　继承、派生与多态	93分钟	14学时
第10章　模板、命名空间和异常处理	42分钟	4学时
总学时	636分钟(14学时)	64学时

四、教学方法

本教材可以采用下面两种教学方法。

1. 传统教学法

第1章的教材内容及对应的PPT可以作为课堂教学内容,教材习题可以作为学生的课堂编程作业或课后作业。

第2~10章,每一章的第一部分基础理论,可以作为课堂的教学内容;第二部分为课堂练习题,可以作为学生的课堂实验或课后作业。

2. 翻转课堂教学法

第1章的教材内容及对应的PPT可以作为课堂教学内容,教材习题可以作为学生的课后作业。

第2~10章,每一章的第一部分为基础理论(有配套的预习PPT与预习讲解视频),可以作为学生每周的课前预习资料;第二部分为课堂练习题,作为课堂上教师引导学生完成的课堂作业,完成后通过学生展示的方式,共同解答并总结。课堂练习题也提供了参考答案供教师与读者参考,可以通过扫描书中的二维码获得。课堂练习题中前面的题目给出基础理论容易出错的知识点,通常以读程序、查错改错、程序填空等形式给出。在基础知识掌握得比较好之后,教师可以在课堂上给出由浅入深的编程练习题,供学生练习。不同基础的学生可以完成不同的作业题数。

五、致谢

本教材由戴波担任主编,陈文宇、丘志杰、卢光辉担任副主编。其中,戴波编写了第 1～9 章的课堂练习题及答案;陈文宇编写了第 1～6 章的基础理论;丘志杰编写了第 7～10 章的基础理论;卢光辉对于全书架构提出了许多宝贵意见,并参与编写了部分章节的案例;张东祥参与编写了第 9～10 章的基础理论部分案例。2016 级研究生宋玉为本教材的整理做了不少工作,包括格式调整和图表的绘制。最后,感谢北京大学出版社孙晔副社长及编辑温丹丹老师为本书的出版所做的大量工作。

本教材的课堂练习题不少具有启发性、趣味性的 C 语言题目,采用了苏小红的《C 语言程序设计》PPT 中的案例;C++ 的面向对象概念讲解采用了金旭亮的《面向对象软件开发实践》,中国大学 MOOC 的内容;游戏思想借鉴了 Araon Reed 的《Learning XNA 4.0》。在此,对本书给予帮助的这些优秀教师及作者表示衷心感谢。

六、参考书籍

1. 陈文宇,等. C 语言程序设计[M]. 成都:电子科技大学出版社,2011.
2. 沈显军,等. C++ 语言程序设计教程[M]. 北京:清华大学出版社,2010.
3. 苏小红,等. C 语言程序设计[M]. 北京:高等教出版社,2015.
4. AraonReed. Learning XNA 4.0[M]. O'Reilly Media,2011.

方法介绍　　　读者建议

目　录

第1篇　C语言程序设计

第1篇

C语言程序设计

第1章
C 语言程序设计概述

1.1 引言

一台计算机由硬件系统和软件系统两大部分组成,硬件是物质基础,而软件是计算机的灵魂。用户、软件和硬件之间的关系如图 1-1 所示。

图 1-1　用户、软件和硬件之间的关系

软件是计算机系统中不可缺少的重要组成部分,根据软件的功能,软件可以分为系统软件和应用软件两大类。

(1) 系统软件。系统软件通常是指操作系统,如微软公司的 Windows、苹果公司的 Mac OS X、开源操作系统 Linux 等都是目前业界常用的操作系统。但有时候像甲骨文公司的 Oracle、微软公司的 SQL Server、开源软件 MySQL 等数据库管理软件也纳入系统软件的范畴。

(2) 应用软件。应用软件是在具体应用领域中为解决各类问题而编写的程序,由于应用领域广泛,因此应用软件的种类也很繁多。例如,办公软件有微软公司的 Office、金山公司的 WPS;即时通信软件有腾讯公司的 QQ、微信,Skype 公司的 Skype;多媒体软件有百度公司的百度影音、腾讯公司的 QQ 音乐;程序开发工具软件有微软公司的 Visual Studio、开源开发工具 Eclipse 等。

无论是系统软件还是应用软件,都是使用计算机程序设计语言来进行编写的。语言类型不同,其应用领域也有所不同。C 和 C++ 语言作为一种通用的高级程序设计语言,在系统软件和应用软件中都有着广泛的应用,也已经成为当今业界最流行的程序设计语言之一。

视频讲解

1.2　程序设计语言的发展历程

计算机程序设计语言的发展,经历了从机器语言、汇编语言到高级语言的历程,如图 1-2 所示。

图 1-2　程序设计语言的发展历程

1. 机器语言

计算机只能够理解二进制代码,基于二进制代码所对应的程序设计语言称为机器语言。由于机器语言[如图 1-3(a)所示]可读性差,不便于阅读、编写和错误查找,而且可移植性差,因此利用机器语言进行程序设计是一项十分烦琐的工作。

2. 汇编语言

为了克服机器指令难读、难编、难记和易出错的缺点,人们使用助记符的方式[如图 1-3(b)所示,add 助记符代表加法]来表示二进制形式的机器指令。这样,人们能够较容易地读懂并理解程序,使得纠错及维护变得方便了,这种程序设计语言称为汇编语言,即第二代计算机语言。汇编语言仍然是面向机器的语言,使用起来还是比较烦琐,通用性也差。但是,用汇编语言编写的程序,其目标程序占用内存空间少、运行速度快,有着高级语言不可替代的用途。

3. 高级语言

机器语言和汇编语言都是面向实际计算机的语言,统称为低级语言。程序设计语言对机器的过分依赖,要求使用者必须对硬件结构及其工作原理都十分熟悉,这对非计算机专业人员来说是难以做到的,对于计算机的推广应用也不利。计算机事业的发展促使人们寻求与人类自然语言相接近且能为计算机所接受的通用易学的计算机语言。这种与自然语言相近并被计算机接受和执行的计算机语言称为高级语言[如图 1-3(c)所示]。

```
c7 45 f8 fd ff ff ff
c7 45 ec 02 00 00 00
[1100 0111 0100 0101 1110 1100
0000 0010 0000 0000 0000 0000
0000 0000]

8b 45 f8
83 c0 04
89 45 ec
```
(a) 机器语言

```
mov DWORD PTR_idata1$[ebp],-3;
mov DWORD PTR_idata2$[ebp],2;
mov eax,DWORD PTR_idata1$[ebp]
add eax,4
mov DEORD PTR_idata2$[edp],eax
```
(b) 汇编语言

```
int idata1= -3,idata2=2;
idata2=idata1+4;
```
(c) C/C++语言

图 1-3　同一段程序的三种语言表示

高级语言是面向用户的语言,无论何种机型的计算机只要配备上相应的高级语言的编译或解释程序,则用该高级语言编写的程序就可以运行。从 1954 年第一个完全脱离机器硬件的高级语言 FORTRAN 面世开始，六十多年来共有上千种高级语言出现。其中，影响较大、使用较普遍的有 FORTRAN、ALGOL、COBOL、BASIC、LISP、Pascal、C、PROLOG、Ada、C++、VC、VB、Delphi、Java、Python 等。高级语言的发展经历了从早期语言到结构化程序设计语言，从面向过程到非过程化程序语言的过程。直到今天，程序设计语言还在不断地发展。

计算机并不能直接地执行使用高级语言编写的源程序，源程序在输入计算机时，通过"翻译程序"翻译成机器语言形式的目标程序之后，计算机才能识别和执行。这种"翻译"通常有两种方式，即编译方式和解释方式。

编译方式是指将程序的源代码"翻译"成目标代码（机器指令），目标代码可以脱离其语言环境独立执行，效率较高。但源代码一旦被修改，需要再重新编译生成新的目标文件（*.obj）才能执行，C 和 C++ 就属于这一类。编译过程如图 1-4 所示。

图 1-4　编译过程

解释方式是应用程序的源代码一边由相应语言的解释器"翻译"成目标代码（机器语言），一边执行，因此效率比较低。而且应用程序不能生成可独立执行的可执行文件，故不能脱离其解释器；但解释方式比较灵活，可以动态地调整、修改应用程序。解释过程如图 1-5所示。

图 1-5　解释过程

目前，常用的程序设计语言有数百种之多，尽管任何一种程序设计语言均可作为编程工具完成编码、实现功能，但是由于每一种程序设计语言都有其自身的特点，它们对问题的处理及解决方式却不尽相同。选择程序设计语言时，应根据任务及语言的特点进行综合考虑。表 1-1 列举了一些常见的高级程序设计语言及其相应的应用领域。

表 1-1　程序设计语言的应用领域

语　　言	应用领域
C 语言	操作系统（Linux）、驱动程序、Android
C++	电信级应用、网络应用（ACE）、浏览器（WebKit）
Object C	iPhone、iPod（兼容 C++）
swift	iPhone、iPod（iOS 上新的编程语言）
C#	Window 平台
ActionScript	Flash 游戏
HTML/JavaScript	Web 应用（如网游）
Python	分布式应用程序

1.3　软件开发基本过程

文档编制

图 1-6　软件开发步骤

一般来说,软件开发主要经历 5 个阶段,如图 1-6 所示。

（1）需求分析阶段。对问题进行详细的分析,弄清楚问题的要求,确定软件功能。

（2）方案设计阶段。根据需求分析阶段确定的软件功能,设计软件系统的整体结构、划分功能模块、确定每个模块的实现算法、形成软件的具体设计方案。

（3）程序编写阶段。使用程序设计语言进行代码的编写。

（4）程序测试阶段。在正式使用前对程序进行检测,以确保程序能按预定的方式正确地运行。

（5）程序维护阶段。在软件产品发布后,因修正错误、提升性能或其他属性对软件进行修改。

视频讲解

1.4　算法的表示形式

著名计算机科学家沃斯（Nikiklaus Wirth）曾简洁地描述程序为:

程序 = 算法 + 数据结构

简单来说,算法（algorithm）就是为解决问题而采取的方法和步骤,而数据结构用于描述算法要处理的数据,指定数据的类型和组织形式。考虑到程序设计的思想和集成环境的影响,目前该公式已经扩展为:

程序 = 算法 + 数据结构 + 程序设计方法 + 语言工具和环境

在设计出解决问题的算法后,需要采用适当的方法描述算法。描述算法的工具很多,常用的有自然语言、伪代码、程序流程图、N-S 流程图等。

例如,用键盘输入 10 个整数,求其中正整数的累加和并输出在显示屏上。下面分别介绍用自然语言、伪代码、程序流程图、N-S 流程图描述算法。

1. 自然语言描述算法

针对求正整数的累加和的例子,用自然语言描述的算法是:

（1）用键盘输入一个整数;

（2）如果该数大于 0,将它加到累加和中,否则不加;

（3）如果还没有输入完 10 个数,转步骤（1）;

（4）输入完 10 个数后,输出累加和。

用自然语言描述算法,比较容易理解和进行交流,但容易发生二义性。在描述一些复杂的算法时,很难将复杂的逻辑流程描述清楚,而且算法在转换成程序时也比较困难,因此这种表达方法适合简单问题的描述。

2. 伪代码描述算法

针对求正整数的累加和的例子,用伪代码描述的算法是:

```
BEGIN
    SET 0→sum
    SET 0→count
    WHILE count <10
      BEGIN
        READ a integer data to x from keyboard
        IF x >0
          sum + x→sum
        count +1→count
        END-IF
      END-BEGIN
    END-WHILE
    PRINT sum
END
```

该算法中的大写单词构成了程序设计语言的框架结构,算法定义了一个存放 10 次计数值的变量 count,一个保存正整数累加和的变量 sum 并分别初始化为 0。用键盘读入的数先放入 x 变量,再判定 x 是否为正整数,如果为真,则将 x 累加到 sum 中;否则,不累加。然后,继续从键盘读入数,进行处理,直至读完 10 个数。

伪代码接近自然语言和形式化语言,以一种简单、易于理解的方式描述算法的逻辑过程。由于伪代码不是一种具体的程序设计语言,它没有固定的必须遵循的语法描述,能最大限度地使用自然语言。因此,用伪代码表示的算法不仅易于理解、易于交流、无二义性,而且便于转换为程序。伪代码也可以称为类程序设计语言。

3. 程序流程图描述算法

程序流程图使用特定的图形符号并加上简单的文字说明来表示数据处理的过程和步骤。它不仅能指出计算机执行操作的逻辑顺序,而且表达简单、清晰。通过程序流程图,设计者能很容易了解系统执行的全过程以及各部分之间的关系,便于优化程序并排除设计中的错误。

程序流程图是描述算法的良好工具,得到了普遍的使用。常见的程序流程图由逻辑框和流向线组成,其中,逻辑框是表示程序操作功能的符号,流向线用来指示程序的逻辑处理顺序。如图 1-7 所示列出了程序流程图的常用符号,它们的功能简单说明如下。

图 1-7　流程图的表示符号

（1）起止框。表示程序的开始和结束,框内标以"开始"和"结束"字样,以圆角方框表示。

（2）处理框。表示一种处理功能或程序段,框内用文字简述其功能,以直角方框表示。

（3）判断框。表示在此进行判断以决定程序的流向,框内注明判断条件,判断结果标注

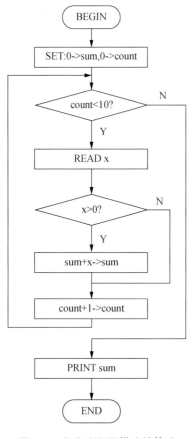

图 1-8　程序流程图描述的算法

在出口的流向线上,一般用"Y"表示条件满足,用"N"表示条件不满足。以菱形框表示,一个入口,两个出口。

(4) 连接框。框内注有字母,当流程图跨页时,或者流程图比较复杂,可能出现流向线交叉时,用它来表示彼此之间的关系,相同符号的连接框表示它们是相互连接的。以圆圈表示。

(5) 流向线。表示程序处理的逻辑顺序,以单向箭头表示。

针对求正整数的累加和的例子,用程序流程图描述的算法如图 1-8 所示。从图 1-8 中可见,流向线返回的部分将重复执行 10 次。程序流程图直观明了,各种操作一目了然,操作之间的逻辑关系非常清晰。但由于使用了流向线,各个框比较稀疏,占位置太大,对于步骤多的流程图,不容易进行总体把握。

4. N-S 流程图描述算法

根据 1973 年美国学者 Nassi 和 Schneiderman 提出的方法,形成了 N-S 流程图(也称为方框图)。N-S 流程图是一种适于结构化程序设计的算法描述工具。由于流程图各步骤之间,一般总是按照从上到下顺序执行,N-S 流程图中取消了流向线,一旦需要改变顺序时,再用专门的框来表示。如图 1-9 所示的判断框的流程图,其等价的 N-S 流程图如图 1-10 所示。图 1-11 是表示一些步骤需要重复执行的 N-S 流程图,它是程序设计中必不可少的一种结构。其中,图 1-11(a)称为"直到型"框,表示指定的操作一直被重复执行,直到条件不成立为止;图 1-11(b)称为"当型"框,表示当条件成立时,指定的操作被重复执行。

图 1-9　判断框的流程图表示

图 1-10　判断框的 N-S 流程图表示

(a) 直到型　　　　　　　　　　(b) 当型

图 1-11　表示"重复操作"的 N-S 流程图

针对求正整数的累加和的例子,用 N-S 流程图描述的算法如图 1-12 所示。

算法描述只与问题的求解步骤有关,是与具体程序设计语言无关的一种通用的描述形式,具有语言无关性。算法通过选用的某种程序设计语言在计算机上得以实现,以达到使用计算机求解问题的目的。

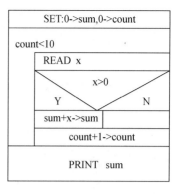

图 1-12　N-S 流程图描述的算法

1.5　C 语言程序基础知识

任何一种程序设计语言都具有特定的语法规则,一个程序只有严格按照语言的语法规则进行编写,才能保证编写的程序在计算机中能正确地被执行,同时也便于用户阅读和理解。

视频讲解

1.5.1　C 语言的基本语法单位

C 语言的基本语法单位(单词符号)包括标识符、关键字、运算符、常量和分隔符。

1. 字符集(字母表)

字符是高级语言程序中的最小单位,是构成语法单位的基础。C 语言规定了程序中可以使用的合法字符,这些合法字符的集合称为 C 字符集(C 字母表)。C 语言的字符集广泛采用 ASCII 码字符集。

C 语言字符集由下列字符组成。

(1) 字母和数字字符。包括小写字母 a～z、大写字母 A～Z、数字 0～9。

(2) 不可打印的字符。包括空格符、回车符、换行符、控制符。

(3) 空字符。即 ASCII 码为 0 的字符,其作用之一是作为字符串的结束符。

(4) 标点和特殊字符(如表 1-2 所示)。

表 1-2　标点和特殊字符

字　符	名　称	字　符	名　称	字　符	名　称
,	逗号	{	左花括号	#	数字号
.	点	}	右花括号	%	百分号
;	分号	<	小于号	&	和号
:	冒号	>	大于号	*	乘号
'	单引号	!	惊叹号	-	减号
"	双引号	|	竖线	=	等号
(	左括号	/	斜线	+	加号
)	右括号	\	反斜线		
[	左方括号	～	波浪线		
]	右方括号	_	下划线		

2. 标识符

标识符是对程序所使用的常量、变量、函数、语句标号和类型定义等命名的字符串。标识符只能由字母、下画线和数字组成,且第一个字符必须是字母或下画线。例如,

```
a str2 add100 student Line area class5 TABLE
```

是合法标识符。而

```
3th          以数字开头
=xyz         头个字符不是字母或下划线
"m+n"        包含非字母又非数字的符号
person name  标识符中不能出现空格
```

不是合法标识符。

使用标识符时,除注意其合法性外,要求命名应尽量有意义,以便"见名知义",便于阅读理解。例如,用 result 表示计算结果,用 first_value 表示第一个数据等。

不同的 C 编译程序对标识符所用字符个数有不同的规定,ANSI C 可识别标识符的前 32 个字符。此外,标识符需要区分英文的大小写字母,如 name 和 NAme、NAME 是 3 个不同的标识符。

3. 关键字

关键字也称为保留字或基本字,是指在 C 语言中已预先定义的具有特定含义的标识符。不允许将关键字作为普通标识符使用。常用的关键字如表 1-3 所示。

表 1-3　常用的关键字

种　类	关　键　字
数据类型关键字(12 个)	char、double、enum、float、int、long、short、signed、struct、union、unsigned、void
控制语句关键字(12 个)	for、do、while、break、continue、if、else、goto、switch、case、default、return
存储类型关键字(4 个)	auto、extern、register、static
其他关键字(4 个)	const、sizeof、typedef、volatile

4. 运算符和分隔符

运算符是用来表示某种运算的特殊符号,多数运算符由一个字符组成,也有的运算符由多个字符组成。C 语言有丰富的运算符(后续章节将进行介绍),其中常用的运算符包括:

```
() [] -> . ! / \ ~ ++ -- (类型) sizeof * / % + -
<< >> <= >= == != & ^ | && || ?: = , += -=
*= /= %= >>= <<= &= ^= |=
```

某些运算符有双重含义(称为运算符的重载或超载 overload),使用时要根据语言的语用规则进行区分。

分隔符是用来分隔变量、数据和表达式等多个单词的符号,C 语言的分隔符主要指空格符、制表符和换行符等。

5. 常量和变量

被处理的数据在程序中以常量和变量的形式表达。

常量是指在程序执行中其值不会改变的量。C 语言程序中常量分为数字常量和字符常量两类,例如,286,0,－15.3,3.14,－960.8,'a''M'"UESTC"等。

变量是指在程序执行中其值可改变的量。C 语言规定,各种数据类型的变量,使用前必须先定义,即说明变量的名称和数据类型。任何一个未经定义的变量都会被编译程序认为是非法变量,由此将引起编译错误。变量使用标识符表达。

有关常量和变量的具体内容将在第 2 章中详细介绍。

1.5.2　C 语言程序基本结构

本小节介绍简单的 C 语言程序,可以从中了解到 C 语言程序的基本结构。

视频讲解

例 1-1　在显示屏上输出字符串。

```
/*1.1 第一个程序,功能:显示器屏幕上输出字符串.*/
#include <stdio.h>
int main()
{
  printf("THEORY AND PROBLEMS \n");
  printf("       of \n");
  printf("PROGRAMMING WITH C \n");
  return 0;
}
```
程序执行结果是在显示屏上原样显示程序中的 3 个字符串。
```
THEORY AND PROBLEMS
        of
PROGRAMMING WITH C
```

分析

(1) 第 1 行为注释,用"/*"开头到"*/"结尾的部分表示。注释可以加在程序中的适当位置,可以使用英语或汉字注释。注释的作用是便于读者对程序的阅读和理解。

(2) 第 2 行为预处理命令,程序中使用了 printf 库函数,在头文件 stdio.h 中有该函数的原型说明。

(3) main 表示 C 语言程序的主函数。C 语言程序都必须有一个 main 函数,整个程序从主函数开始执行。由花括号{}括起来的程序部分是函数体,花括号表示函数体的开始和结束。函数体内的前 3 条语句具有相同的作用,调用 C 编译程序提供的标准库函数 printf 输出一个字符串。在 printf 函数中,被原样显示输出的字符串用双引号包括起来。双引号中的符号 \n 没有在屏幕上显示,实际上 \n 是一个专用的输出格式控制符,它表示输出字符串后回车换行,即将光标移到下一行的起始位置。C 语言程序规定,函数体内各语句间用分号分隔,即";"表示一条语句的结束。

(4) main 函数前的 int 表示主函数的返回值类型,因此 main 函数体中最后一条语句 return 0;表示 main 函数的返回值为 0。标准 C 语言要求 main 函数的返回值是 int 类型,但 Visual Studio 2015 系列开发环境下的 main 函数的返回值可以是 void,也就是没有返回值。我们建议 main 函数的返回值是 int 类型。

视频讲解

例1-2 求整数的绝对值。

```
/*1.2 求整数的绝对值*/
#include<stdio.h>
#include<stdlib.h>
int main()
{
  int numb,absolute;
  printf("请输入一个整数:");
  scanf_s("%d",&numb);
  if(numb>0)absolute=numb;
  else absolute=-numb;
  printf("%d的绝对值是:%d\n",numb,absolute);
  system("pause");
  return 0;
}
```
程序的运行结果为:
  测试1
    请输入一个整数:32
    32的绝对值是:32
  测试2
    请输入一个整数:-2
    -2的绝对值是:2

分析　　程序共有13行,main函数的作用是求通过键盘输入的整数的绝对值。程序第5行是变量定义,说明numb和absolute为整型(int)变量。第6行是打印语句,提示用户通过键盘输入一个整数。第7行是输入语句,使通过键盘输入的数据值放到numb变量当中存储。第8行和第9行是C语言的选择语句(选择语句的详细使用说明见第3章)。第8行的if语句括号里面的表达式的值如果是整数,则绝对值就和输入数据值相同;否则,第9行通过aboslute=-numb,让numb的负数(负负得正),即numb的绝对值正数存储在aboluste变量当中。第10行输出numb的绝对值absolute。第11行的system("pause")用系统函数暂停程序执行,等待任意输入来继续运行程序。在return之前调用system("pause")函数的目的是可以在Visual Studio 2015开发环境下看到程序输出,避免程序直接运行结束而看不到程序运行结果。

视频讲解

例1-3 输入长方体的长、宽和高,计算长方体的体积。

```
1.  /*1.3 计算体积*/
2.  #include<stdio.h>
3.  #include<stdlib.h>
4.  int volume(int a,int b,int c)      /*定义volume函数*/
5.  {
6.    int p;                  /*定义函数内使用变量p*/
7.    p=a*b*c;                /*计算体积p的值*/
8.    return(p);              /*将p值返回调用处*/
9.  }
10. int main()     /* 主函数 */
11. {
12.   int x,y,z,v;              /*定义整型变量*/
13.   scanf("%d %d %d",&x,&y,&z);     /*用键盘输入数据*/
14.   v=volume(x,y,z);           /*调用volume函数*/
15.   printf("v=%d\n",v);        /*输出体积v的值*/
16.   system("pause");
17.   return 0;
```

```
18.  }
```
程序的运行结果为：
>   输入：5 8 6
>   输出：v=240

分析　　程序的功能是对用键盘输入的长方体的长、宽、高三个数据,求长方体的体积。其中：

（1）程序中除主函数 main 外,还包括一个被主函数调用的 volume 函数。volume 函数是用户自定义函数。自定义函数由函数头和函数体两个部分组成。第4行是函数头,用以指定函数名称、形参名称以及函数返回值的类型。函数体包括执行函数功能使用的变量定义和语句,如第5～9行所示。

（2）第13行的输入语句调用的是 C 编译程序提供的标准输入函数 scanf,作用是用键盘输入变量 x、y 和 z 的值。其中,%d %d %d 是3个输入格式控制符,表示输入3个十进制整数,符号 & 的含义是指变量的地址,表示将输入的3个数值分别送入变量 x、y 和 z 对应的存储单元中,也就等效于将输入值赋予变量 x、y 和 z。这种输入方式是 C 语言程序特有的。C 语言程序中用键盘向变量输入数值时,都必须指明变量的地址。Visual Studio 2015 及以上的开发版本,要求使用自定义的安全的输入函数 scanf_s 替代 scanf 函数。如果希望在 Visual Studio 2015 及以上版本使用标准库函数 scanf,可以采用下面的方法：在项目名称上右击鼠标,选择“属性”菜单,在弹出的对画框中左侧选择“C/C++”下的“预处理器”,在右侧的“预处理器定义”项的右列单击鼠标,出现下拉菜单,选择“编辑”,加入“_CRT_SECVRE_NO_WARNINGS”。注意,不要删除前面的预处理器定义,在最后面直接加即可。最后,单击“确定”按钮。

（3）第14行为对 volume 函数的函数调用,执行调用时,将输入 x、y 和 z 的值作为实参数分别传递给 volume 函数中的形参数 a、b 和 c。计算结果 p 的值通过返回语句 return 返回到主调函数,并赋予给主函数中的变量 v,然后通过 printf 函数显示在屏幕上。volume 函数返回一个整数,函数 volume 也被称为整型函数。函数名前的 int 即表示函数返回整数。

从上述例子可以看出,C 语言程序为函数模块结构。一个 C 语言程序是由一个或多个函数组成,其中必须有一个且只能有一个 main 函数。程序从 main 函数开始执行,程序在执行中可以调用由编译系统提供的各种标准库函数（如 printf 和 scanf 函数）和由用户自定义的函数（如本例中的 volume 函数）。

1.6　C/C++语言程序的编写和运行

1.6.1　C/C++语言程序的编写和运行步骤

C/C++程序的编写和运行步骤如图1-13所示,主要分为4个步骤。

1. 程序编辑

程序员使用编辑软件（编辑器）将编写好的程序输入计算机,并以文本文件（C/C++语言源程序文件）的形式保存在计算机的磁盘上。

2. 程序编译

编译是指将编辑好的 C/C++语言源程序翻译成二进制目标代码的过程。编译过程使用 C/C++语言编译程序（编译器）完成的。不同操作系统下的各种编译器的使用命令不完全相同,使用时应注意计算机环境。编译时,编译器首先要对源程序中的每一个语句检查语法错

图 1-13 C/C++ 语言程序的编写和运行步骤

视频讲解

误,当发现错误时,显示错误的位置和错误类型的信息;需要再次调用编辑器进行源程序的修改,然后,再进行编译,直至排除所有错误。正确的源程序文件经过编译后在磁盘上生成目标文件。

3. 链接程序

编译后产生的目标文件是可重定位的程序模块,不能直接运行。链接就是将目标文件和其他文件分别进行编译生成的目标程序模块(如果有的话)及系统提供的标准库函数连接在一起,生成可以运行的可执行文件的过程。链接过程使用 C/C++ 语言提供的链接程序(链接器)完成,生成的可执行文件保存在磁盘中。

4. 程序运行

执行生成的可执行文件。若执行程序后达到预期目的,则 C/C++ 语言程序的开发工作到此完成;否则,要进一步检查修改源程序,重复编辑—编译—链接—运行的过程,直到取得预期结果为止。大部分 C/C++ 语言都提供一个独立的集成开发环境,如 Visual C++ 6.0、Visual Studio 2015 等,将上述四步集成在一起。

1.6.2 集成开发环境介绍

在了解了 C 程序的编写和运行步骤之后,介绍目前使用最广泛的 C/C++ 语言程序开发软件——Visual Studio。C++ 语言是在 C 语言的基础上发展而来,是 C 语言的扩展,它增加了面向对象的编程,成为当今最流行的一种程序设计语言。Visual Studio 是基于 .net 平台的集成开发环境,不但可以进行 c# 开发,还可以进行 C 语言与 C++ 语言的开发,我们以 Visual Studio 2015 为例介绍如何开发 C/C++ 程序。

选择"开始"→"程序"→"Microsoft Visual Studio 2015"→"Microsoft Visual Studio 2015",可启动 Visual Studio 2015。正常启动后,屏幕上将显示如图 1-14 所示的窗口。

图 1-14 Visual Studio 2015 启动界面

1．编辑

选择"文件"菜单→"新建"子菜单→"项目"子菜单，如图1-15所示，弹出如图1-16所示的对话框。按照图1-17所示，先在新建项目的界面左侧选择"Visual C++"，如果当前默认语言不是"Visual C++"，则需要打开"其他语言"，选择"visual C++"语言。

然后在界面中间的各种项目类型中选择"空项目"。

图1-15　新建项目菜单界面

图1-16　新建项目对话框

图 1-17　新建项目对话框过程图

再在界面下方选择需要保存的项目位置和项目名称,如果希望项目名称和解决方案名称不同,则需要在输入项目名称后再重新输入解决方案名称。

最后,单击"确定"按钮,进入项目编辑页面,如图 1-18 所示。

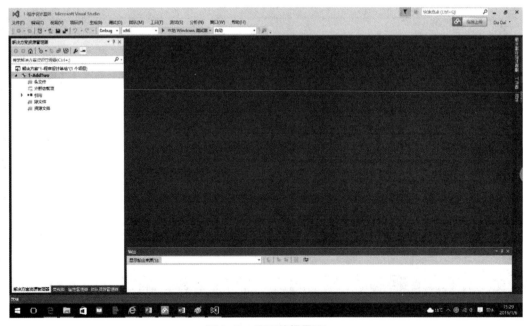

图 1-18　项目编辑界面

在项目编辑界面,可以看到左侧是一些空的文件夹,右侧只有蓝色背景,没有可以输入代码的地方。在项目名称 1-AddTwo 上面右击,在弹出的快捷菜单上面选择"添加"菜单→"新建项"子菜单,如图 1-19 所示,然后弹出添加文件对话框,如图 1-20 所示。在左侧选择"Visual C++",中间列选择"C++ 文件(.cpp)",在下面的编辑框中输入文件名称,如果是 C 语言程序,后缀名为.c,否则为 cpp。单击"添加"按钮后,进入文件编辑状态。输入程序代码,如图 1-21 所示。

图 1-19 添加新建项

图 1-20 添加文件对话框

图 1-21　编辑源程序代码

2. 编译与链接

　　源代码编辑完成后,如图 1-22 所示,选择"生成"菜单→"生成解决方案"子菜单,或者按键盘上的快捷键 F7,程序开始编译。编译过程中,可以看到 Visual Studio 下方有文字滚动,最后一行显示成功的文件个数与失败的文件个数如图 1-23 所示。当程序有编译错误时,最后一行提示"生成:成功 0 个,失败 1 个"。然后,双击鼠标定位错误具体提示信息"必须定义入口点",则源代码对应错误地方有灰色显示"mian",发现 main 函数名称写错了,修改后再次编译,程序编译成功,同时进行链接。编译结束后,可以看到如图 1-24 所示的编译链接成功的提示信息,最终生成可执行程序 AddTwo.exe。

图 1-22　编译菜单

图 1-23 编译错误提示信息

图 1-24 生成成功提示信息

3. 运 行

程序编译链接成功后,选择"调试"菜单→"开始执行(不调试)"子菜单或者按快捷键 Ctrl + F5(如图 1-25 所示),则程序运行,通过键盘输入数据,计算结果显示在屏幕上。

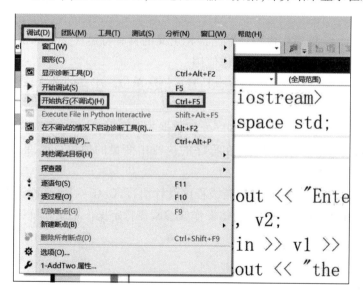

图 1-25 运行程序菜单显示

小　结

1. 计算机系统由硬件和软件两部分组成。硬件即构成计算机的五大部件,软件是指计算机所使用的各种程序的集合及程序运行时所需要的数据及相关文档。

2. 软件分为系统软件和应用软件两大类。系统软件主要包括操作系统、语言处理程序和各种服务程序,应用软件则是各个应用领域中为解决各类问题而编写的程序。

3. 软件开发过程由下列 5 个阶段组成:分析问题,选择一个完整的解决方案的算法,编写程序,测试,修正程序。

4. C/C++ 语言提供丰富的数据类型和运算符;具有灵活的表达方式、高效率的代码和可移植性好的程序等独特的优点,使它成为系统软件和应用软件开发中不可缺少的工具语言。

5. C 语言程序是由一系列函数组成的模块结构,程序中有且只有一个名为 main 的函数,这个函数称为主函数,整个程序从它开始执行,执行时可以调用其他标准库函数或自定义函数。

6. 尽管 C/C++ 语言程序的书写格式有较大的灵活性,但是,为了使程序结构清晰、便于阅读理解和查错,一般应采用一定格式编写,养成良好的编程习惯。

7. C/C++ 语言程序的基本语法单位(单词符号)包括:标识符、关键字、运算符、常量和分隔符。

字符集(字母表)由英文字母、数字、标点及其他特殊符号组成,通常采用 ASCII 码字符集。C 语言程序中出现的任何一个字符都必须是字符集中的合法字符。

标识符是用来为变量、常量、用户自定义函数及类型命名的;是以字母或下划线开头的字母、下划线或数字的序列。C/C++ 语言对大小写字母有区别,使用的标识符不能与关键字同名。

关键字是 C/C++ 语言中由编译器已预先定义的具有特定含义的标识符,在 C/C++ 语言程序中不允许将关键字重新命名另作他用。

C/C++ 语言中的运算符和分隔符也是基本语法单位。丰富的运算符增强了 C/C++ 语言的数据处理能力。

C/C++ 语言中的常量和变量是程序处理数据的主要对象,程序的每项数据不是常量就是变量。常量与变量的主要区别是,在程序的执行中变量的值可以改变,而常量的值不可改变。

8. C/C++ 语言是一种编译型的高级程序设计语言,C/C++ 语言程序的运行过程包括编辑、编译、链接和运行四个步骤。具体操作应参阅在特定操作系统环境中系统提供的有关资料。

习　题

1. 输出如下所示由 ∗ 组成的菱形。

```
        *
      *   *
    *   *   *
      *   *
        *
```

2. 试编写 C 语言程序,输入 3 个整数,计算它们的和并将结果输出。
3. 试编写输出如下信息的 C 语言程序。

```
******************
Visual Studio
******************
```

第2章
基本数据类型及运算

基础理论

用计算机解决实际问题,最终需要编写程序。程序中处理的数据有不同性质的区分,在程序设计语言中,将数据和对数据的操作(即运算)抽象为数据类型的概念,对数据类型的使用,必须通过对数据类型的实例(实体)的使用来体现。程序中,数据以变量或常量的形式表示。本章将介绍 C 语言的基本数据类型和对基本类型数据的操作;复杂数据类型(构造类型)将在后续章节中介绍。

2.1 基本数据类型

C 语言程序能够用不同方法处理不同类型的数据。例如,整数要求对数字数据进行数学运算,而按字母顺序排列名单则要求对字符(串)数据进行比较运算。另外,某些运算是不能对某些类型的数据进行的,例如,将人的名字相加,就没有意义。

数据类型在高级程序设计语言中是一个很重要的概念。不同数据类型的数据在内存中的存储方式是不同的,在内存中所占的字节数也不一样。C 语言只允许在确定的数据类型上执行确定的运算。

C 语言提供的数据类型如图 2-1 所示。

图 2-1　C 语言提供的数据类型

基本类型是 C 语言已经定义的类型,是构造其他类型的基础,可以直接使用;构造类型是由基本类型或其他构造类型构造而成的,是由程序员自己定义的类型;指针类型在 C 语言中使用极为普遍,指针类型提供了动态处理变量的能力,是 C 语言的精髓;空类型是一种特殊类型,该类型没有定义任何数据(值),也没有提供任何的操作,通常作为某些函数的返回类型。

2.1.1 整型

根据整型值的取值范围来分类,可以将整型分为 short(短整型)、int(普通整型)、long(长整型)。根据整型值是否带符号位来分类,可以将整型分为无符号的整型和有符号的整型。无符号用关键字 unsigned 表示,有符号用关键字 signed 表示(通常可以将 signed 省略)。

标准 C 语言没有具体规定各类整型数据所占内存的字节数,只要求 long 型数据长度不短于 int 型,short 型不长于 int 型。具体如何实现,由各计算机系统和编译系统决定。在 Visual Studio 2015 中,一个 short 型数据占用 2 个字节的内存空间,一个 int 型数据和一个 long 型数据均占用 4 个字节的内存空间。

根据整型数据所占的位数,可以计算一个整型所能表示的数据的取值范围。例如,在 Visual Studio 2015 中,signed short 类型占 16 位,其存储方式为:

```
0    1                                      15
┌────┬──────────────────────────────────────┐
│    │                                      │
└────┴──────────────────────────────────────┘
```

其中,第 0 位(最高位)是符号位,如果符号位为 0,则表示的是正整数,从 1 到 15 位全为 1 时表示的数最大,即 $(0111\ 1111\ 1111\ 1111)_2$,为 $2^{15}-1$,即 32 767。如果符号位为 1,则表示的是负整数,从 1 到 15 位全为 0 时表示的数最小,即 $(1000\ 0000\ 0000\ 0000)_2$,这是 -2^{15} 的补码表示形式。因此,最小整数是 -2^{15},即 $-32\ 768$。

表 2-1 列出了 Visual Studio 2015 环境下各整型数据所占的内存空间及其取值范围。

表 2-1 Visual Studio 2015 环境下整型数据所占的内存空间及其取值范围

类　　型	比特数	字节数	数值范围
short	16	2	$-32\ 768 \sim 32\ 767$　　即 $-2^{15} \sim (2^{15}-1)$
unsigned short	16	2	$0 \sim 65\ 535$　　即 $0 \sim (2^{16}-1)$
int	32	4	$-2\ 147\ 483\ 648 \sim 2\ 147\ 483\ 647$　　即 $-2^{31} \sim (2^{31}-1)$
unsigned int	32	4	$0 \sim 4\ 294\ 967\ 295$　　即 $0 \sim (2^{32}-1)$
long	32	4	$-2\ 147\ 483\ 648 \sim 2\ 147\ 483\ 647$　　即 $-2^{31} \sim (2^{31}-1)$
unsigned long	32	4	$0 \sim 4\ 294\ 967\ 295$　　即 $0 \sim (2^{32}-1)$

2.1.2 浮点型

根据数据精度来分类,浮点型可以分为 float(单精度型)、double(双精度型)以及 long double(长双精度型)三类。以 Visual Studio 2015 开发环境为例,一个 float 型数据占用 4 个字节(32 位)的内存空间,一个 double 型数据占用 8 个字节(64 位)的内存空间,一个 long double 型数据占用 8 个字节(64 位)的内存空间。表 2-2 给出了这三类浮点型数据所占的内存空间及其取值范围。

表 2-2　浮点型数据所占的内存空间及其取值范围

类　　型	比特数	有效数据	数值范围	阶的范围
float	32	6～7	$-3.4 \times 10^{38} \sim 3.4 \times 10^{38}$	$-38 \sim 38$
double	64	15～16	$-1.7 \times 10^{308} \sim 1.7 \times 10^{308}$	$-308 \sim 308$
long double	64	15～16	$-1.7 \times 10^{308} \sim 1.7 \times 10^{308}$	$-308 \sim 308$

　　浮点型数据的取值范围和值的精度与所用的机器有关。其中,有效数据是指输出每种浮点型数据所对应的十进制的有效位数。

2.1.3　字符型

　　字符型的类型名为 char,根据是否带符号位来分类,又可以分为有符号字符型和无符号字符型。在所有的编译系统中都规定以 1 个字节来存放一个字符,因此,有符号字符型数据的取值范围是 $-128 \sim 127$,无符号字符型数据的取值范围是 $0 \sim 255$,如表 2-3 所示。

表 2-3　字符型数据的取值范围

类　　型	比特数	字节数	数值范围
char	8	1	$-128 \sim 127$,即 $-2^{7} \sim (2^{7}-1)$
unsigned char	8	1	$0 \sim 255$,即 $0 \sim (2^{8}-1)$

2.2　常量

　　常量是在程序执行过程中值不能够改变的数据,如圆周率 π 等,这类数据就称为常量。

　　在 C 语言中有不同类型的常量,如整型常量、浮点型常量、字符型常量和字符串常量。对于不同类型的常量,表示常量的方法以及常量在内存中的存储方式都是不一样的。

2.2.1　整型常量

　　整型常量也称作整常量。如在 Visual Studio 2015 编译环境中,一个 short 型十进制正整数 127 的二进制形式为 111 1111,它在内存中占用 2 个字节的内存单元,在内存中的存放情况如图 2-2 所示。

图 2-2　short 型数据在内存中的存放情况

　　实际上,机器数是以补码形式进行存储的。以最左边的一位作为符号位,该位为 0,表示数值为正;该位为 1,表示数值为负。

　　一个整常量后面加一个字母 u(或 U),表示该整常量的类型是 unsigned int 型,如 879u、0743u 和 0XFED8U 等;当一个整常量后面加一个字母 l 或 L,则表示该整常量的类型是 long int 型,如 879l、0X34L 等;如果在一个整常量后面同时带有后缀 l(L)和 u(U),那么它的类型就是 unsigned long int,如 5789lu、07654LU 等。

2.2.2　浮点型常量

1. 浮点型常量的表示方法

C 语言中的浮点数(floating-point number)有两种表示形式。

(1) 十进制数形式。由数字和小数点组成(注意必须有小数点,并且小数点的前面或后面必须有数字)。例如:3.134、56.89、89.56. 都是合法的浮点型常量。

(2) 指数形式。例如:3.5e3、6.5e − 2、.34e − 6、7. e +5 等都是合法的浮点型常量。需要注意的是,字母 e 之前必须有数字,且 e 后面的指数必须为整数,例如:e3、2. 1e3.5、.e3 等都不是合法的浮点型常量(注意:小写字母 e 也可以改写为大写字母 E)。

一个浮点数的指数表示形式可以有多种。例如,354.78 可以表示为 354.78e0、35.478e1、3.5478e2、0.35478e3、0.035478e4 等形式,而我们将 3.5478e2 称为"规范化的指数形式",即在字母 e 之前的小数部分中,小数点左边应有一位(且只能有一位)非零的数字。例如 1.5678e2、6.92832e12 都属于规范化的指数形式,而 25.908e10、0.67578e3 则不属于规范化的指数形式。一个浮点数在使用指数形式输出时,应按规范化的指数形式输出。如果浮点型常量不带后缀,则对应的类型是 double 型;如果在浮点型常量后面带有后缀 F(或 f),则对应的类型是 float 型;如果在浮点型常量后面带有后缀 L(或 l),则对应的类型是 long double 型。

2. 内存中存放形式

与整型数据的存储方式不同,浮点型数据是按照指数形式存储的。将浮点型数据分成小数部分和指数部分分别存放,小数部分采用规范化的指数形式表示。如 float 型数据 7.45623 在内存中的存放形式如图 2-3 所示。

图 2-3　float 型数据 7.45623 在内存中的存放形式

图 2-3 中是用十进制形式来表示的,实际上在计算机中使用二进制形式表示小数部分,使用 2 的幂次方来表示指数部分。

2.2.3　字符型常量

1. 字符型常量的表示方法

字符型常量是用单引号括起来的一个字符,例如:'A' 'a' '?' 等。构成一个字符常量的字符可以是 ASCII 字符集(参见本章的"知识补充与扩展"部分的 ASCII 码表)中除单引号本身(')、双引号(")、反斜杠(\)以外的任意字符。

> **注意**　'a'和'A'是不同的字符常量。

除了以上形式的字符常量外,还有一种以反斜杠(\)开头的字符序列(例如:'\n'),称为转义(escape)字符,意思是将反斜杠(\)后面的字符转换成另外的语义。C 语言中的转义字符有三种:简单转义字符,八进制转义字符和十六进制转义字符。

（1）简单转义字符。常见的转义字符及其含义见表2-4。

（2）八进制转义字符。由反斜杠（\）和1～3个八进制数字构成。例如：'\071'代表 ASCII 码（十进制数）值为57的数字字符 '9'。

（3）十六进制转义字符。由反斜杠（\）、字母 x 和1～2个十六进制数字构成。例如：'\xFE'代表 ASCII 码（十进制数）值为254的图形字符 '■'。十六进制转义字符可以表示任何可输出的字符、专用字符、图形字符和控制字符，对使用扩展 ASCII 码表中的图形符号字符（128～255）特别有用。

表2-4　常见的转义字符及其含义

字符形式	含　义	ASCII 代码
\a	响铃	7
\n	换行，将当前位置移到下一行开头	10
\t	水平制表（跳到下一个 tab 位置）	9
\b	退格，将当前位置移到前一列	8
\r	回车，将当前位置移到本行开头	13
\f	换页，将当前位置移到下页开头	12
\\	反斜杠字符（\）	92
\'	单引号字符（'）	39
\"	双引号字符（"）	34

2. 字符型数据在内存中的存放形式

在存储一个字符型数据时，内存中存放的是该字符所对应的 ASCII 码。例如，字符 'c' 的 ASCII 码是99，'C' 的 ASCII 码是67，它们在内存中的存放形式如图2-4（a）所示，而实际上是以二进制形式存放的，如图2-4（b）所示。

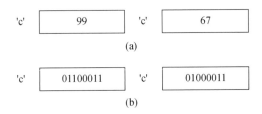

（a）

（b）

图2-4　字符型数据在内存中的存放形式

既然字符型数据在内存中以 ASCII 码存储，那么它的存储形式就与整数的存储形式类似，这样字符型数据和整型数据之间就可以通用。

一个字符型数据既可以字符形式输出，也可以整数形式输出。以字符形式输出时，先将存储单元中的 ASCII 码转换成相应字符后再输出；以整数形式输出时，直接输出其 ASCII 码值。也可以对字符数据进行算术运算，此时相当于对它们的 ASCII 码进行算术运算。

2.2.4　字符串常量

字符串常量是用一对双引号括起来的零个或多个字符组成的序列。如 " hello" "CHINA" "b" " $43.2356"都是字符串常量。字符串常量的存储与字符常量的存储不同。

C 编译程序在存储字符串常量时,自动在其末尾加上'\0'作为字符串的结束标志。以字符串"hello"为例,其长度(即字符串的有效字符数)为5,在内存中存储时所占的字节数为6,如图 2-5 所示。

图 2-5 字符串"hello"在内存中的存储情况

不要将字符常量与字符串常量混淆。'b'和"b"是完全不同的。'b'是字符常量,在内存中占用的字节数为1;而"b"是字符串常量,在内存中占用的字节数为2。它们在内存中的存放形式分别如图 2-6 和图 2-7 所示。

图 2-6 'b'在内存中的存储情况　　　　**图 2-7 "b"在内存中的存储情况**

C 语言没有字符串类型。如果想将一个字符串存放在变量中,必须使用字符数组(即使用一个数组来存放一个字符串,数组中每一个元素代表一个字符)。字符数组将在第 4 章中介绍。

2.2.5 符号常量

视频讲解

在 C 语言中常量出现的形式一般有两种:一种是在程序中直接使用给定的值,如圆周率 π 的值为 3.1415926,这种形式的常量称为无名常量或字面常量。其特征是直接书写数值,不必为该数值命名。由于在程序中直接使用数值存在可读性差和可维护性差等问题,因此另一种是用一个与常量相关的标识符来替代常量,该标识符称为符号常量。符号常量的定义有两种形式。

一种是采用宏定义形式,例如:

```
#define PI 3.1415926
```

将 3.1415926 命名为 PI,从而在程序中凡是 3.1415926 出现的地方都可用 PI 来代替。

另一种是采用 const 说明符,例如:

```
        const float PI =3.1415926;
或
        float const PI =3.1415926;
```

在使用 const 声明符号常量时一定要赋初值,而且在程序中间不能改变其值。

```
const float PI; //错误
PI =3.1415;//错误
```

符号常量的名字通常用大写字母表示,作为一种良好的程序设计风格,常量应尽量使用符号常量的形式来表示,以提升程序代码的可读性和可维护性。

虽然都可以使用 define 和 const 来定义符号常量,但二者有着本质的区别。

① 用"#define"的定义的符号常量只在编译时完成宏替换,在程序运行期间不占内存空间。

② 而用 const 定义的符号常量本质上仍然是一个变量,在程序运行期间要占据内存空间,只是用 const 来指明该内存空间的只读约束,因此用 const 定义的符号常量也称作常变量。

③ 与 define 宏定义相比,const 使用了数据类型,使得进行赋值操作或者函数参数传递的时候可以检查数据类型是否合法,从而减少错误。

视频讲解

2.3 变量

在程序执行过程中其值可以改变的量称为变量。变量用于存储程序要处理的数据,因此变量在内存中要占据一定的存储单元,该存储单元保存的数据称作变量值。为了便于区分不同的变量,需要给变量取一个名字(即变量名)。图 2-8 描述了变量名、变量所对应的存储单元,以及变量值三者的概念。

图 2-8　变量名、变量存储单元和变量值

2.3.1　变量的定义

对于变量,需要遵循"先定义,后使用"的原则。也就是说,程序中在使用一个变量之前,需要说明该变量的名称以及数据类型,以便编译系统根据该变量的数据类型为其分配相应大小的内存空间。变量定义的语法格式为:

> **类型名　变量名列表;**

类型名指定变量的数据类型,包括基本数据类型、构造类型、指针类型;变量名列表中使用逗号分隔多个变量,并使用分号结束语句。使用标识符来表示变量名,因此变量名要符合C 语言中标识符的命名规则。ANSI C 标准没有规定变量名(标识符)的长度(字符个数),变量名的有效长度则依赖于各计算机系统和各编译系统。例如,在 TURBO C 2.0 中,变量名的有效长度为 32 个字符;如果程序中出现的变量名长度大于 32 个字符,则只有前面的 32 个字符有效。而在 Visual Studio 2015 中,未规定变量名的最大有效长度。在编写程序时,应了解所用系统对变量名长度的规定,以免出现上面的情况。

例如,要定义三个 int 类型的变量,分别命名为 a、b 和 c,其定义形式为:

```
int a,b,c;
```

在对变量进行定义时,应注意以下几点。

① 不同类型的变量应在各自的数据定义行上定义(尽量不要放在一行),以增加程序的可读性。例如:

```
int i,j,k;
float m,score;
```

② 在同一个函数内,不允许对同一个变量做重复定义。例如:

```
int main( )
{
    int m,n,sum;
    float sum;
    ……
    return 0;
}
```

上述 main 函数中,对变量 sum 进行了重复定义,给 sum 的类型造成了歧义。

2.3.2　变量的初始化

程序中常常需要对一些变量预先设置初始值。C 语言允许在定义变量的同时对变量进行初始化(即赋予变量某个初始值)。例如:

```
float m =4.89;      /* 指定 m 为 float 型变量,初值为 4.89 */
```

在定义多个同类型的变量时,也可以只初始化一部分变量。例如:

```
int i,j,k =50;      /*定义 3 个 int 型变量,但只对 k 初始化为 50 */
```

如果对几个变量都赋予相同的初值,应写成:

```
int i =50,j =50,k =50;   /*表示 i、j、k 的初值都为 50 */
```

而不能写成:

```
int i =j =k =50;
```

2.3.3　变量地址

变量是数据值可以被修改的数据,为方便变量的访问,可为变量取名,即变量名;在程序中,通过变量名就可以访问该变量代表的数据。

变量在内存中占用存储单元,存储单元中的内容称为变量的值。

请注意区分变量名和变量值这两个不同的概念。例如:

```
float j;
short int i;
i =100;            //后定义的变量,但先使用
j =54.678;
```

经 Visual Studio 2015 编译后,变量 i 和 j 在内存中的存放情况如图 2-9 所示。

在图 2-9 中,右边是变量的名称;中间是变量的值,也就是内存单元的内容;左边是内存单元的编号(即内存单元的地址)。

内存是以字节(或字、双字等)为单位的连续的存储空间,每个内存单元都有一个唯一的编号,称为内存地址(相当于宿舍楼中的房间号)。根据内存地址可以找到相应的内存单元。

程序中不同数据类型的数据所占用的内存空间的大小

图 2-9　变量在内存中的存放情况

是不相同的。例如,在 Visul Studio 2015 环境中,short 型数据占用两个字节的内存单元,float 型数据占用 4 个字节的内存单元,char 型数据占用 1 个字节的内存单元。经过 C 语言编译处理,将程序装入内存后,变量就与内存中特定单元的地址联系在一起了。如图 2-9 所示,float 型变量 j 占用 2001、2002、2003 和 2004 四个字节,存放浮点数(值)54.678;short 型变量 i 占用 2005 和 2006 两个字节,在这两个字节中存放整数(值)100。

在执行程序时,对变量的访问是通过在机器内部的内存地址实现的。例如:

```
i = 100;
```

执行过程是:根据变量名与内存地址的映射关系(具体内容请参见"编译理论"课程),找到变量 i 的地址 2005(实际是存储单元的起始地址),然后将整数 100(二进制数)存储到对应单元。变量的值就是对应存储单元中的内容。

2.4 运算符与表达式

C 语言提供了丰富的运算符(如表 2-5 所示),能够代表除控制、输入/输出以外的几乎所有的基本操作。

表 2-5 运算符汇总表

运算符类型	优先级	运算符	运算对象的个数	结合性
基本	15	( ) 〔 〕 -> ·		自左至右
单目	14	! ～ ++ -- (type) * & sizeof	1(单目运算符)	自右至左
算术	13	* / %	2(双目运算符)	自左至右
	12	+ -		自左至右
移位	11	>> <<	2(双目运算符)	自左至右
关系	10	< <= > >=	2(双目运算符)	自左至右
	9	== !=		自左至右
位逻辑	8	&	2(双目运算符)	自左至右
	7	^		自左至右
	6	|		自左至右
逻辑	5	&&	2(双目运算符)	自左至右
	4	||		自左至右
条件	3	? :	3(三目运算符)	自右至左
赋值	2	= += -= *= / = % = |= ^= & = >>= =<<	2(双目运算符)	自右至左
逗号	1	,		自左至右

根据功能不同,可以将运算符分为算术运算符、赋值运算符、关系运算符、逻辑运算符、位运算符、条件运算符、逗号运算符以及特殊运算符等。

　　根据运算对象(即操作数)的数量,可以将运算符分为单目运算符、双目运算符和三目运算符。单目运算符只需要一个操作数,如 ++ 等;双目运算符需要两个操作数,即运算符的左右两侧都需要一个操作数(中缀形式),如 + 、− 、∗ 等;三目运算符需要三个操作数,C 语言仅提供一个三目运算符,即"?:"条件运算符。

　　表达式就是使用运算符和小括号将数据(变量或者常量)连接起来的式子,该式子表达某种运算,运算方式取决于式子中所使用的运算符的功能。例如:表达式"2 ∗ num + item"的语义为"先将常量值 2 与变量 num 进行乘运算,运算的结果再与变量 item 进行加运算"。一个变量或者常量是最简单的表达式,例如 2、num、item 等。

　　在表达式的末尾加上一个分号,就构成了表达式语句。例如,"y = 6;"是一条赋值表达式语句。某些表达式语句并没有实际意义,例如"6;""num""i + j;"等表达式语句并没有引起任何存储单元中数据的改变,不会影响到程序的逻辑。因此,应该避免使用无意义的表达式语句。

视频讲解

　　C 语言规定了运算符的优先级和结合性,在进行表达式求值时遵循"**按运算符的优先级高低次序执行;若优先级相同,则按照结合性规则执行**"的原则。

　　每个运算符都有一个与之相关的优先级别,如果不同级别的多个运算符同时出现在一个表达式中,则按运算符的优先级高低次序执行。例如,在表达式"item + 2 ∗ num"中,∗ 运算符的优先级比 + 运算符高,因此先进行"2 ∗ num"运算,运算结果再与"item"进行"+"运算。根据需要,可以使用小括号( ) 来改变表达式中各个不同运算的顺序(注意:小括号必须配对使用)。以上述表达式为例,如果先希望进行"item + 2"的运算,则可以改写为"(item + 2) ∗ num"。

　　所谓结合性,是指操作数左右两边运算符的优先级相同时,该操作数优先和哪个运算符结合起来进行运算,结合性分为左结合和右结合。在图 2-10 中所示的表达式中,data1、data 2、data 3 分别代表 3 个数据,op1 和 op2 分别代表优先级相同的两个运算符,如果是左结合,则 data2 先与 op1 结合,进行"data1 op1 data2"运算,所得的结果再与 data3 进行 op2 运算;如果是右结合,则 data2 先与 op2 结合,进行"data2 op2 data3"运算,所得的结果再与 da-ta1 进行 op1 运算。

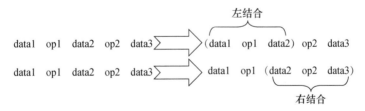

图 2-10　运算的结合性

　　例如,在表达式"m − n + a"中,+ 和 − 运算符优先级相同且都是左结合,因此该表达式的运算顺序为:先执行"m − n"的运算,再执行与 a 的 + 运算,相当于表达式"(m − n) + a"。在表达式"∗ p −−"中,∗ 和 −− 都是右结合,其运算顺序为 p 先与 −− 结合,执行"p −−"运算,所得的结果再与 ∗ 进行运算,相当于表达式"∗ (p −−)"。

　　在后续章节中将对各运算符的功能语义及使用方式进行详细的介绍。

2.4.1 算术运算符和算术表达式

使用算术运算符和圆括号将操作数连接起来的式子称作算术表达式,算术表达式必须符合 C 语言的语法规则。例如,表达式"i * j/k − 20.9 + 'd'"是合法的算术表达式,而表达式"numb * * item"就不合法。因为 C 语言中没有 * * 运算符;表达式"2 * (numb − 100"也不合法,因为在 100 后面缺少右括号")"。

算术运算符分为基本算术运算符和自增/自减算术运算符。

1. 基本算术运算符

在 C 语言中,基本算术运算符有 5 个,它们分别是:

+——加法运算符,或正值运算符,如 13 + 50、+ 50;

−——减法运算符,或负值运算符,如 50 − 32、− 32;

*——乘法运算符,如 13 * 8;

/——除法运算符,如 23/4;

%——取模运算符,或称求余运算符。

使用基本算术运算符应注意以下事项。

(1)对于除运算符,如果是两个整数相除,结果仍为整数(商向下取整),例如,"20/3"的结果为 6,"5/6"的结果为 0。但是,如果除数或被除数中有一个为负值,则舍入的方向是不固定的。例如,"− 5/3",有的机器上得到结果是 − 1,有的机器上得到的结果是 − 2。多数机器采取"向零取整"的方法,即取整后向零靠拢。

(2)如果参加 +、−、*、/ 运算的两个数中至少有一个数为浮点数,则运算结果是 double 类型数据,自动转换后所有数都按 double 类型进行运算。

(3)取模运算符 % 进行余数运算,两个操作对象都必须是整数。结果的符号与运算符 % 左边的操作数的符号相同。例如,"20%6"的结果为 2,"− 45%8"的结果为 − 5,"45% − 8"的结果为 5。

(4)减法运算符还可以进行取负运算,此时该运算符是单目运算符,只需一个操作数。如表达式"num = − num"就是对 num 变量的值取负,如果之前 num 的值为 − 8,那么经过取负运算后 num 的值为 8。

基本算术运算符的优先级次序如图 2-11 所示。例如,在表达式"− i − j * k"中,i 左侧的 − 符号表示取负运算符(不是减法运算符,因为 − 符号前没有操作数),根据算术运算符的优先级顺序,该表达式相当于(− i) − (j * k)。

图 2-11 基本算数运算符的优先级次序

算术运算符的结合方向为"自左至右"。例如,在表达式"m − n + a"中,n 先与减号结合,执行"m − n"的运算,再执行与 a 的运算。

2. 自增/自减算术运算符

C 语言中提供了自增运算符 ++ 和自减运算符 − − 两个特殊的算术运算符,作用是使整型变量的值增 1 或减 1。这两个运算符只能用于变量,而不能用于常量或表达式,例如,表达式“55 ++”和表达式“(i + j) ++”都是不合法的。

自增/自减运算符都是单目运算符,可以出现在变量的前面或后面。如果出现在变量前面(如 ++ i, -- i),则称为前缀用法;如果出现在变量后面(如 i ++ , i --),则称为后缀用法。

表达式 ++ i 和 i ++ 的作用都相当于“i = i + 1”,表示将变量 i 的值在原来的基础上加 1。表达式 -- i 和 i -- 的作用都相当于“i = i - 1”,表示将变量 i 的值在原来的基础上减 1。

表达式 ++ i 将 i 的值加 1, ++ i 整个表达式的值为 i 加 1 后的值,即先将 i 的值加 1,后使用 i(的值)。表达式 i ++ 将 i 的值加 1,但 i ++ 整个表达式的值为 i 原来的值,即先使用 i(的值),再将 i 的值加 1。 -- i 和 i -- 相类似,只不过是做减 1 运算。

例如,如果 i 的原值等于 51,则执行下面的赋值语句后,j 的值会有所不同。

① j = ++ i。——i 的值先加 1 变为 52,再赋予 j,j 的值为 52。

② j = i ++。——先将的 i 值赋予 j,j 的值为 51,然后 i 再加 1 变为 52。

如果直接在表达式 ++ i 和 i ++ 的后面加上分号构成 C 的表达式语句,则前缀和后缀并无区别,都是使 i 的值在原来的基础上加 1(-- 运算也一样)。但前缀比后缀的执行效率更高。因为后缀需要一个临时空间暂存表达式的值,然后变量做自增运算;而前缀表达式直接变量做自增,然后自增后的结果作为表达式的值,不需要另外空间暂存,减少了读写数据的过程,因此前缀操作效率更高。

++ 和 -- 是单目运算符,其优先级高于基本算术运算符,与取负运算符 - 的优先级相同。其结合方向是“自右至左”。例如,若 j 的初值为 100,则表达式 -j ++ 等价于 -(j ++),整个表达式的值为 -100,而 j 变为 101。

2.4.2　赋值运算符和赋值表达式

顾名思义,赋值运算符的作用就是完成对变量(或内存单元)的赋值操作,本质上就是对某块内存单元进行“写”操作,从而改变该内存单元中所存储的数据。如果是对变量进行赋值,就是将一个表达式的值(数据值)存储到该变量对应的内存单元中,即对变量的值进行了修改。在第 5 章中,我们也将会看到可以对某一指针所指向的内存单元进行赋值操作。

视频讲解

C 语言将 = 符号定义为赋值运算符,它的作用是将一个数据值赋予一个变量。由赋值运算符将一个变量和一个表达式连接起来的式子称为赋值表达式,一般形式为:

> 变量 = 表达式

表达式可以是一个常量或一个变量,也可以是包含运算符的表达式。

(1) 执行赋值表达式时,先计算出表达式的值,再将该值赋予变量。例如:

① 赋值表达式“i = 56”是将常量 56 赋予变量 i,如果赋值前 i 的值为 34,那么赋值后 i 的值则变为 56;

② 赋值表达式“i = j”是将变量 j 的值赋予变量 i,如果变量 j 的值为 98,那么赋值后 i 的值则变为 98;

③ 赋值表达式“i = j + k”是将表达式“j + k”的运算结果赋予变量 i。

相应地,在赋值表达式末尾加上分号,就形成了赋值表达式语句,简称为赋值语句。例如"total = num * 2;"。

(2) 在使用赋值表达式时应注意下述几点。

① 在赋值运算符左边不能是常量或包含运算符的表达式(指针运算的表达式除外)。例如,变量 i,j 是两个变量,"38 = i"和"j + i = 90"都是不合法的表达式。

② 赋值运算可连续进行,赋值运算符的结合性是自右至左结合。例如,表达式"i = j = k = 120"中有 3 个赋值运算符,等同于"i = (j = (k = 120))",即先将 120 赋予 k,再将 k 的值赋予 j,最后将 j 的值赋予 i,最终的结果是 i、j 和 k 三个变量的值都为 120。

③ 赋值运算符的优先级比算术运算符的优先级都低,如果在复杂表达式中需要某些赋值操作先完成,则必须加上圆括号。例如,如果有表达式"i = (j = 12) * (k = 8)",则该表达式最后的运算结果是:i、j、k 的值分别为 96、12 和 8。

④ 赋值表达式的值就是变量的值,赋值表达式的值的类型就是目标变量的类型。例如,赋值表达式"i = 120"的值就是赋值操作完成后变量 i 的值(即 120),该值的类型取决于变量 i 的类型(如果 i 为整型,则该赋值表达式的值也为整型)。

⑤ 如果赋值运算符右边表达式的值的类型与左边变量的类型不一致,则在赋值时会将右边表达式的值转换为左边变量的类型的值,例如:如果有"int i = 85, j = 7, result;float x = 2.6;",则执行"result = i/x + j;"时,赋值运算符右边表达式值的类型是 float 型,而变量 result 的类型为 int 型,所以赋值表达式的结果类型应为 int 型,表达式的值为 39。

⑥ 赋值表达式能以表达式形式出现在其他语句(如输出语句、循环语句等)中,例如:

```
printf("%d",i = j);
```

如果 j 的值为 78,则输出 i 的值(也是表达式 i = j 的值)为 78。在一个语句中完成了赋值和输出双重功能。

⑦ 除了赋值运算符 = 外,C 语言还提供了 + = 、− = 、* = 、/ = 、% = 、>> = 、<< = 、& = 、| = 、^ = 10 个复合赋值运算符,它们将"运算"和"赋值"操作结合在一起作为一个复合运算符来使用(后 5 种与位运算有关,将在后面的章节中介绍)。例如,表达式"a + = 56"等价于"a = a + 56",而"x * = y + 23"等价于"x = x * (y + 23)"。复合赋值运算符的优先级与基本赋值运算符的优先级相同。复合运算可以简化程序,使程序精炼;也可以提高编译效率。但复合运算符降低了程序的可读性。

2.4.3 关系运算符和关系表达式

C 语言提供完整的关系运算符,用于比较两个数据之间的大小关系。关系运算符有 6 个,它们的优先级如下所示。

视频讲解

一个变量或者常量就是最简单的关系表达式,使用关系运算符和圆括号将关系表达式连接得到新的关系表达式。关系表达式的值是一个逻辑值,即"真"或"假"。关系运算符举例如下:

a > b   如果 a 大于 b,则结果为真;否则为假。

a >= b   如果 a 大于等于 b,则结果为真;否则为假。

a < b   如果 a 小于 b,则结果为真;否则为假。

a <= b   如果 a 小于等于 b,则结果为真;否则为假。

a == b   如果 a 等于 b,则结果为真;否则为假。

a! = b   如果 a 不等于 b,则结果为真;否则为假。

例如,a 为 10,b 为 80,那么,关系表达式 a >= b 的结果为假。

由于 C 语言在 C99 标准之前没有逻辑型数据,因而借用整数数值来表示"真""假"逻辑值。C 语言规定:以数值 0 表示假,以非 0 表示真。对于关系表达式来说,结果的"真""假"分别用 1 和 0 表示。C99 标准开始添加 bool 类型,但不同的编译器采用的标准不同,所以可能造成使用 bool 类型的编译错误。因为 C++语言有 bool 类型,所以不会出现编译错误。

关系运算只判定两个数据是否满足指定的关系,不考虑二者数值相差多少;同时,也没有其他的操作。例如,a 为 200,b 为 80,那么 a > b 的结果是 1;并且,执行关系运算之后,变量 a 和 b 的值都不发生变化。

注意 赋值运算符 = 与比较运算符 == 是有区别。例如,关系表达式"i == 500"是判断 i 的值是否等于 500;而赋值表达式 i = 500 是将 500 赋予变量 i。

关系运算符的优先级低于算术运算符,高于赋值运算符,其结合性是从左至右。例如,如果有 a = 50,b = 30,c = 68,d = 100,则

① a + b < c + d 相当于(a + b) < (c + d),整个表达式的值为 1。

② a < b > c 相当于(a < b) > c,a < b 的结果为 0,0 > c 的结果为 0,则整个表达式的值为 0。

③ x = a < b < c。先判断 a < b < c,结果为 1,然后再将 1 赋予 x。

关系运算符的操作数可以是整型数据(包括字符数据)、浮点型数据,也可以是指针型的数据(将在第 5 章中介绍),但运算结果的类型都是 int 型(即 1 或 0)的。

对于浮点型数据,由于存储可能存在(极小)误差,不能够直接使用 == 运算符进行是否相等的比较,而应该采用 fabs(fnumb1 - fnum2) < 1.0e - 6。其中,fabs 函数是求浮点数绝对值的库函数,使用的时候要包含 fabs 函数所在头文件: #include < math. h >。

2.4.4 逻辑运算符和逻辑表达式

C 语言中逻辑运算符有以下 3 个:"!"(逻辑非),"&&"(逻辑与),"||"(逻辑或)。其中,"!"是单目运算符,"&&"和"||"是双目运算符。由逻辑运算符和操作数构成的表达式称为逻辑表达式。逻辑表达式的值只有"真"和"假"两个值,真用 1 表示,假用 0 表示。逻辑运算符的作用如表 2-6 所示。表 2-6 中的 i 和 j 代表表达式,类型可以是整型、浮点型、字符型和指针型,如 78、'r' + 45、3.14 * y、a > b 和 c! = 0 等。

表 2-6　逻辑运算符的作用

i	j	!i	i&&j	i‖j
假	假	真	假	假
假	真	真	假	真
真	假	假	假	真
真	真	假	真	真

1. 逻辑非运算符(!)

逻辑非运算符(!)表示单个表达式逻辑值的"反"。例如,!i 表示 i 的反,即:若 i 为真(即 i 的值非 0),则!i 为假;反之,若 i 为假(即 i 的值为 0),则!i 为真。

在表示逻辑结果时,不管其具体数值是多少,只要不等于 0,逻辑值就为"真",用 1 表示;仅当其值等于 0 时,逻辑值才为"假",用 0 表示。!!x 的值就不等于 x(除非 x 等于 1)。

2. 逻辑与运算符(&&)

逻辑与运算符(&&)表示仅当两个操作数同时为真时,结果才为真;否则,只要其中一个为假,结果就为假。例如,50&&60 的结果是 1。

3. 逻辑或运算符(‖)

逻辑或运算符(‖)表示只要其中有一个操作数为真,结果就为真;仅当二者同时为假时,结果才为假。例如,如果 a 为 68,b 为 90,那么 a > b‖a! = b 的结果为真,因为 a > b 的值虽然为 0,但 a! = b 的值是 1,因此 0‖1 的值仍为 1。

在一个逻辑表达式中如果包含多个逻辑运算符,应按这 3 个逻辑运算符的优先级和结合性进行运算。这 3 个逻辑运算符的优先级是:! 的优先级高于 && 的优先级,&& 的优先级又高于‖的优先级;运算是按照自左至右的顺序进行的,即其结合性为左结合性。

另外,! 与增量运算符 ++、-- 属于同一级,高于算术运算符的优先级;而 && 和‖低于算术运算符和关系运算符的优先级,但高于赋值运算符的优先级。所以:

① a > b‖a! = b 等价于(a > b)‖(a! = b)。

② 而(a = 35)‖a! = b 与 a = 35‖a! = b 是不同的,前一个表达式是逻辑或表达式,即先将 35 赋予 a,然后执行 a‖a! = b。而后一个表达式是赋值表达式,即先执行 35‖a! = b,再将结果赋予 a。由于 35 是非 0 值,所以 35‖a! = b 的结果是 1,最后 a 的值也是 1。

> **注意**　在逻辑表达式的求解中,并不是所有的逻辑运算符都被执行,只有在必须执行下一个逻辑运算符才能求解出表达式的解时,才执行该运算符。即只要得到了结果,求值的过程就停止——短路求值。这是逻辑运算符的一个重要性质。

例 2-1　假设 a = 1,b = 0,c = -2,求下列表达式的值。

(1) a && b && c

这种情况下,只有 a 为真(非 0)时,才需要判别 b 的值,只有 a 和 b 都为真的情况下才需要判别 c 的值。只要 a 为假,就不必判别 b 和 c(此时整个表达式的值已确定为假)。如果 a 为真,b 为假,则不必判别 c。运算时,先做 a && b,结果为 0,运算终止;运算结束后,表达式的值为 0,a、b、c 的值保持原值不变。

（2）（a++）‖ ++b&& --c

运算时,先做 a++,由于是后缀形式,先取出 a 的值 1 做逻辑或‖,然后 a 的值再加 1,因为是做逻辑或‖,所以表达式的结果为 1,运算终止。运算结束时,表达式的值为 1, a 的值为 2,b、c 的值保持原值不变。

> **提示**　对于运算符 &&,只要其左侧的表达式为 0,则整个逻辑表达式的值就确定为 0,从而不必再计算其右侧的表达式;只有其左侧的表达式不为 0 时,才继续进行右侧的表达式的运算。
>
> 　对于运算符‖,只要其左侧的表达式为 1,则整个逻辑表达式的值就确定为 1,从而不必再计算其右侧的表达式;只有其左侧的表达式不等于 1 时,才继续进行右侧的表达式的运算。

熟练掌握 C 语言的关系运算符和逻辑运算符,可以巧妙地用一个逻辑表达式来表示一个复杂的条件。

例 2-2　判断某一年（year）是否为闰年,闰年的满足条件是：能被 4 整除而不能被 100 整除,或者能被 400 整除。

因此,可用一个逻辑表达式来表示：

如果上述表达式值为真（即为 1）,则 year 为闰年;否则为非闰年。

2.4.5　位运算符和位表达式

位运算是指进行二进制位的运算,位运算符分为位逻辑运算符和移位运算符。

为简单起见,假设内存的一个存储单元占用一个字节,一个 short 占用 2 个字节,读者可以自行推广到其他情况（如内存的一个存储单元占用一个字或双字等）。

位逻辑运算符有 4 种：&（按位与）,｜（按位或）,～（按位取反）,^（按位异或）,其中,按位取反～ 是单目运算符,其余 3 个是双目运算符。位逻辑运算符的作用如表 2-7 所示。

视频讲解

表 2-7　位逻辑运算符的作用

i	j	～i	i&j	i｜j	i^j
0	0	1	0	0	0
0	1	1	0	1	1
1	0	0	0	1	1
1	1	0	1	1	0

位逻辑运算符按二进制位逐位地进行运算,相邻位之间不发生联系,即没有进位、借位等问题,所以称为位逻辑运算符。对参加逻辑运算的操作数,编译程序以其二进制形式表达。由位逻辑运算符和操作数构成的表达式称为位逻辑表达式。位逻辑表达式中操作数都

应该是整型或字符型,不允许是浮点型。

1. 按位与运算符 &

按位与的运算规则是:如果两个相应的二进制位都为 1,则该位的结果为 1;否则为 0。即:

> 1 & 1 = 1   1 & 0 = 0   0 & 1 = 0   0 & 0 = 0

例 2-3 unsigned int i = 4988 , j = 63286;求 i & j 的结果。

i 为:
    0001 0011 0111 1100 (即 0x137C 或 011574)
j 为:
    1111 0111 0011 0110 (即 0xF736 或 0173466)
则 i&j 的运算为:
    0001 0011 0111 1100
    1111 0111 0011 0110   (按位与 &)
    ────────────────────
    0001 0011 0011 0100   (即 0x1334 或 011464 或 4916)

& 运算经常用于将特定位清零(屏蔽)。例如,i 的值为 1000 0000 0010 0110,j 的值为 1111 1111 1110 0000,则 i&j 的结果是 1000 0000 0010 0000,相当于将 i 的低 5 位屏蔽,高 11 位不变。可见,若要将某数的某些二进制位取出来,可以将其他位清零,将需要取出来的位同 1 做按位与运算即可。

2. 按位或运算符 |

按位或的运算规则是:两个相应的二进制位只要有一个为 1,则该位的结果为 1;否则为 0。即:

> 1 | 1 = 1   0 | 1 = 1   1 | 0 = 1   0 | 0 = 0

例 2-4 接例 2-3,求 i|j 的结果。

i|j 的结果为:
    0001 0011 0111 1100
    1111 0111 0011 0110   (按位或 |)
    ────────────────────
    1111 0111 0111 1110   (即 0xF77E 或 0173576 或 63358)

按位或 | 运算经常用于将一个数据的某些位定值为 1。例如,要想使一个数 m 的低 4 位改为 1,只需将 m 与 017 进行按位或即可。

3. 按位异或运算符 ^

按位异或的运算规则是:如果参与运算的两个相应的二进制位相同,则该位的结果为 0;否则为 1。即:

> 1^1 = 0   0^0 = 0   1^0 = 1   0^1 = 1

例 2-5　接例 2-3,求 i^j 的结果。

i^j 的结果为:
```
    0001 0011 0111 1100
    1111 0111 0011 0110    (按位异或^)
    1110 0100 0100 1010    (即 0xE44A 或 0162112 或 58442)
```

按位异或运算符能使特定位按位变反,方法是将这些特定位与 1 异或。例如,i 的值为 1000 0000 0010 0110,j 的值为 1111 1111 1110 0000,则 i^j 的结果是 0111 1111 1100 0110。凡是与 1 异或的位都变反了,而与 0 异或的位不变。

4. 按位取反运算符 ~

将一个二进制数按位取反,即将 0 变为 1,1 变为 0。即:

　　~1 = 0　　~0 = 1

注意　~0x7 (即~07 或~7)在 16 位机上是:
1111 1111 1111 1000　　(即 0xFFF8 或 017 7770)
而在 32 位机上是:
1111 1111 1111 1111 1111 1111 1111 1000 (即 0xFFFFFFF8 或 0377 7777 7770)
所以,在 C 程序中,最好采用~0x7 或~07 来表示 7 的逻辑取反,而不要采用形如 0xFFF8、017 7770 或 0xFFFFFFF8、0377 7777 7770 等表达式。主要原因是:前一种表达式与机器硬件特性无关,从而保证了程序的可移植性。

注意　如果两个长度不同的数据进行位运算时,系统会将二者按右端对齐后再进行位运算。例如,i 为 int 型,j 为 short 型,要进行 i&j 运算,如果 j 为正数,则左侧 16 位补满 0;如果 j 为负数,则左侧 16 位补满 1;如果 j 为无符号整型数,则左侧 16 位也补满 0。

各个位逻辑运算符的优先级关系是:~ 最高,其余 3 个运算符的优先级从高到低依次是 &、^、|,但三者都高于逻辑运算符而低于关系运算符。使用时注意加括号。例如:n = ((i&j)|k)。

位逻辑运算符与逻辑运算符之间的区别如下:
(1) 位逻辑运算符是针对二进制位的,而逻辑运算符是针对整个表达式的。
(2) 位逻辑运算符要计算表达式的具体数值,而逻辑运算符只判断表达式的真与假。
(3) 位逻辑运算符 &、| 和 ^ 的两个操作数交换不会影响运算结果;而逻辑运算符 && 和 || 的两个操作数交换可能影响计算过程,并且它们严格执行自左至右的运算。例如:
① 40&8 的结果是 8,而 40&&8 的结果是 1 (真)。
② 40|8 的结果是 40,而 40||8 的结果是 1 (真)。
③ 0||x 的结果是 1(若 x≠0)或 0(若 x=0)。
④ 0&&x 的结果是 0,其中,x 是任意表达式。

2.4.6 移位运算符和移位表达式

C 语言中实现移位功能的运算符有两个：<<（左移位）和 >>（右移位），它们都是双目运算符，并且要求两个操作数都是整型数据。由移位运算符和操作数构成的表达式称为移位表达式。

1. 左移位运算符 <<

左移位运算符的一般使用形式是：

> 表达式 1 << 表达式 2

其中，表达式 1 表示移位的对象，表达式 2 表示移位的位数，表达式 1 和表达式 2 可以是整型常量或整型变量。它的功能是：将移位对象的值（以二进制形式表示）向左移动 n 位，n 值由表达式 2 确定。整个表达式的值是移位对象移位后的值，如果移位对象是整型变量，那么该变量本身的值不变。

例 2-6　m = 0000 0000 0000 1011，求移位表达式 m << 3 的结果是多少？

　　向左移 3 位后的结果是 0000 0000 0101 1000，即将 m 的各二进制位全部向左移 3 位，右边空出的位补 0，而左边溢出的位被丢弃不管。运算后 m 的值保持不变，仍然为 0000 0000 0000 1011。

　　在容许的范围内，对于正数，利用左移位运算可扩大原数的倍数，左移 1 位扩大 2 倍，左移 2 位扩大 4 倍，即可实现被移对象乘以功能。例如，m 的值是 11，左移 3 位后，结果值是 88，相当于 $11 \times 2^3 = 11 \times 8 = 88$。

2. 右移运算符 >>

右移运算符的一般使用形式是：

> 表达式 1 >> 表达式 2

其中，表达式 1 表示移位的对象，表达式 2 表示移位的位数，表达式 1 和表达式 2 可以是整型常量或整型变量。它的功能是：将移位对象的值（以二进制形式表示）向右移 n 位，n 的值由表达式 2 确定。整个表达式的值是移位对象移位后的值，如果移位对象是整型变量，那么该变量本身的值不变。

例 2-7　m = 0000 0000 0000 1000，求移位表达式 m >> 2 的结果是多少？

　　向右移 2 位后的结果是 0000 0000 0000 0010，即将 m 的各二进制位全都向右移 2 位，右边溢出的位被丢弃，而左边空出的位（在本例情况下）补 0。运算后 m 的值保持不变，仍然为 0000 0000 0000 1000。

　　对于正数，右移 1 位相当于该数除以 2，右移 n 位相当于该数除以 2^n。

　　在右移时，要注意符号位问题。如果移位对象是无符号数，那么右移时左边空出来的位全以 0 填充，这种方式称为逻辑右移方式；如果移位对象是有符号数，当移位对象是正数（符号位为 0）时，左边空位用 0 填充；当移位对象是负数（符号位为 1）时，左边空位是补 0 还是补 1，要取决于编译系统。有的系统按逻辑右移方式（即补 0）处理，有的系统则按算术右移方式（即补 1）处理。

2.4.7　条件运算符和条件表达式

C语言中提供的条件运算符?:是唯一的一个三目运算符,一般构成形式是:

表达式1？表达式2：表达式3

由条件运算符和操作数组成的表达式称为条件表达式,或三目表达式。其计算过程是:先计算表达式1的值,若表达式1的值为真,则条件表达式的值取表达式2的值;否则,条件表达式的值取表达式3的值。表达式1对整个表达式来说起条件判别作用,根据它的值是否为真来选择执行后两个表达式中的一个(如图2-12所示)。

图2-12　条件表达式的执行过程

例2-8　求x和y中较大的一个数。

可使用x>y?x:y,首先计算表达式x>y,如果x大于y,那么x的值作为整个条件表达式的值;否则,y的值作为整个条件表达式的值。

使用条件运算符时,要注意以下事项:

(1)条件运算符优先级(稍)高于赋值运算符,比关系运算符和算术运算符的优先级低。

(2)条件运算符的结合性是自右至左的。例如:若i=15,j=23,k=13,m=26,条件表达式i>j?i:k>m?k:m相当于i>j?i:(k>m?k:m),该条件表达式的值为26。

(3)条件表达式中,表达式2和表达式3不仅可以是算术表达式,还可以是赋值表达式或函数表达式。例如:i>j?(i=189):(j=567)。

(4)条件表达式中,表达式1的类型可以与表达式2和表达式3的类型不同。例如:

```
int x=150;
x?'y':'u'
```

表达式2和表达式3的类型也可以不同,此时条件表达式的值的类型为二者较高的类型。例如:

```
i>j?72:52.56
```

如果i≤j,则条件表达式的值为52.56;如果i>j,条件表达式的值为72.0而不是72。因为52.56是浮点型,比整型数据高,因此将72转换成浮点型。但有的编译器不做这种转换,仍为整型72。

2.4.8　逗号运算符和逗号表达式

C语言中,逗号可以作为运算符,也可以作为分隔符。

1. 逗号作为运算符

逗号作为运算符是用它将多个表达式连接起来,相应地该表达式称为逗号表达式。逗

视频讲解

号表达式的一般形式为：

表达式 1，表达式 2，表达式 3，……，表达式 n

逗号表达式的求解过程是：从表达式 1 开始，依次求解各表达式，直到求解表达式 n，整个逗号表达式的值为表达式 n 的值。

例如，逗号表达式 49 + 52,61 + 83，先进行 49 + 52，再进行 61 + 83，而最后整个逗号表达式的值为 144（即 61 + 83）。

又如，逗号表达式 i = 30 * 5,i * 6，由于赋值运算符的优先级高于逗号运算符，其求解过程为：先求解 i = 30 * 5，经计算和赋值后得到 i 的值为 150，然后求解 i * 6，得 900。整个逗号表达式的值为 900。

一个逗号表达式可以与另一个表达式组成一个新的逗号表达式，例如：

```
(i = 4 * 5,i * 3),i + 50
```

先计算出 i 的值等于 20，再进行 i * 3 的运算得 60（但 i 值未变，仍为 20），再计算 i + 50 得 70，即整个表达式的值为 70。

逗号运算符的优先级是所有运算符中级别最低的，下面两个表达式的作用是不同的。

① i = (j = 30,5 * 30)

② i = j = 30,5 * i

①式是一个赋值表达式，将一个逗号表达式的值赋予 i，i 的值等于 150。②式是逗号表达式，它包括一个赋值表达式和一个算术表达式，i 和 j 的值都为 30，整个表达式的值为 150。

逗号表达式最常用于循环语句（for 语句）中，详见第 3 章。

2. 逗号作为分隔符

逗号是 C 语言中的标点符号之一，用来分隔开相应的多个数据。例如，在定义变量时，具有相同类型的多个变量可在同一行中定义，其间用逗号隔开：

```
int i,j,k;
```

另外，函数的参数也用逗号进行分隔，例如：

```
printf ("%d,%d,%d",a,b,c);
```

其中，a,b,c 并不是一个逗号表达式，它是 printf 函数的 3 个参数，参数间用逗号间隔。有关函数的详细叙述见第 6 章。如果改写为

```
printf("%d,%d,%d",(a,b,c),b,c);
```

则 a,b,c 是一个逗号表达式，它的值等于 c 的值。括弧内的逗号不是参数间的分隔符而是逗号运算符，括弧中的内容是一个整体，作为 printf 函数的一个参数。

2.4.9 其他运算符

C 语言中还有另外几个运算符，后续章节有详细的描述。

1. & 和 *

& 和 * 运算符都是单目运算符。& 运算符用来取出其操作数的地址；* 运算符是 & 的逆运算，它将操作数（即指针量）所指向的内存单元中的内容取出来。相关内容详见第 5 章。

2. sizeof

sizeof 是关键字,是单目运算符,用来计算某种类型或某种类型数据所占用的字节数。例如,sizeof(float)的值为 4,表示 float 类型的 1 个数据占用 4 个字节;sizeof(data)用于计算变量 data 所在内存的大小(例如,data 为 char 类型,则计算结果为 1)。sizeof 也常用来计算数组或结构所需的空间大小,以便进行动态存储空间的分配。

3. 强制类型转换运算符

强制类型转换运算符( )用来强制将某种类型的数据转换为另一种类型的数据。

4. 基本运算符

基本运算符包括[ ]、( )、->、.,其中,[ ]用于数组下标的表示,( )用于标识函数,-> 和.用于存取结构或联合中的成员。它们的优先级在所有运算符中是最高的。

2.5　混合运算与类型转换

在计算表达式时,不但要考虑运算符的优先级和结合性,还要分析操作数的数据类型。一个运算符对不同数据类型的数据的计算结果有可能不同。不同类型的数据进行运算时,需要先转换为相同数据类型的数据,然后再进行运算。

类型转换的实质,是将某种数据类型的值转换为另一种数据类型的值。转换的方式有两种:自动类型转换和强制类型转换。自动类型转换又称为隐式转换,由编译系统自动进行转换;而强制类型转换又称为显式转换,由程序员通过使用强制类型转换运算符( )进行转换。

2.5.1　自动类型转换

对于双目运算符,如果两个操作数的数据类型不相同,则称为混合运算,编译系统会进行自动类型转换。自动类型转换是系统根据规则自动将两个不同数据类型的操作数转换成同一种数据类型的过程。而且,对于某些数据类型,即使是两个操作数的数据类型完全相同,也要同时转换为其他类型(如 float 类型要先转换为 double 类型)。转换的原则是:为两个操作数的计算结果尽可能多地提供存储空间。具体规则如图 2-13 所示。

图 2-13 中横向向左的箭头表示必定的转换,例如,char 型数据、short 型数据必定先转换为 int 型,而 float 型数据在运算时一律先转换成 double 型,这样可以提高运算精度(即使是两个 float 型数据相加,也都要先转换成 double 型,然后再相加)。

图 2-13　自动类型转换规则

纵向的箭头表示当运算对象为不同类型时转换的方向。例如,int 型与 double 型数据进行运算时,先将 int 型数据转换成 double 型,然后再进行运算,结果为 double 型。

注意　箭头方向只表示数据类型级别的高低,由低向高转换。不要理解为 int 型先转换成 unsigned int 型,再转换成 long 型,再转换成 double 型。如果一个 int 型数据与一个 double 型数据进行运算,是直接将 int 型数据转换成 double 型。同理,一个 int 型数据与一个 long 型数据进行运算时,是将 int 型直接转换成 long 型。其他以此类推。

例如, i 为 int 型变量, f 为 float 型变量, d 为 double 型变量, e 为 long 型, 有表达式 25 + 'c' + i ∗ f − d/e, 其运算次序和类型转换如下:

(1) 进行 25 +'c'的运算, 先将'c'转换成整数 99, 运算结果为 124。

(2) 由于 ∗ 比 + 优先, 先进行 i ∗ f 的运算。先将 i 与 f 都转换成 double 型, 运算结果为 double 型。

(3) 整数 124 与 i ∗ f 的积相加。先将整数 124 转换成 double 型, 结果为 double 型。

(4) 将变量 e 化成 double 型, d/e 的结果为 double 型。

(5) 将 25 +'c'+i ∗ f 的结果与 d/e 的商相减, 结果为 double 型。

自动类型转换只针对某个运算符中的两个操作数, 不能对表达式的所有运算符做一次性的自动类型转换。例如, 表达式 6/4 +6.7 的计算结果为 7.7, 而表达式 6.0/4 +6.7 的计算结果为 8.2, 原因是 6/4 按整型计算, 并不因为 6.7 是浮点型而将其按浮点型计算。

对于赋值运算符, 如果赋值运算符两侧的数据类型一致, 则不需要进行数据类型的转换; 如果赋值运算符两侧的数据类型不一致, 则需要将赋值运算符右边的表达式的类型转换为左边变量的类型。

2.5.2 强制类型转换

强制类型转换要使用强制类型转换运算符( ), 一般使用形式是:

> (数据类型名)变量   或   (数据类型名)(表达式)

其功能就是将变量或表达式的值强制转换成数据类型名所指定的类型的值。例如, 表达式 (double)a 的语义是将 a 的值转换成 double 类型值。

如果是将表达式的值进行强制类型转换, 则表达式应该用括号括起来。例如, (int)(x +y)的语义是将 x +y 的值转换成 int 类型值。如果写成(int)x +y, 则表示将 x 转换成 int 型后与 y 相加, 具有不同的语义。

在进行强制类型转换时, 得到的是一个所需类型的中间值, 而原来变量的类型和值并未发生变化, 变量的值不会发生改变。例如, 有以下定义 int num; double dou = 12.4;, 那么执行 num = (int) dou;时, 是将 dou 的值(double 类型)强制转换为 12(int 类型), 最后 num 为 12, 但 dou 仍然为 12.4。

在程序中利用强制类型转换可以将已有的变量的值转换为所需的类型的值, 这样避免在程序中多定义变量, 节约内存空间。例如, sqrt 函数要求参数必须是双精度型浮点数。假设原来定义变量 n 是 int 型, 则调用 sqrt 函数时可用 sqrt((double)n);将 n 的数据类型强制转换成 double 型。

视频讲解

2.6 数据的输入/输出

C 语言中没有提供直接进行输入/输出的语句, 所有的输入/输出操作都必须通过函数调用来实现, getchar、scanf、puchar、printf 函数是系统提供的标准输入/输出库函数, 要使用这些函数, 需要包含 < stdio. h > 头文件, 即#include < stdio. h >。标准 C 定义了 15 个标准函数库和相应的头文件。标准函数库中的许多函数都有其专用的数据类型和变量, 这些变量和类型的定义是统一放在某些头文件中的, 在编写程序时必须用到这些定义。因此, 在调用库函数前, 还要包含相应的头文件, 使用户程序和库函数能同时编译和连接。

2.6.1 字符输出函数 putchar 和格式输出函数 printf

1. 字符输出函数 putchar

putchar 函数的作用是向终端输出一个字符,函数参数可以是字符变量、字符常量或者字符的 ASCII 码。例如:

```
putchar(97);    /*屏幕显示小写字母 a */
putchar('A');   /* 输出字符 A */
putchar(x);     /* 输出变量 x 的字符值,x 可以是字符型变量或整型变量 */
```

putchar 函数可以输出其他转义字符,例如:

```
putchar('\101');        /*输出字符'A' */
```

2. 格式输出函数 printf

printf 函数的功能是按指定的格式控制要求,在标准输出设备(通常是屏幕终端)输出相应的参数值。其格式为:

```
printf("格式控制字符串",参数 1,参数 2,… );
```

格式控制字符串包括两种信息:一种是格式说明,由%和格式字符组成,其作用是将输出的数据转换为指定的格式输出,printf 函数中常用的格式字符及其作用如表 2-8 所示;另一种是普通字符,需要按原样输出。

参数是需要输出的数据,每个格式说明都对应一个参数。例如:

```
printf("a = %d,b = %f \n",a,b);
```

"a = %d,b = %f\n"是格式控制字符串,其中的%d、%f 是格式说明,而其他的字符都是普通字符;参数 a 和 b 是要输出的数据,格式说明中的%d 对应参数 a,%f 对应参数 b。

如果 a 和 b 的值分别为 23 和 3.7,则输出结果为:a = 23,b = 3.700000。

表 2-8 printf 函数中常用的格式字符及其作用

输出的数据类型	格式字符	作　　用
整型数据	d 或 i	以有符号十进制形式输出整型数
	o	以无符号八进制形式输出整型数
	x 或 X	以无符号十六进制形式输出整型数
	u	以无符号十进制形式输出整型数
浮点型数据	f	以小数形式输出浮点型数(隐含输出 6 位小数)
	e 或 E	以指数形式输出浮点型数
	g 或 G	按数值宽度最小的形式输出浮点型数
字符型数据	c	输出一个字符
	s	输出字符串

在格式说明中,在%和格式字符间可以插入附加符号(又称修饰符),如表 2-9 所示。

表 2-9　printf 函数中的附加格式说明符及其说明

附加字符	说　　明
l	输出长整型数据(只可与 d、o、x、u 结合用)
m	指定数据输出的宽度(即域宽)
.n	对实型数据,指定输出 n 位小数;对字符串,指定左端截取 n 个字符输出
+	使输出的数值数据无论正负都带符号输出
−	使数据在输出域内按左对齐方式输出

例如:

% ld —— 输出十进制长整型数据。

% m.nf ——输出 m 位浮点型数据。其中,m 为域宽(整数位数 + 小数位数 + 小数点),n 为小数位数(自动对 n 位后小数进行四舍五入)或 n 个字符;若输出数本身的长度小于 m,则左边补空格,即为右对齐的方式。

% − m.nf ——m、n 意义同上。只是若输出数本身的长度小于 m,则右边补空格,即为左对齐的方式。

在使用 printf 函数输出数据时,注意以下几点:

(1) printf 函数格式控制字符串中的格式说明符与输出参数的个数和类型必须一一对应,否则将会出现错误。

(2) 格式说明中的 % 和后面的格式字符之间不能有空格,除了 X、E、G 格式字符外,其他格式字符必须用小写字母,如%c 不能写成%C。

(3) 长整型数应该用%ld(或%lo、%lx、%lu)格式输出,否则会出现输出错误。

(4) printf 函数的参数可以是常量、变量或表达式。在计算各参数值时,Visual Studio 2015 采用自右至左的顺序求值。

(5) 可以在 printf 函数中的"格式控制字符串"内包含"转义字符",如'\n' '\t' '\r' '\b'等。

(6) 如果想输出字符 '%',则应该在"格式控制字符串"中连续用两个% 表示,例如:

```
printf("% f%%",2.0/3);
```

输出: 0.666666%

(7) 如果格式字符与参数类型不一致,会输出错误结果。

2.6.2　字符输入函数 getchar 和格式输入函数 scanf

1. 字符输入函数 getchar

getchar 函数的作用是从终端输入一个字符,getchar 函数没有参数,其一般形式为:

```
char getchar()
```

函数返回从输入设备上得到的字符。

例 2-9　输入单个字符。

```
//2-9.cpp,getchar 函数输入数据
#include < stdio.h >
#include < stdlib.h >
```

```
int main()
{
  char i;
  i = getchar();
  putchar(i);
  system("pause");
  return 0;
}
```

在运行时,如果从键盘上输入字符 t 并按回车键,就会在屏幕上显示输出的字符 t。

> t ↙   (输入字符 t 后,按 "回车" 键,字符送到内存)
> t   (输出变量 i 的值 t)

注意   (1) getchar 函数需要交互输入,接收到输入字符之后才继续执行程序。getchar 函数一次只能接收一个字符,它得到的字符可以赋予一个字符型变量或整型变量,也可以不赋予任何变量而作为表达式的一部分。如例 2-9 中的第 6、7 行 i = getchar();putchar(i);可用下面一行代替:

```
putchar(getchar());
```

因为 getchar() 的值是't',因此 putchar(getchar()) 输出't'。也可用 printf 函数输出:

```
printf("%c",getchar());
```

(2) 连续使用 getchar 函数时,要注意字符的输入形式,例如,执行程序段:

```
char i,j;
i = getchar();
j = getchar();
```

则输入时,必须连续输入两个字符,中间不能有其他字符。如果我们在程序运行时,通过键盘输入 a b↙则 i 存储字符 a 的 ASCII 码,而 j 存储空格的 ASCII 码,而不是字符 b 的 ASCII 码。如果我们在程序运行时,输入 a↙ b↙则 i 存储字符 a 的 ASCII 码,而 j 存储回车键的 ASCII 码。

2. 格式输入函数 scanf

scanf 函数的使用格式为:

> scanf("格式控制字符串",参数 1,参数 2,…);

接收用户从键盘上输入的数据,按照格式控制的要求进行类型转换,然后送到由对应参数指示的变量单元中去。其中,格式控制字符串的含义同 printf 函数,作用是将输入的数据转换成所指定的输入格式,每个格式说明对应一个参数,scanf 函数中常用的格式字符及作用如表 2-10 所示;参数指明输入数据所要放置的地址,因此出现在参数位置上的变量名前要加上 & 运算符,表示取变量地址。

例如:

> scanf("a = %d,b = %f",&a,&b);

%d 对应参数 &a,%f 对应参数 &b,而参数 &a 和 &b 分别代表取变量 a 和 b 的地址。

通过屏幕输入数据的时候,需要输入 a = 3,b = 3.14。

表 2-10　scanf 函数中常用的格式字符及其作用

输入的数据类型	格式字符	作　用
整型数据	d 或 i	以有符号十进制形式输入整型数
	o	以无符号八进制形式输入整型数
	x 或 X	以无符号十六进制形式输入整型数
	u	以无符号十进制形式输入整型数
浮点型数据	f	以小数形式输入浮点型数
	e 或 E	以指数形式输入浮点型数
字符型数据	c	输入一个字符
	s	输入字符串

例 2-10　用 scanf 函数输入数据。

```
//2-10.cpp,scanf 函数输入数据

#include < stdio.h >
#include < stdlib.h >
int main( )
{
  short int a;//定义短整数变量 a
  char b;//定义字符变量 b
  float c;//定义实数变量 c
scanf_s("%d %c%f",&a,&b,1,&c);/* visual studio 2015 要求使用 scanf_s 函数,标准 C
要求用 scanf 函数输入数据,格式说明字符和输入列表的变量地址一一对应,但 scanf_s 函数要求
对字符和字符串类型指明最长字符个数,我们这里指定 1 个字符,所以 &b 对应输入的字符数据存储
空间,后面的 1 指明字符个数 */
  printf("%d,%c,%f\n",a,b,c);
  system("pause");
  return 0;
}
```

在运行时,按以下方式输入 a、b、c 的值:

```
20  65  234.896  ↙        (输入 a、b、c 的值)
20,A,234.895996           (输出 a、b、c 的值)
```

注意　如果 scanf 或 scanf_s 函数 %d 与 %c 之间无空格,而在运行时,输入的数据用空格
分开,会将空格的 ASCII 码读入 b 空间,从而造成错误。

scanf_s 函数的作用是按照 a、b、c 在内存的地址将 a、b、c 的值存进去,如图 2-14 所示。
变量 a、b、c 的地址是在编译连接阶段分配的。

%d %c%f 表示第一个数按十进制整数形式输入,然后空 1 个或多个空格;第二个数按
字符型(或整型)数据输入;第三个数按浮点型数据输入。输入数据时,在两个数据间用一个
或多个空格隔开,也可用回车键、跳格键 tab。下面输入均合法:

图 2-14 变量在编译连接阶段的内存分配情况

① 20 65 234.896 ↙

② 20 ↙

　65 234.896 ↙

③ 20(按 tab 键)65 ↙

　234.896 ↙

用%d%c%f 格式输入数据时,不能用逗号作两个数据间的分隔符,下面输入不合法:

20,65,234.896 ↙

在格式说明中,在% 和上述格式字符间可以插入附加符号(修饰符),如表 2-11 所示。

表 2-11　scanf 函数中的附加格式说明符及其说明

附加字符	说　　　　明
l	与 d、o、x、u 结合输入长整型数 与 f 结合输入 double 型数
m	指定数据输入的宽度(即域宽) (对 float 和 double 型,域宽指整数位数 + 小数点 + 小数位数)
*	忽略读入的数据(即不将读入数据赋予相应变量)

使用 scanf/scanf_s 函数时应注意以下问题:

(1) scanf/scanf_s 函数中的参数是地址形式: & 变量名(除数组或指针变量),而不是变量名。

(2) 输入数据是在程序运行中输入,输入的数据个数和类型必须与格式说明符一一对应。

(3) 格式控制字符串中有普通字符时,必须照原样输入。例如:

```
Scant_s ("a = %d,b = %d",&a,&b);
```

输入的形式是: a = 32,b = 28　↙

(4) 格式符之间若无普通字符,则:

① 输入的数值型数据用空白符(空格、tab 键或回车键)分隔,或指定数据输入的宽度,让系统自动按它截取所需数据。例如:

```
scanf_s ("%d%d%d",&a,&b,&c);
```

输入：34　52　67 ↙

而 34,52,67 为非法输入。

```
scanf_s ("%4d%d",&a,&b);
```

输入：4567893 ↙

系统自动将前 4 位(即 4567)赋予变量 a,剩下的数据(即 893)赋予变量 b。

② 输入的 char 型数据不必分隔。例如:

```
scanf_s ("%c%c%c",&ch1,1,&ch2,1,&ch3);
```

正确输入：abc ↙

错误输入：a　b　c ↙

因为字符型数据只能容纳一个字符,这时系统将第 1 个字符赋予变量 ch1,将空格字符赋予变量 ch2,将第 2 个字符赋予变量 ch3。

③ 注意数值型数据与 char 型数据的混合输入。例如:

```
scanf_s ("%d%d",&m,&n);
scanf_s ("%c",&ch,1);
```

正确输入：32　28a↙

错误输入：32　28　a ↙

否则 a 前面的空格或者回车符号会被赋值给字符变量 ch,而不是 'a'字符赋值给 ch 字符变量。

(5) 浮点型数据输入时,域宽不能用 m. n 形式的附加说明,即输入时不能指定精度。例如:

```
scanf_s("%5.3f",&i);
```

是不合法的。

(6) 如果在%后有 ∗ 附加说明符,表示忽略它指定的列数。例如:

```
scanf_s("%3d  % *4d  %2d",&i,&j);
```

输入数据：345　6789　45 ↙

将 345 赋予变量 i,% ∗4d 表示输入 4 位整数但不赋予任何变量,然后再输入 2 位整数 45 赋予变量 j。也就是说,第 2 个数据 6789 被忽略。在利用现成的一批数据时,有时不需要其中某些数据,可用此方法将其忽略。

(7) 为了减少不必要的输入量,除了逗号、分号、空格符以外,格式控制字符串中尽量不要出现普通字符,也不要使用'\n''\t'等转义字符。

参考答案

课堂练习题

1. 阅读程序,写出不同进制的数据并按照不同进制方式输出正确答案。

```
#include<stdio.h>
void main()
{
```

```
    printf("%d %x %o \n",125,125,125);
    printf("%d %x %o \n",045,045,045);
    printf("%d %x %o \n",0x32,0x32,0x32);
}
```

2. 请指出下面的浮点数的科学计数法的错误表示。

float f;

（1）f = 3.14e7.8；

（2）f = 12.34　e8；

（3）f = 12,345e − 2；

（4）f = 1.3e3

3. 下面是同学们写的变量定义程序代码，有语句错误，请找出错误语句并纠正。

（1）char cl,int a2；

（2）INT a,b;FLOATx,y；

（3）a,b:char；

（4）char if；

（5）int a,b

（6）Int a:b:c；

（7）int a,x;float x,y；

4. 已知 x = 13, y = 20, z = 4,请写出下列各表达式计算后的结果。

（1）(z >= y >= x) ?1:0；

（2）z >= y&&y >= x；

（3）!(x < y)&&! x‖z；

（4）x < y?x + + : + + y；

（5）z + = x > y?x + + : + + y。

5. 用 C 语言的表达式描述下列命题。

（1）i 小于 j 或小于 k。

（2）i 和 j 都小于 k。

（3）i 和 j 中有一个小于 k。

（4）i 是非正整数。

（5）i 是奇数。

（6）i 不能被 j 整除。

6. 编程。输入圆的半径，请计算该圆的周长和面积（数学公式），其中圆周率的值为 3.1415926。并回答下面问题：如果圆周率精度要求变化为 3.14,如何修改程序？在程序中直接使用常数，会有什么影响？如何解决该问题？

7. 写出下面等式运行结果(运算符)并总结运算符/,%的计算规则。

（1）11/2 = _____

（2）11.0/2 = _____

（3）11/2.0 = _____

（4）11%2 = _____

(5)（-11）%2 = ＿＿＿＿＿＿＿＿＿＿＿＿＿＿＿

(6) 11%（-2）= ＿＿＿＿＿＿＿＿＿＿＿＿＿＿

(7) 11.0%2 = ＿＿＿＿＿＿＿＿＿＿＿＿＿＿

(8)（float）11/2 = ＿＿＿＿＿＿＿＿＿＿＿＿＿

(9)（float）（11/2）= ＿＿＿＿＿＿＿＿＿＿＿

8. 写出下面程序段运行结果，分析前缀与后缀操作的变量与表达式的变化规律。

int x, y, z = 10;

x = ++z;

y = z++;

printf("x = %d, y = %d, z = %d\", x, y, z);

9. 判断下面的表达式使用方法是否正确，如果错误说明错误的原因。

（1）int i, j, ival, ia[3];

（2）const int ci = i;

（3）1024 = ival;

（4）i + j = ival;

（5）ci = ival;

（6）ia = 0;

（7）ival = 0;

（8）ival = 3.14;

10. 输出下列代码，并说明理由。

已知 int x = 100;

printf("%d%d%d\n", x == 100, x < 100, x >= 100);

printf("%d%d%d\n", 'b' < 'f', '9' < '3', 'A' == 65);

11. 已知 x = 0101 1111，请写出完成如下操作后的 x 的值，并说明操作理由。

（1）对 x 的第 4 位清零；

（2）对 x 的第 6 位置 1；

（3）对 x 的第 4, 6, 8 位都取反；

（4）对 x 实现快速乘 2 操作。

12. 辨别下面的表达式中哪些是位运算？哪些是逻辑运算？

int x = 12, y = 8;

printf("%d %d", x && y, x & y);

13. 找出下面程序中的错误，并予以分析。

```
/* This is a program with some errors. */
#include "stdio.h"
void main ()
{
  int x,y;
  printf('Input;x = ?\n');
  scanf("%d",x);
  printf("square(x) =%d",x*x);
  printf("Y=%d\n",y);
}
```

14. 已经知道三角形三边边长 a, b, c 和三角形面积计算公式如下:(本题借鉴了苏小红老师 PPT)

$$S = \frac{1}{2}(a + b + c)$$

$$area = \frac{1}{(S-a)(S-b)(S-c)}$$

请完成下面两个小题:

(1) 判断下面求解三角形面积相关的代码哪些错误,并解释原因。

① area = sqrt(S * (S - a) * (S - b) * (S - c))

② area = sqrt($S(S-a)(S-b)(S-c)$)

③ S = 0.5 * (a + b + c)

④ S = 1.0/2 * (a + b + c)

⑤ S = (a + b + c) / 2.0

⑥ S = (float)(a + b + c) / 2

⑦ S = 1/2 * (a + b + c)

⑧ S = (float)((a + b + c) / 2)

(2) 输入三角形三边长度,编写求任意三角形面积的代码,表 2-12 列出了常用的标准数学函数,程序应增加如下语句:#including < math. h >。

表 2-12 常用的标准数学函数

函数名	功 能
sqrt(x)	计算 x 的平方根,$x >= 0$
fabs(x)	计算 x 的绝对值
log(x)	计算 ln$x$ 的值,$x > 0$
log10(x)	计算 lg$x$ 的值,$x > 0$
exp(x)	计算 e^x 的值
pow(x, y)	计算 x^y 的值
sin(x)	计算 sin$x$ 的值,x 为弧度值
cos(x)	计算 cos$x$ 的值,x 为弧度值

15. 编写一个程序,输入 2 个整数 x 和 y,输出和值 $x + y = ?$。然后,回答下面的问题。[①]

(1) 如果要求用空格分隔输入的 2 个整数,应该选择 scanf("%d%d", &x, &y);还是 scanf("%d %d", &x, &y);? 这两个语句的区别是什么?

(2) 如果要求输入用回车分隔,输入语句 scanf("%d\n%d\n", &x, &y);是否能够实现要求? 如果不能,如何修改输入语句?

(3) 如果要求用逗号(,)分隔输入的 2 个数据,如何写输入语句? 如果输入语句为 scanf("%d,%d", &x, &y);,则实际输入的时候是 x = 3, y = 5 还是 3, 5?

(4) 如果要求运行时在输入的 2 个整数之间还输入任意一个分隔符,比如输入 3 * 5,应该怎么写输入程序代码?

(5) 如果要求输入为 3 + 5,怎么写输入语句?

(6) 如果运行时输入数据为: 3 5,程序输出为: 3 + 5 = 8,如何修改程序?

---

① 本题借鉴了苏小红老师的 PPT。

（7）如果运行时输入：3 + 5，程序输出为：3 + 5 = 8，如何修改程序？

（8）如果输入语句为 scanf("%d",&x); scanf("%c",&op); scanf("%d", &y);，则运行程序时输入 3 + 5，程序输出什么？

（9）如果输入语句为 scanf("%d,%d",x,y);，程序输出什么？

16. 编写一个程序，测试你的机器上 int 与 long 类型的最大正数值。

17. 已知闰年判断标准是：

（1）能整除 4 且不能整除 100；

（2）能整除 400。

请编程实现：根据输入的年 year 判断是否是闰年。

视频讲解

18. 李丽设计了一个扫地机器人，可以完成扫地，拖地，吸尘等功能。已知扫地机器人控制变量 x 初始值为 0110 0101，3 个功能是分别对第 2 位（扫地），第 5 位（拖地），第 6 位（吸尘）做处理。其中，扫地与拖地，对应位置置 1 表示开始工作，清 0 表示结束工作，吸尘位取反表示的是开关操作。请为李丽编程实现如下功能：先扫地；结束扫地，开始拖地；停止拖地，进行吸尘。

19. 抗日战争期间，小张经常采用一种简单的加密算法：把数据的高 8 位和低 8 位交换后输出。现在小张要把探到的军情带出去：36 团队有 173 人，也就是把 36 放到高 8 位，173 放到低 8 位进行加密。小张战友知道他的加密规则，因而可以知道军情。请编写一个程序，实现小张的加密算法，根据输入的数据输出加密后的结果。

小　结

视频讲解

1. C 语言基本数据类型有整型、浮点型和字符型，整型又分为普通整型、短整型和长整型，关键字分别是 int、short 和 long；浮点型又分为单精度浮点型和双精度浮点型，关键字分别使用 float 和 double；字符型的关键字是 char。

2. 标识符是用来标识在 C 程序中的变量、常量（指符号常量）、数据类型和函数的。在 C 语言中标识符分为关键字（保留字）、特定字和用户定义字。

3. 变量是程序执行中，值可以变化的数据。常量的数值在程序执行过程中不会发生改变。变量需要定义，常量可以通过宏定义做替换。

4. C 语言的运算符分为：算术运算符、赋值运算符、关系运算符、逻辑运算符、位运算符、条件运算符、逗号运算符及其他一些特殊的运算符。

5. 表达式是用运算符与圆括号将操作数连接起来所构成的式子。在 C 语言中，在一个表达式的后面加上分号";"就构成了语句。

6. 表达式计算时要考虑运算符的优先级和结合性。复杂表达式最好使用圆括号来明确地指定运算的先后顺序。

7. 不同类型的数据在一起运算时，自动转换为相同的数据类型。可以按照需要进行强制类型转换。

8. 当赋值运算符左边的变量与赋值运算符右边的表达式的数据类型不相同时，编译系统负责将右边的数据类型转换成左边的数据类型，也属于自动类型转换。

9. printf 函数和 scanf 函数可以接收和显示各种数据类型的数据，getchar 函数和 putchar 函数分别接收和显示单个字符。

视频讲解

习　题

1. 已知华氏温度与摄氏温度之间的转换公式是：

$$C = 5/9 \times (F - 32)$$

编写程序，将用户输入的摄氏温度转换成华氏温度，并予以输出。

2. 编写程序，输入年利率 I(例如 2.52%)，存款总额 S(例如 100 000 元)，计算一年后的本息合计并输出。

3. 编程完成如下功能。

(1) 打印如图 2-15 所示的图书馆欢迎界面。

图 2-15　图书馆欢迎界面

(2) 在欢迎界面输入卡号"20060354"后，再输入姓名"李勇"，得到如图 2-16 所示的输出结果。

图 2-16　输出结果

知识补充与扩展

一、原码与补码

1. 字节和位

内存是以字节为单位的连续的存储空间，每个内存单元有一个唯一的编号，即地址。

一个字节由 8 个二进制位(bit)组成，其中，最右边的一位称为"最低位"，最左边的一位称为"最高位"。每一个二进制位的值是 0 或 1。

2. 数值的编码表示

在计算机内表示数值的时候，以最高位作为符号位，最高位为 0，表示数值为正；为 1；表示数值为负。表示数值，可采用不同的编码方法，一般有：原码、反码和补码。

（1）原码。

用最高位作为符号位来表示数的符号：为 0，表示正数；为 1，表示负数，其余各位表示数值本身的绝对值（以二进制表示）。

例如：

+10 的原码是：0000 0000 0000 1010

      ↑

    代表正

−10 的原码是：1000 0000 0000 1010

     ↑

    代表负

+0 的原码是：0000 0000 0000 0000

−0 的原码是：1000 0000 0000 0000

+0 和 −0 表示的是同一个数 0，而在内存中却有两个不同的表示。由于 0 的表示方法不唯一，不适合计算机的运算，所以在计算机内部一般不使用原码来表示数。

（2）反码。

正数的反码与原码相同，如 +10 的反码也是 0000 0000 0000 1010。

负数的反码是：原码符号位外仍为 1，其他各位取反。如 −10 的反码是 1111 1111 1111 0101。

+0 的反码是：0000 0000 0000 0000

−0 的反码是：1111 1111 1111 1111

同样，0 的表示不唯一。所以，在计算机内部一般也不使用反码来表示数。

（3）补码。

正数的补码与原码相同。如 +10 的补码同样是 0000 0000 0000 1010。而负数的补码是：除最高位仍为 1 外，原码的其余各位求反，最后再加 1。例如，−10 的原码是：1000 0000 0000 1010，求反（除最高位外）后，得到 1111 1111 1111 0101，再加 1，结果是 1111 1111 1111 0110。或者说，负数的补码是其反码加 1。

+0 的补码是：0000 0000 0000 0000

−0 的补码是：1111 1111 1111 1111

   +   1
   ——————————————————

    1 0000 0000 0000 0000

    ↑ 溢出

剩下 0000 0000 0000 0000。

用补码形式表示数值 0 时，是唯一的，都是 0000 0000 0000 0000。

计算机通常都是以补码形式存放数。因为采用补码形式不仅数值表示唯一，而且能将符号位与其他位统一处理。实际上采用补码，在计算机中也可以使减法变为加法，为硬件实现减法提供方便。

二、常用字符的 ASCII 码表

ASCII 码	控制字符	ASCII 码	控制字符	ASCII 码	控制字符	ASCII 码	控制字符
0	NUL	32	(space)	64	@	96	'
1	SOH	33	!	65	A	97	a
2	STX	34	"	66	B	98	b
3	ETX	35	#	67	C	99	c
4	EOT	36	$	68	D	100	d
5	ENQ	37	%	69	E	101	e
6	ACK	38	&	70	F	102	f
7	BEL	39	–	71	G	103	g
8	BS	40	(	72	H	104	h
9	HT	41	)	73	I	105	i
10	LF	42	*	74	J	106	j
11	VT	43	+	75	K	107	k
12	FF	44	,	76	L	108	l
13	CR	45	–	77	M	109	m
14	SO	46	。	78	N	110	n
15	SI	47	/	79	O	111	o
16	DLE	48	0	80	P	112	p
17	DCI	49	1	81	Q	113	q
18	DC2	50	2	82	R	114	r
19	DC3	51	3	83	X	115	s
20	DC4	52	4	84	T	116	t
21	NAK	53	5	85	U	117	u
22	SYN	54	6	86	V	118	v
23	ETB	55	7	87	W	119	w
24	CAN	56	8	88	X	120	x
25	EM	57	9	89	Y	121	y
26	SUB	58	:	90	Z	122	z
27	ESC	59	;	91	[	123	{
28	FS	60	<	92	\	124	|
29	GS	61	=	93	]	125	}
30	RS	62	>	94	^	126	~
31	US	63	?	95	—	127	DEL

第3章
控制语句

视频讲解

基础理论

故事1　小明与莎莎谈恋爱,周末相约一起看电影。

小明说:"亲爱的,今天同时上映《星球大战》和《乱世佳人》,今晚你想看哪一部？如果看《星球大战》,我请你吃冰淇淋;如果看《乱世佳人》,我请你吃夜宵。"

莎莎心里知道小明想看《星球大战》,就指向了《星球大战》的海报说:"就看这个。"

电影散场后,小明和莎莎去吃哈根达斯冰淇淋,两个人还在激烈地探讨着电影里面的情节,不知不觉拉近了两个人的距离。

以后,每个周末,两个人都相约去看电影,总是小明提议两部电影名字,莎莎选择,观看后或者去吃冰淇淋,或者吃夜宵。直到12周后,两个人走向婚姻的殿堂。

故事2　Sam今年高中毕业,参加高考后,需要选择学校与专业填报志愿。Sam对父母说:"如果我的高考分数高于650分,就选择清华大学;如果我的高考分数低于560分,就选择信息工程大学;否则,选择电子科技大学。专业嘛,就是计算机专业。"

故事3　莉莉每天放学后,都要去书法班练习书法。书法课结束后才回家吃晚饭,完成当天的家庭作业,非常忙碌。高三的一天,莉莉面临一个选择:报名参加全国书法大赛,会占用3天时间的复习时间,但如果能够拿到全国奖项,高考分数会加20分。为了观摩书法大赛,她最终选择了参赛并获得一等奖。高考时,因为这20分加分,莉莉拿到了梦寐以求的北京大学建筑系的录取通知书。

从上面的故事可以发现,现实生活中的事件总是按照顺序发生的,有时我们会面临选择,有的事情会重复做多次。所有事件都是由这三种状态组合而成的。程序设计能够解决现实问题,就需要模拟这三种结构:顺序、分支、循环。

3.1　程序的三种基本结构

视频讲解

1. 顺序结构

顺序结构,是指程序中的语句按照编写的顺序执行,无转移、分支和循环,如图3-1所示。

2. 分支结构

分支结构,是指根据条件判断,选择不同的语句(或语句组)执行,即改变执行流程,如图3-2所示。

图 3-1　顺序结构流程

(a) 分支结构流程1　　　　　　　(b) 分支结构流程2

图 3-2　分支结构流程

3. 循环结构

循环结构,是指根据条件是否成立,决定是否重复执行某条语句(或语句组),这样可避免重复书写需要多次执行的语句,减少程序长度,如图 3-3 所示。

(a) 循环结构流程1　　　　　　　(b) 循环结构流程2

图 3-3　循环结构流程

3.2　复合语句

将若干 C 语句使用花括号{}包括起来形成复合语句。花括号内可以包含任何 C 语句,其一般形式为:

```
{
   语句 1;
   语句 2;
      ⋮
   语句 n;
}
```

复合语句在语法上作为一条单语句,凡是可以出现单一语句的地方,都可以使用复合语句。构成复合语句的语句也可以是复合语句。复合语句的花括号必须配对,右花括号的后面不加分号。复合语句可以配合控制语句完成流程控制。

3.3 if 条件分支语句

视频讲解

if 语句也称为条件语句,用于实现程序的分支结构,根据条件是否成立,控制执行不同的程序段,完成相应的功能。if 语句有三种语法形式,构成三种分支结构。

3.3.1 流程(单选控制结构)

语句形式如下:

```
if (表达式) 语句;
```

其中,表达式可以是任何种类的表达式。

执行过程:若表达式的值为逻辑真(非 0 值),则执行 if 的内嵌语句;若表达式的逻辑值为假(0 值),则跳过该语句,执行 if 语句的下一条语句。

单选控制结构只有 1 条语句可供选择:或者执行,或者不执行。控制流程如图 3-2(a)所示。

例如:高考分数大于 650 分,则选择清华大学。

```
if (scores >650)
    University =Tsinghua University;
```

这里 if 的内嵌语句是单语句,若表达式的值为真,需要执行若干语句时,应写成复合语句,使其在语法上等效于单语句。例如,报名参加全国书法大赛,会占用三天时间的复习时间,但如果能够拿到全国奖励,高考分数有 20 分加分,if 语句如下。

```
if (参加全国书法大赛)  {
       占用 3 天复习时间;
       if(拿到全国奖励) scores += 20 ;
}
```

3.3.2 if...else 流程(二选一控制结构)

语句形式如下:

```
if (表达式)
    语句 1;
else
    语句 2;
```

代表两路分支结构,即二选一控制结构。

执行过程:如果表达式的值为真,则执行语句 1;否则,执行语句 2。控制流程如图 3-2(b)所示。

例如,求 b 的绝对值。

```
if (b >= 0)
    a = b;
else
    a = -b;
```

如果语句 1、语句 2 不需采用复合语句时,if 语句可以用条件运算符?: 简化。例如,求 b 的绝对值可以用条件运算符简化为:

```
a = (b >= 0)?b: -b;
```

例如,判断 c 是否为大写字母,若是,则转换为小写字母(c + 32);否则,不转换。if 语句表示为:

```
if (c >= 'A' && c <= 'Z')
    c = c + 32;/* 32 是小写字母与大写字母相应 ASCII 码的差值 */
else
    c = c;
```

使用条件运算符,等效的赋值语句为:

```
c = (c > 'A'&&c < = 'Z')?(c + 32):c;
```

例 3-1 输入两个整数 a 和 b,若 a 小于 b,交换两数,并输出交换后的 a,b 值,否则输出"未交换"信息。

```
//3-1.cpp
#include < stdio.h >
#include  <stdlib.h >
int main(){
  int a,b,x;
  scanf_s("%d %d",&a,&b);
  if (a < b){   /*   借助 x,交换 a 与 b 的值   */
    x = a;
    a = b;
    b = x;
    printf("a = %d b = %d \n",a,b);
  }else{
    printf("NO SWAP!\n");
  }
  system("pause");
  return 0;
}
```
程序的运行结果为:
输入:32 12
输出:NO SWAP!
再次执行:
输入:12 32
输出:a = 32 b = 12
交换变量 a 与 b 的值,也可以利用
```
    a = a + b;
    b = a - b;
    a = a - b;
```
进行。

3.3.3 else...if 流程(多选一控制结构)

语句形式如下：

```
if (表达式1)          语句1;
else if (表达式2)     语句2;
else if (表达式3)     语句3;
           ⋮
else if (表达式n)     语句n;
else                 语句n+1;
```

根据条件的判定,进行多路分支选择,即多选一控制结构。

执行过程：依次计算各表达式的值;若某个表达式的值为真,则执行相应的语句,然后执行 if 之后的后续语句。整个 if 语句中只有一个分支被执行,多选一控制流程如图 3-4 所示。

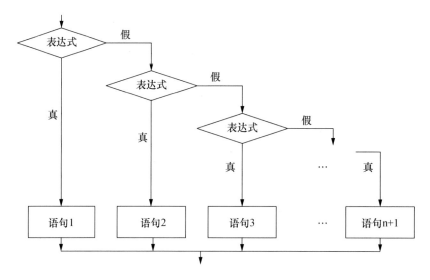

图 3-4 多选一控制流程

if 语句中的最后一条 else 语句用来处理所有条件均不成立的情况,即当所有表达式的值均为假时,执行最后一个 else 后的语句。如果所有条件均不成立时,不需要完成任何操作,则可省略 else。

例如,根据学生成绩 score,按分数分段评定等级,'A'~'E'。如果分数<0,则输出"错误"信息。编写计语句如下：

```
if (score >=90) grade ='A';
else if (score >=80 && score <90)  grade ='B';
else if (score >=70 && score <80)  grade ='C';
else if (score >=60 && score <70)  grade ='D';
else if (score >=0 && score <60)   grade ='E';
else printf("error!\n");
```

例 3-2 求 3 个不相等的数 a,b,c 中的最大者。

```
//3-2.cpp,求最大数
#include<stdio.h>
```

```
#include <stdlib.h>
int main(){
  int a,b,c;
  scanf_s("%d %d %d",&a,&b,&c);
  printf("a = %d b = %d c = %d\n",a,b,c);
  if (a>b)
     if (a>c)
         printf("a is the largest!\n");
     else
         printf("c is the largest!\n");
  else if (b>c)
     printf("b is the largest!\n");
     else
     printf("c is the largest!\n");
  system("pause");
  return 0;
}
```

程序的运行结果为:
输入: 12 5 7
输出: a = 12 b = 5 c = 7
      a is the largest!
再次执行:
输入: 5 12 7
输出: a = 5 b = 12 c = 7
      b is the largest!
再次执行:
输入: 5 7 12
输出: a = 5 b = 7 c = 12
      c is the largest!

请仿照例 3-2,写出"找出 3 个不相等的数中数值居中的一个"的程序,并输入如下数据测试程序的正确性:① 12 5 7;② 12 7 5;③ 7 12 5。

3.3.4　if 语句嵌套

C 语言允许 if 语句嵌套,if 的内嵌语句可以是另一条三种形式之一的 if 语句。

例如:在 a>=b 的条件下,判断 a,c 中的最大值:

```
if (a>=b)
   if (a>=c)
      printf("max = %d\n",a);
   else
      printf("max = %d\n",c);
```

在 if 流程中嵌套了 if...else 流程。

使用 if 语句嵌套时,应注意 if 与 else 的配套关系,以免发生二义性。

例如:用 if 语句完成一个分段函数计算:

$$y = \begin{cases} -a & x<0 \\ 0 & x=0 \\ a & x>0 \end{cases}$$

如果程序段为:

```
    y = -a;
      if (x!=0)
          if (x>0)
             y=a;
      else y=0;
```

执行结果就是错误的,问题出在 else 和 if 的配对。C 语言采用的是最邻近配对原则,else 总是与离它最近的 if 配对,尽管形式上写成了 else 与第一个 if 配对,但语法上 else 是与第二个 if 配对的,所以出现错误。这种情况出现时,可采用复合语句的方法来解决。

程序段改写为:

```
    y = -a;
      if (x!=0){
          if (x>0)
             y=a;
      }
      else
          y=0;
```

采用复合语句,从语法上规定了程序段第 3～5 行已是第一个 if 语句的一条完整的内嵌语句,是一个 if 流程,因此不能再与 else 子句配对,从而使得 else 与第一个 if 语句配对。

3.4 switch 多路开关语句

if...else 及流程嵌套可以实现多分支,但是用 if 语句实现多路分支常使程序冗长,因而降低了程序的可读性。C 语言提供了 switch 语句可更加方便、直接地处理多路分支,使程序更简明易读。

switch 语句的一般形式为:

```
    switch (表达式)
    {
    case 常量1:语句1;
        break;
    case 常量2:语句2;
        break;
     ⋮
    case 常量n:语句n;
        break;
    default:语句 n+1;
    }
```

其中,switch、case 和 default 为关键字。switch 后的表达式可以是整型或字符型表达式,但不能是关系表达式或逻辑表达式。常量 1～n 可以是整数、字符或常量表达式。

执行过程:计算 switch 语句中表达式的值,再依次与 case 后面的 1～n 个常量比较,当表达式的值与某个 case 后的常量相等时,则执行该 case 对应的语句;break 语句可以跳出 switch 结构。程序执行时,从匹配常量的相应 case 入口,一直执行到 break 语句或到达 switch 结构的末尾为止。如果 n 个常量都不等于 switch 中表达式的值,则执行 default 后的语句。

每个 case 后的语句可以是单条语句或空语句,也可以是多条语句构成的一个程序段

（不必加花括号写成复合语句的形式）。

例如：已知整型量 a 和 $b(b \neq 0)$，设 x 为实型量，计算分段函数：

$$y = \begin{cases} a+bx & (0.5 \leqslant x < 1.5) \\ a-bx & (1.5 \leqslant x < 2.5) \\ a*bx & (2.5 \leqslant x < 3.5) \\ a/(bx) & (3.5 \leqslant x < 4.5) \end{cases}$$

用 if 语句完成该分段函数的计算：

```
if (0.5<=x && x<1.5)  //注意不足:if(0.5≤x<1.5)条件中 x 为任意值,表达式的值都为真
    y = a + b * x;
else if (1.5<=x && x<2.5)
    y = a - b * x;
else if (2.5<=x && x<3.5)
    y = a * b * x;
else if (3.5<=x && x<4.5)
    y = a/(b * x);
else printf("x error.\n");
```

用 switch case 语句完成同样的计算：

```
switch ((int)(x+0.5))
{ /* (int)(x+0.5)  对 x 进行 4 舍 5 入地取整 */
    case 1:y = a + b * x;        break;
    case 2:y = a - b * x;        break;
    case 3:y = a * b * x;        break;
    case 4:y = a/(b * x);        break;
    default:printf("x error.\n");
}
```

在 switch 的表达式中，将 x 进行了四舍五入的取整，使实型量 x 所在的 4 个区间分别转换为整型量 1,2,3,4，再与 case 后的常量比较，进行相应的计算。

break 语句的作用是结束 switch 语句，使流程跳出 switch 结构。缺少 break 语句不能实现多路分支。

3.5　for 循环

C 语言提供的 for 循环结构是使用最广泛、最灵活的一种循环控制结构。在已知需要循环次数时，通常采用 for 循环结构，通过某个变量（称为循环控制变量）进行循环次数的控制。for 循环结构使用 for 语句表达，一般形式为：

视频讲解

```
for (表达式 1;表达式 2;表达式 3)
    循环体
```

其中：表达式 1—— 一般为赋值表达式，为循环控制变量赋初值；

表达式 2—— 一般为关系表达式或逻辑表达式，作为控制循环结束的条件；

表达式 3—— 一般为赋值表达式，对循环控制变量进行修改（增量或减量）；

注意　3 个表达式之间用分号(;)分隔，不是逗号。

循环体—— 可以是单语句，也可以是复合语句。

for 循环控制流程如图 3-5 所示。

图 3-5 **for 循环控制流程**

（1）首先计算表达式 1,为循环控制变量赋初值。

（2）计算表达式 2,检查循环控制条件,若表达式 2 的值为真,执行一次循环体;若为假,跳出循环结构。

（3）执行完一次循环体后,计算表达式 3,对控制变量进行增量或减量操作,再重复第(2)步操作。

例如：计算 $1+2+3+\cdots+100$。

```
int i,sum;
sum = 0;
for (i = 1;i <= 100;i ++)
    sum = sum + i;
```

循环控制变量 i 赋初值 1,当 i <= 100 时,将 i 的值累加到求和变量 sum 中,每完成一次累加运算,i 的值增 1,直到 i 的值大于 100 时,循环累加才结束。

视频讲解

3.6 while 循环和 do...while 循环

在已知循环条件时,通常采用 while 循环结构。while 循环结构使用 while 语句和 do...while 语句表达。

3.6.1 while 语句

while 语句的一般形式为：

```
while (表达式)
    循环体
```

循环体可以是单语句,也可以是复合语句。

while 语句执行过程为：首先计算表达式,当表达式的值为真时,执行一次循环体中的语句;重复上述操作到表达式的值为假时,才退出循环。while 循环流程控制如图 3-6 所示。

图 3-6 **while 循环控制流程**

while 循环结构也称为“先判定”循环结构,特点是当条件成立时,执行循环结构;若一开始条件就不成立,则一次循环也不执行。

例如：计算 $1+2+3+\cdots+100$。

```
i = 1;sum = 0;
while (i <= 100)
{
    sum = sum + i;
    i ++;
}
```

由于 while 语句中有控制循环结束的条件表达式,因此要保证循环正常执行,在进入循环之前应先对循环控制变量赋初值(如此例中为 i = 1),并且在循环体内必须有修改循环控制变量的语句(如此例中为 i ++;),以便使循环判定条件表达式的值能由“真”变到“假”,保证循环能达到结束条件,正常退出。

对于循环次数确定的计数循环,采用 for 语句更简便,而 while 语句适用于循环次数预先不能确定的条件循环。

例如：读入字符并回显，直到读入'#'字符为止。

```
char c;
c = getchar();
while(c! ='#')
{
    putchar(c);
    c = getchar();
}
```

程序段的功能是输入一个字符并显示，循环操作直到输入字符#后退出循环。该程序段也可写成下面简洁的形式：

```
char c;
while ((c = getchar())! ='#')
    putchar(c);
```

又如：将读入的小写字母转换成大写字母，一旦读入其他字符时，结束转换处理。

```
scanf_s("%c",&ch,1);
while ((ch >='a')&&(ch <='z'))
{
    ch = ch +'A' –'a';
    printf("%c",ch);
    scanf_s("%c",&ch,1);
}
```

while 表达式中的两对小括号可以不加，运算优先顺序不变，但多加小括号会使程序更清楚易读。

3.6.2 do...while 语句

do...while 语句的一般形式为：

```
do 循环体 while (表达式);
```

执行过程：首先执行一次循环体，然后再计算表达式，如果表达式的值为真，则再执行一次循环体。重复上述操作，直到表达式的值为假时，退出循环。do...while 流程控制如图 3-7 所示。

do...while 语句实现"后判定"循环结构。do...while 语句与 while 语句不同之处是，先执行循环体，后判断条件，因此无论条件是否成立，至少执行一次循环。而 while 语句先判断条件，后执行循环体，因此可能一次循环也不执行。

例如：跳过输入的任意多个空格字符，读入一个非空格字符。

图 3-7 do...while 循环控制流程

```
do{
    scanf_s("%c",&ch,1);
    }while (ch ==' ');
```

读入一个字符，如果为空格，继续读入字符直到读入一个非空格字符时退出循环。

以上功能也可用 while 语句实现：

```
scanf_s("%c",&ch,1);
while (ch =='')
    {
        scanf_s("%c",&ch,1);
    }
```

在循环之前,先读入一个字符,为循环控制变量赋初值,如果读入的字符为空格符,继续循环读入下一字符,直到读入非空格字符时退出循环,但若读入的第一个字符为非空格字符时,则循环一次也不执行。当循环体为单语句时,可不加花括号,但为使程序清晰易读,通常加上花括号。

例 3-3　输入一串字符,以句号(.)作为输入结束标志,显示其中字母和数字的个数。

```
//3-3.cpp
#include<stdio.h>
#include <stdlib.h>
int main()
{
    char ch;
    int ch_num,dig_num;
    ch_num = dig_num = 0;
    do{
        scanf_s("%c",&ch,1);
        if ((ch >='A')&&(ch <='Z') ||(ch >='a')&&(ch <='z'))
            ch_num ++;
        else if ((ch >='0')&&(ch <='9'))
            dig_num ++;
    }while (ch! ='.');
    printf("The number of chars is %d.\n",ch_num);
    printf("The number of digital is %d.\n",dig_num);
    system("pause");
    return 0;
}
```
程序的运行结果为:
输入: I'm a beginer of C programming.
输出: The number of chars is 24.
　　 The number of digital is 0.

程序中用了两个变量 ch_num 和 dig_num 分别对输入的字母和数字字符计数,如果输入的字符数值在'A'～'Z'之间或'a'～'z'之间,则它是一个字母,因此 ch_num 加 1。如果输入的字符数值在'0'～'9'之间,则它是一个数字,因此 dig_num 加 1。

3.7　循环嵌套

在一个循环体内又包含另一个循环结构,称为循环嵌套。内层循环体中再包含新循环结构,称为多重循环嵌套。实际应用中常常需要循环嵌套,C 语言中三种循环结构可以任意组合嵌套,例如:

```
(1) for (…)          (2) do           (3) while (…)        (4) for (…)
    {                    {                 {                    {
     …                    …                 …                    …
     while (…)            for (…)           do{                  for (…)
     …                    {…}               …                    {…}
    }                     …                 }while();            …
                         }while (…);        …                   }
                                            }
```

注意　循环嵌套的内层循环必须完全包含于外层循环内,不允许循环结构交叉。

3.8　break,continue 和 goto 语句

视频讲解

for、while 和 do... while 三种循环结构都以某个表达式的结果作为循环条件,当判定表达式的值为 0(假)时,结束循环流程,称为循环的正常退出。C 语言提供跳转语句(break)、继续语句(continue)和无条件转移语句(goto),可以在循环的中途结束循环流程,称为循环的中途退出。

3.8.1　break 语句

break 语句可用于 switch 语句中,使某个 case 子句执行完后,跳转出 switch 结构,实现多路分支。break 语句还有一种常用方式:在 for、while 和 do... while 循环结构中,当需要循环在一定条件下提前终止时,break 语句可以跳转出循环结构。break 语句提供了通过中间测试使循环结束的中间出口方法。

例如,输入若干整数并求和,直到和值大于等于 3000 或输入数据个数等于 100 时为止。程序段为:

```
sum = 0;
for(count = 1;count <= 100;count ++){
    scanf_s("%d",&number);
    sum + = number;
    if(sum >= 3000) break;
}
```

例如,输入一行字符并回显,长度不超过 80 个字符。如果输入字符'＊',程序就结束。

```
for(i = 0;i < 80;i ++){
    c = getchar();
    if(c == '＊') break;
    printf("%c",c);
}
```

在输入字符达到 80 个之前,若输入字符'＊',break 语句使控制立即跳转出循环结构。

注意 在多重嵌套循环中,break 语句只能跳出它所在的那一层的循环结构。例如:

```
for(i = 0;i < 100;i ++){
    …
    while(j > 0){
        …
        if(j == 0) break;
            …
    }
    scanf_s("%c",&ch,1);
    …
}
```

在上述代码中,break 语句只能跳转出 while 循环结构,从输入语句开始继续往下执行,不能跳出 for 循环结构。

3.8.2 continue 语句

continue 语句只能用于循环结构,continue 语句结束本次循环(即使循环体还没有执行完毕,即忽略 continue 后面的语句),直接进入本循环结构的下一次循环操作。在 while 和 do... while 循环结构中,continue 语句能够将流程转向检测循环控制表达式,以判定是否继续进行循环;在 for 语句中,流程转向计算表达式 3,以改变循环控制变量,再判定表达式 2,以确定是否继续循环。

例如:输入 n 个实型数,将正数输出在显示屏上,负数则忽略。

```
for(i = 0;i < n;i ++) {
    scanf_s("%f",&a);
    if (a < 0.0) continue;
    printf("%f",a);
}
```

当输入数据为正实数时,显示在屏幕上;当输入数据为负实数时,执行 continue 语句,不执行 printf 语句,控制立即转向执行 i ++,开始下一次循环的判定。

例 3-4 编写一个程序,它能将输入的字符复制输出,但如果一个相同的字符连续输入几次,则只将它输出一次,如果读到字符'.'就结束。

```
//3-4.cpp
#include <stdio.h>
#include <stdlib.h>
int main(){
    char ch_old,ch_new;
    ch_old = '.';
    do{
        scanf_s("%c",&ch_new,1);
        if (ch_new == ch_old)
            continue;
        ch_old = ch_new;
        printf("%1c",ch_old);
    }while (ch_new! = '.');
    printf("\n");
    system("pause");
    return 0;
}
```

程序的运行结果为：
输入：aabbcccddef.
输出：abcdef.

程序中用变量 ch_new 来表示当前读入的字符，用变量 ch_old 表示在 ch_new 之前读入的字符，如果这两个相邻读入的字符不相等，则显示 ch_new，并将 ch_new 赋予 ch_old；否则，跳过循环体中的后两个语句，开始下一次循环的判定，再去读取新的字符。

3.8.3 goto 语句

goto 语句是无条件转移语句。goto 语句的一般形式为：

```
goto 标号；
    ⋮
标号：语句
```

在 goto 语句中，必须指明语句标号，语句标号使用标识符表达。执行 goto 语句后，使流程无条件转向标号指定的语句。

结构化程序设计不提倡使用 goto 语句，因为大量使用 goto 语句会使程序结构复杂化，降低程序的可理解性和可维护性。但在特殊情况下，特别是从深层嵌套循环中跳出时，用 goto 语句则比 break 语句简便得多。例如：

```
while(a >'0')
{   ….             //语句段 1；
    while(b! = ch && c >'a')
    {   …           //语句段 2；
        while(d! = a)
        {
            …       //语句段 3；
            if(b ==d) goto next;
            …       //语句段 4；
        }
        …           //语句段 5；
    }
    …               //语句段 6；
}
next:a ='b'+ b;
```

如果不用 goto 语句，则需要将以上程序段改为：

```
while(a >'0')
{…                  //语句段 1；
while(b! = ch && c >'a')
{…                  //语句段 2；
    while(d! = a)
    {
        …           //语句段 3；
        if(b ==d) break;
        …           //语句段 4；
    }
    if(b ==d) break;
    …               //语句段 5；
}
if(b ==d) break;
…                   //语句段 6；
}
a ='b'+ d;
```

需要增加判断语句。

使用 goto 语句时应注意以下两点:

① goto 语句只能从循环嵌套内层转向外层,反之则不行。

② 标号代表的语句可以是一个空语句。例如:

```
next: ;
```

参考答案

课堂练习题

1. 用循环语句编程测试你的机器上 int 与 long 类型的最大正数。

2. 女生都爱美,特别关注胖瘦问题,请编写一个程序,输入某人的身高和体重,按下式确定此人的体重是否为标准、过胖或过瘦:

(1) 标准体重 =（身高 − 110）千克;

(2) 超过标准体重 5 千克为过胖;

(3) 低于标准体重 5 千克为过瘦。

3. 编写一个程序,显示所有可见字符的 ASCII 码标准代码。

在使用中经常需要查找字符的 ASCII 码,ASCII 码包括可见字符的代码及若干控制字符的代码。现在编写一个程序按以下方式显示所有可见字符的 ASCII 码:从 ASCII 码 32 开始至 ASCII 码 126 为止。

4. 打印九九乘法表。

5. 假设苹果 0.8 元 1 个,第一天买了 2 个苹果,以后每天买的苹果数量是前一天的 2 倍。直到某一天购买的苹果数量达到不超过 100 的最大值。请编写一个程序,求出平均每天花了多少钱买苹果?

第 4 题视频　　第 5 题视频

6. 韩信点兵。韩信有一队兵,他想知道有多少人,便让士兵排队报数。按从 1 至 5 报数,最末一个士兵报的数为 1;按从 1 至 6 报数,最末一个士兵报的数为 5;按从 1 至 7 报数,最末一个士兵报的数为 4;最后,再按从 1 至 11 报数,最末一个士兵报的数为 10。你知道韩信至少有多少兵吗?[①]

视频讲解

7. 猜数游戏[②]

(1) 只猜 1 次。计算机想一个 1～100 之间的数,参加游戏者通过输入数据猜测该数。如果猜对了,则输出"Right!",并输出这个数;如果猜小了,则输出"Wrong! Too low! \n";如果猜大了,则输出"Wrong! Too high! \n"。

(2) 猜正确为止。计算机想一个 1～100 之间的数,参加游戏者通过输入数据猜测该数。如果猜测错误,则提示输入数据大了还是小了,并继续猜测,直到猜测正确为止。

(3) 最多猜 10 次。计算机想一个 1～100 之间的数,参加游戏者通过输入数据猜测该数。

---

①② 本题借鉴了苏小红老师的 PPT。

如果猜对了,则结束游戏;如果猜错了,则继续猜测,最多猜 10 次;如果还不对,则结束。

(4) 最多猜 10 次后猜下一个数。计算机想一个 1 ～ 100 之间的数,参加游戏者通过输入数据猜测该数。如果猜对了,则询问是否继续猜下一个数;如果猜错了,则继续猜测,最多猜 10 次,如果还不对,则猜下一个数。

8. 编写一个程序,输入两个整数 num 和 k,求 num 所对应的十六进制数从右往左数起的第 k 位。

9. 下面的程序表示输入一个整数,然后依次显示该整数的每一位。该程序对输入的正整数可以正常工作,但如果输入负数,则会得到错误的结果。请改进该程序,使它在输入负数时也能工作。例如,如果输入的数是 – 4567,则输出 7654 – 。

```
int main()
{
    int number,digit;
    scanf_s("%d",&number);
    do{
        digit = number%10;
        printf("%d",digit);
        number /= 10;
    }while(number! = 0);
    printf("\n");
    system("pause");
    return 0;
}
```

10. 编写一个程序,按下面的要求计算一个整数的各位数字之和。

(1) 例如,输入的数是 2568,该程序计算并输出 21;

(2) 例如,输入的数是 2568,该程序计算并显示 2 + 5 + 6 + 8 的值。

11. 编写一个程序,找出 1 ～ 100 中的所有素数。

12. 图书管理系统主界面。图书管理系统主界面提供系统功能选择,用户输入相应的选项信息,即可进入相应的功能项进行操作。操作完毕可退回主界面。

输入数据:功能项选择键;

输出结果:子功能界面。

利用循环结构实现功能界面的重复显示和调用。

视频讲解

上机实验

1. 简单的计算器程序。用 switch 语句编程设计一个简单的计算器程序,要求根据用户从键盘输入的表达式:

操作数1	运算符 op	操作数2

计算表达式的值,指定的算术运算符为加(+)、减(–)、乘(*)、除(/)。

参考程序

```
#include < stdio.h >
int main()
{
    int    data1,data2;          /*定义两个操作符*/
    char   op;                   /*定义运算符*/
```

```
        printf("Please enter the expression:");
        scanf("%d%c%d", &data1, &op, &data2);    /*输入运算表达式*/
        switch (op)
        {
            case' +':                            /*处理加法*/
                printf("%d\n", data1 + data2);
                break;
            case' -':                            /*处理减法*/
                printf("%d\n", data1 - data2);
                break;
            case' *':                            /*处理乘法*/
                printf("%d\n", data1 * data2);
                break;
            case'/':                             /*处理除法*/
                if (0 == data2)
                    printf("error!\n");
                else
                    printf("%d\n", data1/data2);
                break;
            default:
                printf("error! \n");
        }
        system("pause");
    return 0;
    }
```

2. 在第 1 题的基础上,增加如下要求。

(1) 要求程序能进行浮点数的算术运算,实数的输出要求精度为小数点后两位;

(2) 要求输入的算术表达式中的操作数和运算符之间可以加入任意多空白符;

(3) 要求可以连续做多次算术运算,每次运算结束后,程序都给出提示:

  Do you want to continue(y/n)?

如果用户输入 y 时,则程序继续进行其他算术运算;否则,程序退出运行状态。那么,程序如何修改?

注:本章上机实验借鉴了苏小红老师的 PPT。

小 结

C 语言流程控制语句(共 8 条),分别实现分支结构、循环结构和控制转移。

1. if 语句用于实现单路、双路和多路分支。switch 语句可以比嵌套的 if 语句更简便地实现多路分支。for 语句常用于循环次数能确定的计数循环结构。while 语句和 do...while 语句常用于循环次数不确定,由执行过程中条件变化控制循环次数 while 语句和 do...while 语句不同之处是:while 语句先判断条件,后执行循环体,而 do...while 语句先执行循环体,后判断条件。

2. break 语句使控制跳出 switch 结构或循环结构。continue 语句只能用于循环结构,使控制立即转去执行下一次循环。两者相同点是需要条件进行跳转,不同点是:break 语句强制循环立即结束,而 continue 语句只能立即结束本次循环而开始判定下一次循环是否进行。goto 语句无条件转向指定语句继续执行。goto 语句应该有限制地使用,多用于直接退出深层循环嵌套。

第 3 章 控制语句

分支、循环结构是程序设计的基础。

习　　题

1. 编写一个程序,计算:

$$result = \begin{cases} 1+2+\cdots+i & (i<=5) \\ 100-i-(i-1)-\cdots-1 & (5<i<=10) \\ i*i & (i>10) \end{cases}$$

2. 编写一个程序,计算:

$$e^x = 1 + x + x^2/2! + x^3/3! + x^4/4! + \cdots + x^n/n!$$

3. 编写一个程序,当输入一个整数时,用英语单词输出该数的每一位数字。例如:输入 3567,输出:

```
first_digit    second_digit    third_digit    four_digit
    seven          six            five          three
```

4. 编写一个程序,求两个正整数 x 和 y 的最小公倍数。

5. 编写一个程序,输入两个整数 i,j,如果 j 的值大于 0,则将 i 循环左移 j 位;如果 j 的值小于 0,则将 i 循环右移 j 位,最后输出 i 的值。

6. 编写一个程序,输入两个整数 i,j,显示 i 的第 j 个二进制位。

知识补充与扩展

一、switch 语句

switch 语句的一般形式为:

```
switch(表达式)
{
    case 常量1:语句1;
        break;
    case 常量2:语句2;
        break;
         ⋮
    case 常量n:语句n;
        break;
    default:语句n+1;
}
```

恰当地使用 break 语句,可以控制一段程序的执行入口和出口点,例如:

```
switch (i)
{
    case 1:语句1;
    case 2:语句2;
        break;
    case 3:语句3;
    case 4:语句4;
    case 5:语句5;
        break;
    default:语句6;
}
```

75

当 i = 1 时,从语句 1 执行到语句 2;当 i = 2 时,执行语句 2;当 i = 3 时,从语句 3 执行到语句 5;当 i = 4 时,从语句 4 执行到语句 5;当 i = 5 时,执行语句 5;当 i 为其他值时,执行语句 6。根据 i 的值,可以从不同入口开始执行一段程序。

若对于 switch 表达式的某值不需执行任何操作,相应的 case 子句可以是一个空语句。例如:

```
switch(c)
{
    case 'a':语句1;
        break;
    case 'b': break;
    case 'c':语句2;
        break;
    default:语句3;
}
```

如果字符型变量 c 的值为'a',执行语句 1;若 c 等于'b',则跳出 switch 结构,不执行任何操作;c 等于'c'时,执行语句 2;c 等于其他字符时,执行语句 3。

当对于 switch 表达式的多个值都需要执行相同的操作时,可以采用下面的语句形式分组执行 case 子句。

```
switch(i)
{
    case 1:
    case 2:
    case 3:语句1;
        break;
    case 4:
    case 5:语句2;
        break;
    default:语句3;
}
```

当整型变量 i 的值等于 1、2 或 3 时,均执行语句 1;当 i 的值等于 4 或 5 时,都执行语句 2;当 i 为其他值时,执行语句 3。

注意,这种情况不能写为:

```
switch(i)
{
    case 1,2,3:语句1;
        break;
    case 4,5:语句2;
        break;
    default:语句3;
}
```

switch 语句经常用来实现屏幕菜单程序,为用户提供各种选择功能,方便用户选择不同的功能以执行不同的程序段完成不同的任务。

例 3-5 根据用户的要求计算一个数的平方或立方,或计算两个数的平方和。

```cpp
//3-5.cpp switch 使用
#include <stdio.h>
int main()
{
    float x,y;
    char ch;
    printf("Enter your selection:\n");
    printf("1:Find square of a number \n");
    printf("2:Find cube of a number \n");
    printf("3:Find sum of square of two number \n");
    scanf_s("%c",&ch,1);
    switch (ch)
    {
        case'1':
            printf("Enter a number \n");
            scanf_s("%f",&x);
            printf("The square of %f is %f\n",x,x*x);
            break;
        case'2':
            printf("Enter a number \n");
            scanf_s("%f",&x);
            printf("The cube of %f is %f\n",x,x*x*x);
            break;
        case'3':
            printf("Enter two numbers \n");
            scanf_s("%f %f",&x,&y);
            printf("The sum of square of %f and %f is %f",x,y,x*x+y*y);
            break;
        default:
            printf("Invalid selection \n");
    }
    return 0;
}
```

程序的运行结果为:
```
    Enter your selection:
    1:Find square of a number
    2:Find cube of a number
    3:Find sum of square of two number
```
输入:1
```
    Enter a number
```
输入:12
输出:The square of 12.000000 is 144.000000
再执行:
```
Enter your selection:
1:Find square of a number
2:Find cube of a number
3:Find sum of square of two number
```
输入:2
```
    Enter a number
```
输入:12

输出：The cube of 12.000000 is 1728.000000
再执行：
Enter your selection:
1:Find square of a number
2:Find cube of a number
3:Find sum of square of two number
输入：3
　　Enter two numbers
输入：3 4
输出：The sum of square of 3.000000 and 4.000000 is 25.000000

二、for 语句

使用 for 语句时应注意以下事项：

（1）for 语句的任何一个表达式都可以省略，但不能省略分号。

省略 1 个或多个表达式，可以增强 for 语句的灵活性和实用性。

① 省略表达式 1

若循环控制变量的初始值不是常量，而是通过计算得到，则可省略表达式 1。例如：

```
i = (value1 + value2)%8;
for (;i < 50;i ++)
循环体
```

② 省略表达式 3

当循环体内含有修改循环控制变量的语句，并能保证循环正常结束时，可省略表达式 3，例如：

```
for(i = 0;i! = 2012;)
    scanf("%d",&i);
```

此循环结构读入若干整型数，直到读入的数字为 2012 时结束循环。

③ 省略有表达式 2

当 for 语句中没有表达式 2 时，编译程序将解释为表达式 2 的值为 1，即循环判定条件为真。循环将无限进行下去，称为无限循环或死循环。实用程序不应出现死循环。循环体内应有某些操作能使循环达到终止条件，正常退出循环。

④ 省略所有表达式

省略所有表达式，for 语句( )内仅有 2 个分号。形式为

```
for( ; ;)
循环体
```

例如：

```
for(;;)
{
    语句段;
    scanf_s("%c",&ch,l);
    if(ch == '*')break;
}
```

当程序循环到读入一个字符 * 时，执行 break 语句退出循环。

（2）for 语句中应用逗号表达式。

应用逗号表达式,可以使用两个或两个以上的循环控制变量同时控制循环。例如,设 value 为已经赋值的整型变量:

```
for(i =0,j =value;i <j;i ++,j --)
    循环体
```

表达式 1 和表达式 3 均为逗号表达式。表达式 1 同时为 i,j 赋初值;表达式 3 对 i 增 1,对 j 减 1,当 i 大于等于 j 时,循环结束。

for 语句还可用来实现延时功能,例如:

```
for(i =1,j =1;i <10000;i ++)
    j * =1;
```

或写成:

```
for(i =1,j =1;i <10000;i ++,j * =1);
```

将表达式 3 也写为逗号表达式,循环体是空语句(表示不执行任何操作,但在语法上不可缺少,否则将判定为缺少循环体)。for 语句通过进行 10000 次加法、乘法和比较操作,实现延时等待功能。

（3）C 语言的 for 语句允许在循环体内改变循环控制变量的值。

例如,输入若干整数并求和,直到和值大于等于 3000 或输入数字个数等于 100 时为止。

```
sum =0;
for(count =1;count <=100;count ++)
{
    scanf_s("% d",&number);
    sum + =number;
    if(sum >=3000)
        count =100;
}
```

若输入数据为:

```
23  45  67  2900  34  67
```

当程序读入 2900 后,sum 的值大于 3000,循环控制变量 count 的值被循环体的语句赋值为 100,达到循环终止条件,循环结束。

第 4 章
数组和结构

视频讲解

半期考试结束后,教师想查看班里 C 语言这门课程的最高分,以及有几位同学得到了这个最高分并给予奖励。为简单起见,假设班上共有 10 人。

要解决这个问题,可以用 10 个变量,分别取名为 score1,score2,…,score10 来存储 10 名学生的成绩。采用这种方法编写的程序扩展性很差。如果是公选课,班上人数可能为 200 人,300 人甚至更多,则需要定义几百个变量存储全班同学的成绩,因此非常不方便。

我们可以采用数组解决这个问题。

4.1 一维数组

数组是有序数据的组合,数组中的每一个元素都属于同一个数据类型。用统一的数组名和数据序号(下标)可以唯一地确定数组中的元素。

视频讲解

例 4-1 先用键盘输入 10 位学生的成绩,分别存放到一个名为 score 的数组中,并找出最高分,然后再依次将 10 位学生的成绩与最高分比较,输出最高分的学生的序号。

```
//4-1.cpp,求最高分,并输出得到最高分的学生的序号,使用两个循环语句完成

#include <stdio.h>          //预编译命令
#include <stdlib.h>
int main()                  //主函数
{
    int score[10];          //数组,有 10 个整型元素
    int maxScore = 0;       //最高分,并初始化为 0
    int maxStudent = 0;     //得到最高分的学生人数
    int i;                  //循环变量
    for (i = 0;i < 10;i ++)     //计数循环
    {
        printf("请输入第%d 位学生的成绩:",i);
        scanf_s("%d",&score[i]);       //输入第 i 位学生的成绩,存入 score[i]
        if (maxScore < score[i])       //如果第 i 位学生的成绩高于原最高分
```

```
            maxScore = score[i];        //将最高分修改为第 i 位学生的成绩
    }
    printf("本班最高分为%d\n",maxScore);
    printf("得到最高分的学生序号为: \n");
    for (i = 0;i < 10;i ++)         //计数循环
    {
        if (score[i] == maxScore)   //如果第 i 位学生的成绩等于最高分
        {
            maxStudent ++;        //得最高分的学生人数增 1
            printf("%d\n",i);     //输出该生序号
        }
    }
    printf("共有%d 位学生得到最高分 \n",maxStudent);
    system("pause");
    return 0;
}
```

思考　是否可以只使用一个循环完成该功能?

4.1.1　一维数组的定义

数组是一种构造数据类型,它将相同类型的变量组合起来,用一个名称来表示。数组使用前一定要先定义,以便编译程序能正确地分配内存空间。

一维数组定义的格式为:

　　类型说明符　数组名[整型常量表达式];

其中,类型说明符代表数组的基类型(即数组中各元素的类型),整型常量表达式定义了数组中元素的个数(数组长度)。

整型常量表达式的操作数与结果都是整型常量,最简单的形式是整型常数或者整型常量。

例 4-1 中的数组定义:

　　int score[10];

定义一个长度为 10 的数组 score,数组的每个元素(数组元素)都是整型变量。换句话说,一次定义了 10 个整型变量,它们存储在连续的存储空间中,名字分别是 score[0],score[1], …, score[9]。

图 4-1 是定义 score 数组后,编译器为 score 数组分配的内存空间的图示说明。需要注意的是: C 语言中数组的第一个元素的序号(下标)是 0,而不是 1 或其他值。

图 4-1 中假设 add 代表数组第一个元素在内存中的位置(地址),如果在 Visual Studio 2015 环境下,那么每个数组元素(整型变量)都占用 4 个字节,数组 score 共占用 40 个字节的内存空间。

在定义一维数组时应注意以下几点:

① 数组名使用标识符表示。

② 使用方括号将整型常量表达式括起。

③ 整型常量表达式代表数组元素的个数。

④ 数组下标从 0 开始。

⑤ 整型常量表达式中不允许包含变量,下面就是错误的数据定义方式:

```
int n;
int score[n];
```

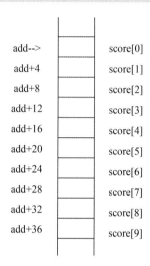

add-->	score[0]
add+4	score[1]
add+8	score[2]
add+12	score[3]
add+16	score[4]
add+20	score[5]
add+24	score[6]
add+28	score[7]
add+32	score[8]
add+36	score[9]

图 4-1 score 数组的内存分配

4.1.2 一维数组元素的引用

同变量一样,数组也必须先定义再使用,而且只能使用单个的数组元素,不能整体使用数组。每个数组元素都相当于一个普通变量,需要通过下标区别数组元素,数组元素也称为下标变量。一维数组下标变量的形式为:

数组名[下标]

其中,下标可以是常量、变量或表达式,但必须是整型数,其取值范围为 0 到数组长度 −1(若超出该范围,称为下标越界)。下标 0 对应数组的第一个元素,最后一个元素的下标为数组长度减 1。

如果有下面的定义:

```
int score[10];
```

则数组的下标变量分别为 score[0],score[1],score[2],…,score[9]。

需要注意的是,C 语言不进行下标越界的检查(因为这样会浪费了 CPU 执行程序的时间)。如果下标是负数或下标超过数组长度,系统仍然把它们作为正确的下标对待。例如:

```
int a,b;
int arr[10];
int c,d;
```

则下标变量 arr[−1] 和 arr[11] 分别代表了其他的存储单元,比如在某编译器下,arry[−1] 可能实际是变量 b 所在的单元。

下标越界可能会导致访问不存在的存储单元,或访问不允许访问的存储单元,导致程序运行出错。程序员自己应该进行必要的边界检查。因此，对数组元素的访问一定要谨慎。

4.1.3　一维数组的初始化

对于数组元素，可直接在定义时进行初始化。

（1）对全部数组元素赋初值。将数组元素的初值依次放在一对花括号内，初值之间用逗号分隔。例如：

```
int score[3]={78,89,98};
```

定义了有 3 个元素的数组 score，同时为数组 score 的各个元素赋初值。数组 score 的各下标变量的值如表 4-1 所示。

表 4-1　score 数组的下标变量与对应值的关系

下标变量（数组元素）	score[0]	score[1]	score[2]
值	78	89	98

（2）对部分元素赋初值。当初值的个数少于数组元素的个数时，C 语言将会自动对后面的元素赋初值 0。例如：

```
int score[5]={78,89,98};
```

定义了有 5 个元素的数组 score，对数组 score 的前 3 个元素赋初值，后 2 个元素初值为 0。数组元素的初值如表 4-2 所示。

表 4-2　score 数组的下标变量与对应值的关系

下标变量（数组元素）	score[0]	score[1]	score[2]	score[3]	score[4]
值	78	89	98	0	0

如果要将 score 数组的所有元素的值都初始化为 0，则可以使用：int score[10]={0}。

（3）当所赋初值的个数大于数组长度时，则出错。

（4）当所赋初值的个数与数组长度相等时，则在定义时，可以忽略数组的大小。如

```
int score[]={78,89,98};与 int score[3]={78,89,98};
```

的作用相同，即可以通过初值的个数来确定数组的大小。

4.2　二维数组

视频讲解

一维数组表示多个有序变量。二维数组表示多个有序的一维数组（每个一维数组当作一个元素）。

C 语言以一维数组作为元素可以构成二维数组，用二维数组作为元素可以构成三维数组，以三维数组作为元素可以构成四维数组，以此类推，可以构成多维数组。例 4-2 是二维数组的一个典型应用。

例4-2 科考队员在北极发现了一座新的冰山,想算出冰山在水面上的体积,为此需测量冰山的高度。冰山上各处的高度是不同的。可以对冰山打上格子,以海面为参照,测量出冰山上每个格子处的平均高度,就可以从整体上描述冰山的地貌,从而计算出它的体积。

冰山(俯视)如图4-2所示,图中0表示海面,数字表示高度,单位为米。设每一格的大小为10 m×10 m。

	1	2	3	4	5	6	7
1	0	1	1	2		2	1
2	1	4	2	1	4	3	1
3	2	5	3	5	2	2	3
4	2	3	4	1	2	1	0
5	1	0	3	0	1	0	0

图4-2　冰山各处高度的描述

将每行用一个一维数组表示。这样可用5个一维数组 ice1,ice2,…,ice5 表示冰山的高度,每个一维数组均有7个元素,因此可定义为 int ice1[7],int ice2[7] 等,一维数组的每个元素都是同样大小的一维数组,可以用二维数组表示。

4.2.1　二维数组的定义

二维数组定义格式为:

> 类型标识符　数组名[常量表达式1][常量表达式2];

例4-2 中用于描述冰山高度的数组可以定义为

```
int ice[5][7];
```

定义了一个名为 ice 的数组,它含有5个一维数组,每个一维数组含有7个元素;二维数组 ice 共有35个元素,这些元素都是整型变量。

一维数组的下标只有一个,而二维数组有两个下标。二维数组定义中的常量表达式1规定了一维数组的个数,常量表达式2规定了每个一维数组中元素的个数。使用二维数组元素时,二维数组的第一个下标规定了一维数组的序号,第二个下标规定了一维数组中元素的序号。

为了便于理解,可将二维数组视为行列式或矩阵,第一个下标为行号,第二个下标为列号,例如二维数组 ice[5][7] 代表一个5行7列的矩阵。

在计算机中,C语言程序的二维数组的元素是按行存储的(某些程序语言的二维数组的元素是按列存储的,如 FORTRAN 语言):先存储二维数组第一行的元素,再存储第二行的元素,依此类推。

例如,二维数组 ice[5][7],就是先存储 ice[0] 的7个元素,再存储 ice[1] 的7个元素,依此类推,如图4-3所示。

系统为二维数组分配连续存储区,数组名可以作为存储区首地址的符号地址。详细内容请见第5章。

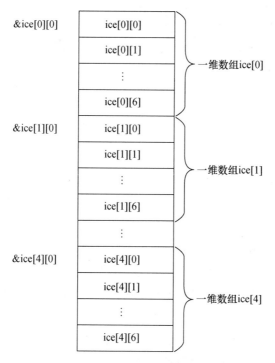

图4-3 二维数组元素的存放顺序

4.2.2 二维数组元素的引用

二维数组元素以二维下标变量的形式表达。二维数组元素的一般表示方法为：

数组名[下标1][下标2]

其中,下标1和下标2可以是常量、变量或表达式,但必须是整型数。下标1的值为从0到常量表达式1的值减1,下标2的值为从0到常量表达式2的值减1。

比如,冰山第三行第四列的高度为5,则ice[2][3]=5。

与一维数组类似,引用二维数组元素时也要避免数组下标越界。

4.2.3 二维数组的初始化

由于二维数组是按行存储的,因此二维数组的初始化也是按行进行的。

（1）对二维数组的全部元素赋初始值。对于例4-2,可以在定义二维数组 ice 时初始化所有元素。

```
int ice[5][7] ={{0,1,1,2,1,2,1},
               {1,4,2,1,4,3,1},
               {2,5,3,5,2,2,3},
               {2,3,4,1,2,1,0},
               {1,0,3,0,1,0,0}};
```

初始化是按5个一维数组的顺序进行的。最先对 ice[0] 的7个元素按序号赋初值,然后对 ice[1] 的7个元素依次赋初值,依此类推。

赋过初值的二维数组 ice 中的元素如图4-4所示。

	[0]	[1]	[2]	[3]	[4]	[5]	[6]
ice[0]	0	1	1	2	1	2	1
ice[1]	1	4	2	1	4	3	1
ice[2]	2	5	3	5	2	2	3
ice[3]	2	3	4	1	2	1	0
ice[4]	1	0	3	0	1	0	0

图 4-4 赋过初值的数组 ice

另外,也可以对 ice 按行连续赋初值:

```
int ice[5][7] = {0,1,1,2,1,2,1,
                 1,4,2,1,4,3,1,
                 2,5,3,5,2,2,3,
                 2,3,4,1,2,1,0,
                 1,0,3,0,1,0,0};
```

(2) 部分赋初值。如果对二维数组部分赋初值,则剩余元素的值也将被初始化为 0。例如:

```
int a[3][3] = {{1},{2,3}};
```

初始化后各元素值依次为 1,0,0,2,3,0,0,0,0。

又如:

```
int a[3][3] = {1,2,3};
```

初始化后各元素值依次为 1,2,3,0,0,0,0,0,0。

(3) 在对数组的全部元素赋初值时,可以省略第一维的长度,但不能省略第二维的长度。例如:

```
int a[2][2] = {1,2,3,4};
```

可以为:

```
int a[ ][2] = {1,2,3,4};
```

例 4-2 中冰山体积的计算,可以累加冰山各格的高度,再乘以每格的面积即可得到冰山的体积。定义整型变量 totalHeight,用两重计数型循环来累加总高度。参考程序为:

```
//4-2.cpp,求冰山的体积
#include<stdio.h>              //预编译命令
  int main()                   //主函数
  {
  int i,j;            //定义行号,列号
  int ice[5][7] = { {0,1,1,2,1,2,1},         //定义二维数组,赋入冰山高度
               {1,4,2,1,4,3,1},
               {2,5,3,5,2,2,3},
               {2,3,4,1,2,1,0},
               {1,0,3,0,1,0,0}};
```

```
    int totalHeight = 0;              //用于累加高度,初始化为 0
    for (i = 0;i < 5;i + +)
        for (j = 0;j < 7;j + +)       //用两重循环累加高度
            totalHeight = totalHeight + ice[i][j];
    printf("冰山的体积为:%d 立方米\n",totalHeight * 100);
    return 0;
}
```

4.3 字符数组

视频讲解

程序设计中经常需要对字符串进行处理,C 语言没有提供专门的字符串类型,需要使用
字符数组表示字符串。字符数组是以字符作为元素的数组,可用于存储和处理字符型数据。
字符数组中的一个元素代表一个字符变量。

4.3.1 字符数组的定义和初始化

定义并初始化字符数组有两种方法。

(1) 用字符为字符数组赋初值。例如:

```
char word1[4] = {'t','r','e','e'};
```

定义了一个长度为 4 的字符数组 word1,其下标变量对应的值如图 4-5 所示。

图 4-5 word1 数组

(2)用字符串常量为字符数组赋初值。例如:

```
char word2[5] = "tree";
```

定义了一个长度为 5 的字符数组 word2,其下标变量对应的值如图 4-6 所示。

图 4-6 word2 数组

注意 word1 和 word2 都是字符数组,但由于赋初值的方式不同,因此数组的大小是不同
的。这是由于 C 语言会自动在字符串常量的结尾添加一个终止符'\0',因此,word2
中的有效字符数(字符串长度)为 4,而数组长度为 5。

在用字符串初始化字符数组时,如果在定义时字符数组的长度比字符串长度大,则自动
为多余的元素赋初值'\0'。例如:

```
char word3[10] = "tree";
```

对应的字符数组 word3 如图 4-7 所示。

word 3	't'	'r'	'e'	'e'	'\0'	'\0'	'\0'	'\0'	'\0'	'\0'
下标	0	1	2	3	4	5	6	7	8	9

图 4-7　word3 数组

如果初始化时,字符数组的长度小于或等于字符个数,则会产生错误。为避免这种错误,可以使用:

```
char word4[] = "tree";
```

省略数组的长度,系统会根据初始化字符串的长度自动补上数组的长度。例如,word4 的长度即为 5。

使用字符数组,也必须避免下标越界。下面的程序可以通过编译,但可能在运行中产生错误。

```
#include < stdio.h >
int main(){
    char word[] = "tree";
    word[0] = 'f';
    word[2000] = 'a';          //下标越界
    …
    return 0;
}
```

4.3.2　字符数组的输入/输出

字符数组的输入输出有以下两种方式。

一种是像其他类型数组一样,依次使用%c 格式进行数组元素的输入或输出,但使用起来很不方便。

另一种通常是将整个字符数组作为一个整体来进行的,为此要使用 scanf 函数和 printf 函数的%s 格式。此外,C 语言还提供了 gets 和 puts 两个函数,可以更方便地进行字符串的输入和输出。

1. 输入字符串函数 scanf/scanf_s 和 gets/get_s

使用 scanf/scanf_s 函数输入字符串,需要在格式字符串中使用%s,例如:

```
scanf_s("%s",word,n);   // scanf("%s",word);
```

用于从键盘输入一个字符串,输入的字符串长度不能超过 n − 1,存储到 word 数组中,该字符串从第一个非空白的字符开始,到第一个空白字符(空格、制表符或换行符)且长度小于 n 为止。系统自动为 word 加上'\0'结束标志。

也可以一次输入多个字符串,例如:

```
scanf_s("%s%s",word, n,word1,m);   // scanf("%s%s",word,word1);
```

用于从键盘输入两个长度分别小于 n 和 m 的字符串,分别存储到 word 和 word1 数组中,这两个字符串之间需要使用空白字符分隔。

另外,也可以用 gets/get_s 函数来输入一个字符串,其一般形式为:

```
gets_s(字符数组名,n);   //gets(字符数组名);
```

从终端输入一个长度小于 n 的字符串,存储到字符数组中,例如:

```
gets_s(word,10);  /* gets(word);不带 s 的 gets 函数本身不计算读入的字符串长度,可能会出现越界错误 */
```

表示用于从键盘输入一个长度小于 10 的字符串,存储到 word 数组中,该字符串由换行符以前的所有字符组成,系统也自动加上'\0'结束标志。

2. 输出字符串函数 printf 和 puts

使用 printf 函数输出字符串,需要使用%s 格式,例如:

```
printf("%s",word);
```

将字符数组 word 以字符串的形式输出。输出时,遇到结束标记'\0'就停止输出。

也可以一次输出多个字符串,例如:

```
char word[] = "abc", word1[] = "def";
printf("%s%s",word,word1);
```

输出结果为:

```
abcdef
```

也可以使用 puts 函数来输出一个字符串,其格式为:

```
puts(字符数组名)
```

其作用是将一个字符串输出到终端,并在输出时将字符串结束标记'\0'转换成'\n',即输出完字符串后换行,如

```
char word[] = "abc", word1[] = "def";
puts(word); puts(word1);
```

输出结果为:

```
abc
def
```

使用 printf 函数时,需要注意以下几点:

① 输出字符数组的值时,字符数组必须以'\0'结束,否则可能会显示很多其他字符。这是因为 C 语言在用 printf 的%s 格式输出字符数组的值时,系统会从字符数组的第一个元素开始依次输出字符,直到遇到终止字符'\0',才会结束输出。

② 对于没有使用'\0'结束的字符数组,必须像其他类型的一维数组一样,使用循环依次输出其各个数组元素。

例 4-3 按规则将英语规则名词由单数变成复数。规则为:

(1)以字母 y 结尾,且 y 前面是一个辅音字母,则将 y 改成 i,再加 es;

(2)以 s、x、ch、sh 结尾,则加 es;

(3)以字母 o 结尾,则加 es;

(4)其他情况直接加 s。

要求用键盘输入英语名词,在屏幕上输出该名词的复数形式。

使用字符数组 word[100]存放单词,用整型变量 len 表示原单词的长度。

分析 (1) 以字母 y 结尾,且 y 前面是一个辅音字母,即

```
len > 1&&word[len − 2]! = 'a'&& word[len − 2]! = 'e'&&word[len − 2]! = 'i'&&
word[len − 2]! = 'o'&&word[len − 2]! = 'u'&&word[len − 1] == 'y'
```

则将 y 改成 i,再加 es,即

```
word[len − 1] = 'i',word[len] = 'e',word[len + 1] = 's',word[len + 2] = '\0';
```

(2) 以 s、x、ch、sh 结尾,即

```
len > 1&&((word[len − 1] == 's') ||(word[len − 1] == 'x') ||(word[len − 1] == 'h'&&
(word[len − 2] =='c' ||word[len − 2] == 's')))
```

则加 es,即

```
word[len] = 'e',word[len + 1] = 's',word[len + 2] = '\0';
```

(3) 以字母 o 结尾,即

```
word[len − 1] == 'o'
```

则加 es,即

```
word[len] = 'e',word[len + 1] = 's',word[len + 2] = '\0';
```

(4) 其他情况直接加 s,即

```
word[len] = 's',word[len + 1] = '\0'
```

参考程序为:

```cpp
//4 − 3.cpp,将英语规则名词由单数变为复数
#include < stdio.h >
#include < string.h >          //用于处理字符串
#include < stdlib.h >
int main(){
    const int MAXLEN = 100;
    char word[MAXLEN];        //用于存放单词
    int len;                  //单词长度
    printf("请输入一个单词: ");
    scanf_s("% s",word,MAXLEN);     //读入单词
    len = strlen(word);        //求单词的长度
    if (len > 1&&word[len − 2]! = 'a'&&word[len − 2]! = 'e'&&word[len − 2]! = 'i'
        &&word[len − 2]! = 'o'&&word[len − 2]! = 'u'&&word[len − 1] == 'y')
    {                //如果单词以 y 结尾
        word[len − 1] = 'i';
        word[len] = 'e';
        word[len + 1] = 's';
        word[len + 2] = '\0';
    }
    else if (len > 1&&((word[len − 1] == 's') ||(word[len − 1] == 'x') ||(word[len − 1] ==
'h'&&(word[len − 2] =='c' ||word[len − 2] == 's'))))
    {                //如果以 s,x,ch,sh 结尾
        word[len] = 'e';
```

```
    word[len +1] = 's';
    word[len +2] = '\0';
}
    else if (word[len -1] =='o')
{            //如果以 o 结尾
    word[len] = 'e';
    word[len +1] = 's';
    word[len +2] = '\0';
}
else
{
    word[len] = 's';
    word[len +1] = '\0';
}
printf("单词的复数形式为:％s\n",word);
system("pause");
return 0;
}
```

程序的运行情况如图 4-8 所示。

图 4-8　求单词复数

4.4　结构及结构变量

视频讲解

半期考试结束后,班主任想查看各个同学的三门课程的成绩,找出不及格同学进行学习辅导。我们可以用 float english[STUNUM],chinese[STUNUM],math[STUNUM];但更好的办法是使用结构,每个学生有学号,姓名,英语、语文、数学三门课程成绩。

```
struct student
{
    unsigned long id; //学号:长整型
    char name[21];    //姓名:最多20 个字符
    float english;    //英语成绩
    float chinese;      //语文成绩
    float math;         //数学成绩
};
```

结构是多种数据的组合,结构中的数据可能为不同类型的变量(这与数组不同)。为了处理方便将这些变量组织在一个名字之下,而不是各自独立的实体,因此结构有助于组织复杂的数据,特别是在大型的程序中。

4.4.1　结构及结构变量的定义

对于学生信息,我们定义一个名为 student 的结构类型,将这 5 项信息包容在一起构成学生的整体信息:

```
struct student{
    unsigned long id;        //学号:长整型
    char name[21];           //姓名:最多20个字符
    float english;           //英语成绩
    float chinese;           //语文成绩
    float math;              //数学成绩
};
```

其中,struct 是结构类型的标志,它是 C 语言的关键字(不能省略)。student 是结构名,由标识符表达。花括号所包括起来的部分是结构类型中成员的定义,成员可以是任何数据类型的变量。struct student 为该结构的类型名(结构名 student 不能够直接作为结构类型名)。

结构类型定义的一般格式为:

```
struct 结构名
{
    类型名    成员名1;
    类型名    成员名2;
    ……
    类型名    成员名n;
};
```

> **注意**　(1)结构名和各成员名都应是 C 语言合法的标识符,结构名不得与其他变量的名字相同,但成员名可以与变量名相同。例如,在程序中也可以定义一个名为 name 的变量,它与 student 结构中的 name 成员互不干扰。
> (2)结构类型定义之后一定要跟一个分号。
> (3)结构名不是结构类型名。
> (4)类型名相同的多个成员可以一起定义。

图 4-9　**student** 类型变量占用的内存空间

定义结构类型后,就可以用该结构类型定义结构变量。

对于结构类型 struct student,

```
struct student stu1,stu2;
```

定义了该结构类型的 2 个变量:stu1 和 stu2,它们在内存中的情况如图 4-9 所示(假设 char 类型数据占用 1 个字节,unsigned long 类型数据占用 4 个字节,float 类型数据占用 4 个字节;内存 1 个字节作为 1 个存储单元)。

> **注意**　如果内存 2 个字节作为 1 个存储单元,虽然 char 类型数据只需要 1 个字节,但也需要占用 2 个字节(因为 1 个数据需要占用至少 1 个存储单元)。比如,struct student 在 Visual Studio 2015 环境下,因 4 个字节为 1 个存储单元,因此实际占用 40 个字节空间。

也可以在定义结构类型的同时定义变量,一般形式为:

```
struct 结构类型名
{
    类型名   成员名1;
    类型名   成员名2;
    ……
    类型名   成员名n;
}变量列表;
```

它的作用与第一种方法相同。另外,也可以不定义结构名,直接定义结构变量,其一般形式为:

```
struct
{
    类型名   成员名1;
    类型名   成员名2;
    ……
    类型名   成员名n;
}变量列表;
```

用这种方法定义的结构变量称为匿名结构变量。但在实际的程序设计中,却很少使用。

结构类型的成员可以是任意数据类型,也可以是一个结构类型。例如,在前面定义的 student 类型中增加生日属性,可以将生日信息用结构类型来描述。

生日包括年、月、日三个信息,它们都是整数。因此,可定义一个结构类型 date,用于描述日期:

```
struct date
{
    int  year;       //年
    int  month;      //月
    int  day;        //日
};
```

用于描述学生信息的 student 结构,修改为:

```
struct student
{
    unsigned long id;         //学号:长整型
    char name[21];            //姓名:最多 20 个字符
    struct date birthday;     //生日
    float english;            //英语成绩
    float chinese;            //语文成绩
    float math;               //数学成绩
};
```

注意　对结构类型 date 的定义一定要在结构类型 student 的定义之前。

4.4.2　结构成员的访问

结构变量中各成员的引用方式为:

　　结构变量名.成员名

例如,stu1.name 表示结构变量 stu1 的 name 成员。“.”是成员(选择)运算符(可以将“.”读成“的”)。

如果结构类型的成员也是结构类型,则需使用成员(选择)运算符逐级地找到最低级的成员变量。例如:

```
stu1.birthday.year
```

就代表 stu1 的 birthday 成员的 year 成员。

可以直接将一个结构变量的值赋予与之同类型的另一个结构变量。例如:

```
stu1 = stu2;
```

输入、输出结构变量都需要对结构成员进行访问,而不能够对结构变量进行整体访问。比如,输入 stu1 的个人信息并输出的程序代码如下:

```
scanf_s("%s%d%f%f%f", stu1.name,m, & stu1.id, & stu1.chinese, & stu1.
english, & stu1.math);
printf("%s %d %.2f %.2f %.2f \n", stu1.name, stu1.id, stu1.chinese,
stu1.english, stu1.math );
```

struct student 是数据类型,说明了类型成员的组成情况,系统不会为它分配内存空间(就像系统不为 int 和 float 等类型本身分配内存空间一样),系统只为结构变量分配空间。因此系统不会为 student 分配空间,而是为 stu1 分配内存空间。

4.4.3 结构变量的初始化

结构类型的变量可以在定义时进行初始化。结构的初始化可以在定义变量的后面使用初值表进行。例如:

```
struct point{
    int x;
    int y;
}pt = {32,20};
```

其中,point 是结构类型名,表示平面的一个点的信息,pt 是 struct point 类型的变量,花括号中的两个初始值按顺序分别对应结构变量中的两个成员,初始化后,pt.x 初值为 32,pt.y 初值为 20。

定义和初始化同时完成了以下 3 项任务:

① 定义了名为 point 的结构类型;

② 定义了名为 pt 的 point 结构类型的变量;

③ 对变量 pt 的 2 个成员赋初值。

上面变量的定义也可以分两步进行,即先定义结构类型,再定义该类型的变量并初始化。

```
struct point{
    int x;
    int y;
};
struct point pt = {32,20};
```

也可以分三步进行完成该功能:

```
struct point{
    int x;
    int y;
};
struct point pt;
pt.x = 32;
pt.y = 20;
```

> **注意**　初始化是对结构变量的成员进行的;不能够在定义结构类型时直接对结构成员进行初始化,如
>
> ```
> struct point
> {
>     int x = 32;        //错误
>     int y = 20;        //错误
> };
> ```

4.5　结构数组

　　如果数组的数组元素类型是结构类型,称为结构数组。结构数组与其他类型的数组一样,只是它的元素是结构类型变量,可以描述多个复杂数据的组合。

　　假设班上存储的学生共有 40 个,则语句

```
struct student stu[40];
```
定义了 40 个元素的结构数组,它的每个元素都是 struct student 类型的变量。

　　引用结构数组的方式就是引用数组元素和引用结构的成员两种方式的结合。例如:

```
printf("%s ",stu[1].name);
```
用于输出 stu 数组的第 2 个数组元素(下标为 1)的 name 成员。

> **注意**　stu[1]. name 和 stu. name 的意义是不同的。stu. name 是错误的,因为 stu(数组名)不能表示数组中一个具体的数组元素,所以也不能访问其数据成员 name。

课堂练习题

参考答案

1. 求 100 以内的所有素数。

2. 第一天新生军训,教官要求小组 7 个人按照高矮顺序(假设身高单位是厘米,身高是整数)迅速排好队。你能够编写一个程序将新生按照由矮到高的顺序排队吗?

第 1 题视频　　第 2 题视频(1)　　第 2 题视频(2)

3. 教官想在小组 7 人中找身高为 185 厘米的新生。如果有下面两种情况,怎样编程协助教官完成该功能?

视频讲解

　　(1) 小组没有按序排队;

　　(2) 小组 7 人按照由矮到高的顺序排好队了。

4. Kate 编写了一个程序存储她的英文藏书信息(有 20 本书)。该程序可以根据书名查找该书的详细信息(书名、作者、出版社、出版日期),还能够实现模糊查找,即只输入部分书名,就能够找到所有含有这些字符串的书名。

5. 战争期间,地下工作者 A 与上级 B 之间常使用电报联系。为了保密,A 发给 B 的电文需首先翻译成英文(明文),再将英文按一定规律加密,然后将加密后的电文(密文)通过电报局发给 B;B 接到电文后,需先解密,再翻译,才能读出 A 发给 B 的信息。

假设 A 和 B 之间约定的英文加密规律如下:

为所有的字母规定了一个顺序,a,b,c,d,…,z,A,B,C,…,Z,依次编号为 1,2,3,…,52;A 要发出的英文加密方式为:将任何一个字母转为序号为这个字母的 3 倍的字母,如果序号的 3 倍超过了 52,则进行取余运算,使值在 52 之内,对应相应字母。例如:字母 a 的序号为 1,转换为 c;字母 b 的序号为 2,转换为 f;字母 A 的序号为 27,转换为序号为 27 * 3 % 52 = 29 的字母,即字母 C;以此类推,字母 Z 依然转换为字母 Z。

试编程将从键盘中输入的明文转化为相应的密文。

6. N 盏灯排成一排,从 1 到 N 依次编号。有 N 个人也从 1 到 N 依次编号。第 1 个人(1 号)将灯全部打开,第 2 个人(2 号)将凡是 2 和 2 的倍数的灯关闭,第 3 个人(3 号)将凡是 3 和 3 的倍数的灯做相反处理(即将打开的灯关闭,关闭的灯打开),以后的人都和 3 号一样,将凡是与自己编号相同的灯和是自己编号倍数的灯做相反处理。请问,当第 N 个人操作之后,哪几盏灯是点亮的?试编程求解这个问题,N 由键盘输入。

7. 所谓幻方,就是一个 n 行 n 列的正方形。当 n 为奇数时,称为奇数阶幻方。共有 n^2 个格子,将 1,2,3,…,n^2 这些数字放到这些格子里,使其每行的和、每列的和及两条对角线的和都是一个相同的数。

(1) 试编写一个程序,由键盘输入一个奇数 n,输出一个 n 阶幻方。

(2) 改编成游戏,玩家填写 n 阶幻方,完成后程序自动判断玩家填写的幻方是否正确。如果正确,则询问玩家是否挑战下一阶,n + = 2,继续游戏;否则,退出游戏。

提示 许多数学家都在研究这个古老而有趣的问题,试图找出一般的解法,但仅仅解决了当 n 是奇数和 n 是 4 的倍数的情况。现在介绍当 n 是奇数时的解法。

(1) 将 1 放在第一行中间的格子里。

(2) 依次将后一个数放到前一个数的右上格,例如,将 2 放到 1 的右上格,将 3 放到 2 的右上格等。

可能出现下面的情况:

① 若右上格从上面超出,则将后一个数放到与右上格同列的最后一行。

② 若右上格从右面超出,则将后一个数放到与右上格同行的第一列。

③ 若右上格既从右面超出又从上面超出,则将后一个数放到前一个数的下面。

④ 若右上格已被数字填充,则将后一个数放到前一个数的下面。

这只是其中一个答案,而不是唯一答案。下面就是一个 5 阶幻方。

17	24	1	8	15
23	5	7	14	16
4	6	13	20	22
10	12	19	21	3
11	18	25	2	9

8. 编写一个程序,对一个长度为 6 的 person 结构数组 allone 中的元素进行"冒泡法"排序,工资高的排在后面。person 结构定义如下:

```
#include <stdio.h>
struct person
{
    char name[20];
    unsigned long id;
    float salary;
};
struct person allone[6] = {{"jone",12345,3390.0},
                           {"david",13916,4490.5},
                           {"marit",27519,3110.0},
                           {"jasen",42876,6230.5},
                           {"peter",23987,4000.2},
                           {"yoke",12335,5110.0}};
```

9. 有一对兔子,从出生后第 3 个月起每个月都生一对兔子。小兔子长到第 3 个月后每个月又生一对兔子。假设所有的兔子都不死,问第 n 个月时有几对兔子($n <= 15$)。即求第 n 个 Fibonacci 数。(用循环,非递归方法)

例如:输入 1,输出 1;

输入 2,输出 1;

输入 3,输出 2;

输入 4,输出 3。

10. 在屏幕上模拟显示一个数字式时钟。定义一个时钟结构体类型:

```
struct clock
{
    int hour;
    int minute;
    int second;
};
typedef struct clock CLOCK;
```

编写一个程序,实现将时钟模拟显示在屏幕上。

11. 从键盘输入学生的学号,分析其年级、学院、专业、班级、编号。学号格式如下:
2015060204030,其中,2015 表示年级,06 表示学院,02 表示专业,04 表示班级,030 表示班级里面的编号。

上机实验

编程实现一个简易文件管理系统,即从文件读入一个班学生的三门课(语文、数学、外语)的成绩,实现如下功能:

(1) 统计平均分的不及格人数并打印不及格学生名单;

(2) 统计成绩在全班平均分及平均分之上的学生人数并打印其学生名单;

(3) 统计平均分的各分数段的学生人数及所占的百分比;

(4) 按总分成绩由高到低排出成绩的名次;

（5）打印出名次表,表格内包括学生编号、各科分数、总分和平均分;

（6）任意输入一个学号,能够查找出该学生在班级中的排名及其考试分数。

分析   文件操作见本章的知识补充与扩展。

首先,需要将一个班的学生的所有信息写入一个文件中,这样以后就不需要每次从键盘输入所有学生信息,而可以直接打开文件,读入文件中的信息,即这个班的所有学生信息。

其次,依次完成这个简易文件管理系统的 6 个功能。

平均成绩指所有学生的三门课程的平均成绩。

小　　结

1. 数组是有序的若干个数据的组合,用于描述同一种类型的数据的集合,属于构造类型的数据结构。

2. 数组的所有元素按顺序存放在一个连续的存储空间中,数组名就是这个存储空间的首地址(即第一个元素的存放地址)的符号地址。

3. 下标访问是常见的数组访问方法。

4. 定义数组时需要确定数组元素个数(数组长度),因此,在定义时必须用整型常量表达式来定义数组长度,而且不允许修改数组大小。

5. 在 C 语言中,数组的下标是从 0 开始,最后一个下标是数组的长度减 1。在使用时,数组下标不应该超过这个范围,否则会出现数组越界问题。

6. 数组的元素可以是任何已定义的类型。如果数组的元素也是数组,则构成二维数组;如果数组的元素是二维数组,则构成三维数组;以此类推,可以构成多维数组。

7. 数组元素是字符(char)型的数组,称为字符数组,字符数组可用于存储字符串。字符数组只有在定义时才允许整体赋值,其赋值、比较都应该使用 C 语言的库函数进行。

8. C 语言中的字符串以'\0'为结束标记,而没有最大长度的制约。存储字符串的字符数组的长度必须大于字符串的长度。在使用字符串时,一定要考虑有效空间、'\0'、界限这三方面的关系。

9. 结构是若干数据元素的集合,这些数据元素可以是同一数据类型,也可以是不同的数据类型。结构一般用于描述有内在逻辑关系的多个数据的组合。结构也是一种构造类型。

10. 结构在使用时,一般是先定义结构类型,再用这个类型来定义和初始化结构变量。

11. 结构变量的每个成员都有自己独立的存储空间,所有成员都是连续存放的。

12. 可以将某结构变量直接赋予另一个同种类型的结构变量,在对结构变量进行输入输出时,必须通过对结构变量的各成员的访问来进行。可以使用成员选择运算符来访问结构的某个成员。

13. 元素类型为结构的数组称为结构数组。在实际的程序设计中,一般使用结构数组来描述顺序存储的包含多种信息的序列,如多个学生的信息等。

习　题

1. 用一个数组存放图书的信息,每本书包含书名、作者、出版年月、出版社、借出数目、库存数目等信息。编程存放若干本书的信息,按书名排序后输出。

> **提示** 对书名进行排序,而书名是字符串,因此要使用字符串比较函数 strcmp,而不要直接对两个字符串进行比较。

2. 战士分子弹问题。在某次实弹射击训练中,班长将 10 个战士围成一圈发子弹。

首先,班长分给第 1 个战士 10 颗,分给第 2 个战士 2 颗,分给第 3 个战士 8 颗,分给第 4 个战士 22 颗,分给第 5 个战士 16 颗,分给第 6 个战士 4 颗,分给第 7 个战士 10 颗,分给第 8 个战士 6 颗,分给第 9 个战士 14 颗,分给第 10 个战士 20 颗。

然后按如下方法将每个战士手中的子弹进行调整:所有的战士检查自己手中的子弹数,如果子弹数为奇数,则向班长再要一颗。然后,每个战士再同时将自己手中的子弹分一半给下一个战士(第 10 个战士将手中的子弹分一半给第 1 个战士)。

问需要多少次调整后,每个战士手中的子弹数都相等? 每人各有多少颗子弹?

要求输出每轮调整后各战士手中的子弹数。结果的输出格式如下:

0	10	2	8	22	16	4	10	6	14	20	各战士手中原始的子弹数
1	15	6	5	15	19	10	7	8	10	17	第 1 轮各战士手中的子弹数
2	××	××	××	××	××	××	××	××	××		第 2 轮各战士手中的子弹数
……											
18	18	18	18	18	18	18	18	18	18	18	最后一轮各战士手中的子弹数

> **提示** 为简单起见,在进行一轮分发时,可先判断每位战士的子弹数是否为偶数;若不是,则将这位战士的子弹数加 1。
>
> 然后,再考虑每个战士将自己的子弹同时分一半给下一个战士,这样每个战士的子弹数将是他原来的子弹数和他的上一位战士的子弹数的平均数。例如,第 2 个战士的子弹数将是第 1 个战士的子弹数 10 和他本身的子弹数 2 的平均数 6,第 1 个战士的子弹数将是他自己的子弹数 10 和最后一个战士的子弹数 20 的平均数即 15,以此类推。

因此,这个题可使用双重循环,外层循环的结束条件是所有战士的子弹数相等,在循环中,先判断每个战士子弹数的奇偶性并做相应处理,再用一个计数循环,对每个战士的子弹数循环赋值。

3. 保龄球计分问题。在保龄球比赛中,已知每次击倒的保龄球数,计算在一局比赛中一个人的得分,要算出每一轮的得分和每一轮之后的累加得分。

保龄球比赛一局共 10 轮,前 9 轮中每一轮最多滚 2 次球;第 10 轮可以滚 2 次或 3 次球。

每轮计分规则如下。

（1）如果一轮中第一个球击倒全部 10 只保龄球,称为 Strike(好球),则这一轮的得分等于 10 加上下两轮击倒保龄球的只数。

（2）如果一轮中两个球击倒全部 10 只保龄球,称为 Spare(成功),则这一轮的得分等于 10 加下一轮被击倒保龄球的只数。

（3）如果一轮中两个球一共击倒保龄球只数少于 10,称为 Normal(平常),则这一轮的得分等于本轮所击倒保龄球的总只数。

程序要求输入 20 个不大于 10 的整数,表示一局中每一轮击倒的球数,最后输出这一局的各轮的得分以及该局的总分。

4. 素数排列问题。现将不超过 2000 的所有素数从小到大排成第一行,第二行上的每个数都等于它"右肩"上的数和它"左肩"上的数的差,这样可以得到两行数:

2	3	5	7	11	13	17	19	…	1997	1999
1	2	2	4	2	4	2	…	…	2	

试编程求解:在第二行中是否有多个连续的数之和等于 1898?如果有,则将所有的可能组合输出。

提示　首先,用筛法求出 2000 以内的所有素数,再根据前面计算的结果算出第二行的所有数,存放在一个数组中。

其次,通过一个双重循环来判断是否有多个连续的数之和等于 1898 这个问题。

外层循环:对存储第二行的数的下标进行枚举,依次从第二行的第一个数、第二个数开始进行处理,直到所有的数处理完成为止。

内层循环:从当前元素依次向右进行累加,直到累加和大于或等于 1898 为止。如果累加和等于 1898,则输出之;否则,退出内层循环,继续外层循环的处理。

知识补充与扩展

一、字符串

常用的字符串输入输出及处理函数有 scanf,gets,puts,strlen, strcpy,strcmp, strcat 等函数。在 Visual Studio 2015 开发环境下,强制要求输入函数与部分字符串处理函数使用安全的函数,即函数名称后加_s,如 scanf_s,gets_s, strcpy_s, strcat_s。

1. 输入字符串函数 scanf_s 和 gets_s

使用 scanf_s 函数和 gets_s 函数,需要注意以下几点:

（1）在使用 scanf_s 和 get_s 函数输入字符串时,都只需要直接指明相应的字符数组名即可,不需像输入普通变量那样,使用取地址运算符 &。这是因为,在 C 语言中,数组名代表这个数组的首地址。例如,下面的语句就是错误的。

```
scanf_s("%s", &word,MaxLen);
gets_s(&word);
```

（2）输入字符串前，必须先定义字符数组，且字符数组的长度必须大于要输入的字符串的长度；否则，会出现字符数组越界，编译系统不会报告越界信息。如果用 scanf 函数就会出现运行错误，但 scanf_s 函数能够识别越界而不将数据读入字符数组中，例如：

```
char word[ ] = "abcdef";
scanf_s("%s", word,7);
```

如果输入为 abcdefg，则在调试状态可以看到变量 word 内存值为"空"，即不会读入不安全的输入数据。因为定义 word 数组时，分配 word 的长度为 7，而输入的字符串的字符数为 7，因此，要存储这个字符串需要的数组长度为 8，函数判断是不安全输入而自动放弃读入该字符串。

（3）要注意 scanf_s 函数和 gets_s 函数在读取字符串时的区别。由 scanf_s 函数读取字符串的功能可知，用 scanf_s 函数读取的字符串中是不包含空白字符的，因为它会忽略开始的空白字符，以后当再次读取到空白字符时，就会结束读取；而 gets_s 函数所读取的字符串则可以包含空格。在使用它们时，要进行合适的选择。

例如：

```
char word[10];
scanf_s("%s", word,10);
```

如果在键盘上输入 abcd def，则 word 的值为"abcd"。又如，

```
char word[10];
gets_s(word,10);
```

如果在键盘上输入 abcd def，则 word 的值为"abcd def"。

2. 与字符串处理有关的几个函数

由于在 C 语言中，字符串的应用非常广泛，为了简化用户的程序设计，C 语言提供了丰富的字符串处理函数，这样可以大大减轻编程的工作量。

C 语言提供的字符串处理函数除了 gets_s 和 puts 函数被包含在 stdio. h 头文件中外，其他函数都包含在头文件 string. h 中。

（1）字符串长度计算函数 strlen。

存储字符串的字符数组的长度一般是固定的，而字符串包含的字符个数是变化的，一般依靠字符串结束标志'\0'判定字符串是否结束。

在实际使用中，一般都需要确定字符串的长度，即字符串中的字符个数。

C 语言提供了计算字符串长度的函数，其一般形式为：

```
strlen(字符数组名);
```

函数返回一个整型值，其值为字符串中的实际字符数(不包括'\0'在内)，例如：

```
char word[10] = "abcd";
printf("%d",strlen(word));
```

输出的结果，既不是字符数组 word 的长度 10，也不是字符串"abcd"所占用的字节数 5，而是这个字符串中的实际字符数 4。

（2）字符串复制函数 strcpy_s。

C 语言提供了复制字符串的函数，其一般形式为：

```
        strcpy_s(字符数组名1,字符串2);
```

strcpy_s 函数将字符串 2 的所有字符复制到字符数组 1 中,直到遇到结束标志'\0'为止,并将结束标志也写入到字符数组 1 中。

strcpy_s 函数可以实现对字符数组的整体赋值。

```
#include <stdio.h>              //预编译命令,用于 printf 函数
#include <string.h>             //预编译命令,用于 strcpy 函数
#include <stdlib.h>
int main()
{
    char word1[] = "sichuan";
    char word2[] = "chengdu";
    strcpy_s(word1,word2);           //将 word2 复制到 word1 中
    printf("%s\n",word1);
    system("pause");
    return 0;
}
```

将字符串 word2 复制到字符数组 word1。注意,如果使用

```
        word1 = word2;
```

进行字符数组的复制,则程序会出现错误。因为试图修改 word1 字符数组的地址,而(字符)数组的地址是不允许修改的。

使用 strcpy_s 函数,一定要保证字符数组 1 的长度要大于字符串 2 中的字符数;否则,字符数组 1 会发生越界错误。

C 语言还提供了函数 strncpy_s,用于将字符串 2 的前几个字符复制到字符数组 1 中,其一般形式为:

```
        strncpy_s(字符数组名1,字符串2,要复制的字符数);
```

例如:

```
        char str1[] = "Sichuan";
        strncpy_s(str1,"Chengdu",3);
```

用于将字符串"Chengdu"的前 3 个字符,即 Che 复制到 str1 中,覆盖 str1 的前三个字符,str1 变为:Chehuan。

(3)字符串连接函数 strcat_s。

C 语言提供了连接字符串的函数,其一般形式为:

```
        strcat_s(字符数组名1,字符串2);
```

strcat_s 函数用两个字符串为参数,取消第一个字符数组中的字符串的结束标志'\0',将第二个字符串拼接至第一个字符串后面,并将拼接的结果存放到第一个字符数组中。

注意 strcat_s 函数将两个字符串拼接后存放在第一个字符数组中,因此第一个字符数组必须足够大,以便容纳拼接后的新字符串。

下面的程序运行时会出错,请读者分析原因。

```
#include <stdio.h>              //预编译命令,用于 printf 函数
#include <string.h>             //预编译命令,用于 strcat 函数
#include<stdlib.h>
intmain()
{
    char word1[] = "sichuan";
    char word2[] = "chengdu";
    strcat_s(word1,word2);        //将 word1 和 word2 拼接后存入 word1
    printf("%s\n",word1);
    system("pause");
    return 0;
}
```

（4）字符串比较函数 strcmp。

一般形式为：

```
strcmp(字符串 1,字符串 2);
```

strcmp 函数,将两个字符串按英文的字典顺序的方式进行比较,即从字符串 1 和字符串 2 的第一个字符开始从左至右依次按 ASCII 码进行比较,直到出现不相同的字符或碰到结束标志'\0'为止,以第一个不相等的字符的比较结果作为整个字符串的比较结果。比较的结果由函数值带回。

函数的返回值是一个整数,它的意义为：

① 如果字符串 1 与字符串 2 相等（长度相等,且对应的字符也相等）,则返回 0；

② 如果字符串 1 大于字符串 2,则函数返回一个正整数；

③ 如果字符串 1 小于字符串 2,则函数返回一个负整数。

在使用字符串时,需注意要比较两个字符串中是否相同,只能通过 strcmp 函数来比较,不能直接对数组名进行比较,因为数组名比较的是两个字符串首地址的大小,而不是字符串的大小。例如：

```
#include <stdio.h>
#include <string.h>            //预编译命令,用于 strcpy 函数
#include <stdlib.h>
int main()
{
    char word1[] = "chengdu";
    char word2[] = "chengdv";
    printf("%d\n",strcmp(word1,word2));
    printf("%d\n",word1 >word2);
    system("pause");
    return 0;
}
```

输出

```
-1
1
```

输出 -1 表示字符串 word1 的值小于字符串 word2,且 'u' - 'v' = -1。

输出 1 表示作为字符数组地址的 word1 大于 word2 这个字符数组的首地址,该关系表达式的值为真。

（5）其他字符串处理函数。

C 语言提供的字符串处理函数还有很多，一些常用的字符串处理函数如表 4-3 所示。

表 4-3　常用字符串处理函数

函数名	一般形式	功　　能	头文件
gets	gets_s(字符数组名)	从键盘输入字符串	stdio.h
puts	puts(字符串名)	显示字符串	stdio.h
strlen	strlen(字符串名)	获取字符串长度	string.h
strcpy	strcpy_s(字符数组名1，字符串2)	将字符串2复制到字符数组1中	string.h
strncpy	strncpy_s(字符数组名1，字符串2，长度n)	将字符串2的前n个字符复制到字符数组1，覆盖字符数组1的前n个字符	string.h
strcat	strcat_s(字符数组名1，字符串2)	将字符串2拼接到字符数组1中	string.h
strcmp	strcmp(字符串1，字符串2)	比较字符串	string.h
strchr	strchr(字符串1，字符2)	查找字符2在字符串1中第一次出现的位置	string.h
strstr	strstr(字符串1，字符串2)	找出字符串2在字符串1中第一次出现的位置	string.h
atof	atof(字符串1)	将字符串1转化为实型数值	stdlib.h
atoi	atoi(字符串1)	将字符串1转化为整型数值	stdlib.h
itoa	itoa(值1，字符数组2，进制n)	将值1按进制n转化为字符串，存储到字符数组2中	stdlib.h

二、位域及结构嵌套

位域及结构嵌套是结构中的两种特殊形式。在程序设计中，使用位域及结构嵌套可以解决更为复杂的实际应用问题。

1. 位域

数据在内存中通常是以字节为单位表示的。但在实际应用中，常常需要按位（bit）来表示信息，如使用 1 个位表示一个逻辑变量，用 2 个位表示 4 种颜色，用若干位表示一种外部设备的各种工作状态等。虽然用字节和按位运算符可以实现对这些信息的存储和访问，但 C 语言为了更有效地解决这类问题，允许定义具有可变长度位的结构成员。这种成员称为位域，它是整型数存储区中连续的位的组合。通过位域可以方便地用成员名访问小于一个字节的存储区，它不仅可以节省存储空间，而且对外部设备工作状态的监控及按位传递信息的处理都是很有用处的。

位域是结构类型的成员的特殊形式，它需要定义位的长度。位域定义的一般形式是：

```
struct 结构名
{
    类型变量名1:长度;
    类型变量名2:长度;
        ⋮
    类型变量名n:长度;
};
```

其中,冒号":"表示使用的是位域,其后的长度表示需要分配的位数。

位域变量必须定义为 int 或 unsigned,例如,有下面的结构定义:

```
struct Weiyu{
    unsigned bit0:1;
    unsigned bit1:1;
    unsigned bit2:1;
    unsigned bit3:1;
    unsigned bit4:1;
    unsigned bit5:1;
    unsigned bit6:1;
    unsigned bit7:1;   }bits;
```

结构定义了 8 个成员,每个变量只占 1 位。实际上这 8 个(连续的)变量表示了一个字节中的 8 位。图 4-10 表示了结构变量 bits 在内存中的分配情况。

图 4-10　结构变量 bits 在内存中的分配情况

再考虑另一个结构定义:

```
struct device
{
    unsigned active:1;
    unsigned ready:1;
    unsigned error:2;
}der_code;
```

该结构定义了 3 个成员变量,其中两个变量只用 1 位表示,一个变量用连续的 2 位表示。结构变量 der_code 可以对一个外部设备的状态信息进行编码。位域变量 der_code 占用一个字节的低 4 位,其余位未用。

注意　位域变量在一个字节中可以从左到右分配,也可以从右到左分配,与计算机的内部结构有关。

说明　(1) 一个位域必须存储在同一个字节中,不能跨两个字节。如果一个字节所剩空间不够存放另一个位域时,则应从下一个单元起存放该位域。也可以有意使某位域从下一个单元开始。例如:

```
struct bs{
unsigned a:4;
unsigned :0;   //空域
unsigned b:6;  //从下一个单元开始存放
unsigned c:2;};
```

其中,a 占第一个字节的 4 位,后 4 位填 0 表示不使用,b 从第二个字节开始,占用 6 位。

（2）由于位域不允许跨两个字节,因此位域的长度不能大于一个字节的长度,也就是说,不能超过 8 位二进位。

（3）位域可以无位域名,这时它只用来作为填充或调整位置。无名的位域是不能使用的,例如:

```
struct k_sb{
int a:1;
int :2 ;   //该 2 位不能使用
int b:3;
int c:2;};
```

提示　　位域在本质上就是一种结构类型,不过其成员是按二进位进行存储分配的。与结构成员的访问方式一样,位域可以通过结构成员选择运算符进行访问。若结构是由指针访问的,则必须使用结构成员选择运算符 –> 。

位域变量有某些限制,例如,不能取一个位域变量的地址。

用程序计算一个字符串中每个字符的奇偶校验码,输出该字符及其二进制表示形式。奇偶校验码放在二进制码前面,使奇偶校验码和字符二进制码中"1"的总个数为偶数。参考程序为:

```
#include < stdio.h >
#include < stdlib.h >
struct bit{unsigned b0 :1,b1 :1,b2 :1,b3 :1,b4 :1,b5 :1,b6 :1,b7 :1;} * sp;
static char data[] = "abcdef";
int main(){
    int bit_sum,parity;
    char * dp;
    dp = data;
    while ( * dp = "\0")
    {
        sp = (struct bit * ) dp;
        bit_sum = sp ->b0 + sp ->b1 + sp -> b2 + sp -> b3 + sp -> b4 + sp -> b5 + sp ->b6;
        parity = bit_sum%2;
        printf("% c", * dp);
        printf("%d%d%d%d%d%d%d%d \n",parity,sp -> b6,sp -> b5,sp -> b4,sp ->b3,sp ->b2,sp ->b1,sp ->b0);
        dp ++ ;
    }
    System("pause");
    return 0;
}
```

程序的运行结果为:

```
a11100001
b11100010
c01100011
d11100100
e01100101
f01100110
```

程序 sp 定义为指针变量,它指向位域结构类型 struct bit。dp 为字符指针变量。

```
sp = (struct bit *)dp
```

表示将字符指针强制转换为位域结构的指针,并赋予 sp。sp 的值与 dp 的值是一致的并指向同一个存储单元:从 dp 角度,该单元存储 1 个字符数据;而从 sp 角度,该单元存储位域结构类型的数据,使得字符数据可以按照位域结构类型数据处理。通过 sp 指针可以访问位域结构的成员 b0～b6,求出字符二进制位的奇偶校验位,并按序在每一行中显示出字符、奇偶校验位及 b0～b6 的信息。

2. 结构嵌套

C 语言中,结构成员不仅可以是位数可变的位域变量,而且可以是另一个结构类型变量,称为嵌套式结构。例如:

```
struct date {int month;int day;int year;};
struct person {
    char name[10];
    int age;
    float wage;
    struct date payday;
}worker;
```

结构变量 payday 就是嵌套在结构 person 内的一个嵌套式结构变量。payday 是 date 结构类型的变量;同时,也是 person 结构类型的成员。图 4-11 说明了结构变量 worker 及各成员之间的关系。

图 4-11 嵌套式结构中变量与成员间的关系

在结构嵌套情况下,必须从最外层开始逐级访问结构成员变量。

如果要对 worker 的各成员赋值,可使用:

```
worker.name = "Li_ming";
worker.age = 34;
worker.wage = 3500;
worker.payday.month = 11;
worker.payday.day = 1;
worker.payday.year = 2011;
```

如果定义外部(或静态)结构变量,则定义时可以进行初始化。

```
struct person me = {"Wen yu",42,20000,7,12,1968};
```

数组与结构之间有密切的关系。结构数组的每个元素都是一个结构类型数据。结构中也常常包含有数组成员,如 person 结构中的 name 字符数组。结构也可以包含各种数据的一维或多维数组,例如:

```
struct
{
    int a[5][10];
    float b[4];
}matrix;
```

使用

```
matrix.a[2][5]
```

访问结构变量 matrix 中数组 a 的下标为 2 和 5 的元素;使用

```
matrix.b[0]
```

访问数组 b 的第一个元素。

三、联合

联合是一种与结构相类似的构造类型,联合也可以包括不同类型的数据,但联合的各个成员共享公共存储空间。联合也称为共用体。

联合与结构的主要区别在于: 联合类型变量所占内存空间,是需要存储空间最大的成员所要求的存储空间,不是各个成员所需存储空间的总和。在某个时刻,联合变量的存储空间只存储一个成员;而对结构而言,结构变量的存储空间存储所有成员。

联合的定义方法与结构相同,定义联合类型的一般形式是:

```
union 联合名
{
类型   变量名;
类型   变量名;
    ⋮
}联合变量;
```

定义一个名为 data 的联合,并说明 value 为联合变量。value 变量在不同时刻,可以是一个字符(1 个字节)、一个短整数(2 个字节)或一个长整数(4 个字节),可定义为:

```
union data
{
    char ch;
    short int num;
    long lnum;
}value;
```

联合变量的存储空间就是占用最大存储空间的某个成员所需要的存储空间(以该成员所需要的存储空间作为分配给联合变量的存储空间),以保证能存放任何一个成员数据。图 4-12 说明了联合变量 value 在内存中分配的情况。

图 4-12　联合变量的存储空间分配

联合变量 value 是一个能在不同时刻合理地保存三种数据类型中的其中一种类型的变量。使用联合不仅比使用结构更能节省一些存储空间,而且增加了处理数据的灵活性。

使用与结构相同的方法访问联合的成员,即使用成员选择运算符. 或 –>。如果直接对联合变量进行操作,使用.运算符,若联合变量通过一个指针来访问,使用 –> 运算符。例如,将整数 100 赋予 value 变量的成员 num,可以使用:

```
value.num =100;
```

此时,联合变量 value 为一个整型变量。如果将字符 A 赋予 value 变量的成员 ch,可以使用:

```
value.ch = 'A';
```

此时,联合变量 value 变为一个字符变量。由于 value 是一个共享变量,因此在编写程序时必须记住在联合中当前存储的数据的类型。否则,可能会发生错误。参考程序为:

```
#include <stdio.h>
#include <stdlib.h>
int main()
{
    union
    {
        char ch;
        int num;
        float fnum;
    } value;
    value.num =2000;
    printf("num = %d\n",value.num);
```

```
        printf("num = % f \n",value. num);        //结果不正确
        value.fnum =333.5;
        printf("fnum = % f \n",value.fnum);
        printf("fnum = % d \n",value.fnum);        //结果不正确
        value.ch ='A';
        printf("ch = % c \n",value.ch);
        printf("The size of value is %d bytes \n",sizeof(value));
        system("pause");
        return 0;
    }
```

程序的运行结果为：

```
    num = 2000
    num = 0.000000
    fnum = 333.500000
    fnum = 0
    ch = A
    The size of value is 4 bytes
```

程序在编译和链接时没有问题，但运行时产生了两个错误的结果，如运行结果的第 2 行和第 4 行所示。产生错误的原因是，程序中的两个语句 value. num = 2000;和 value. fnum = 333.5;在对联合成员的访问中，存入的数据类型与取出的数据类型不同。第一个错误是以整数存入，而以浮点数取出；第二个错误是以浮点数存入，而以整数取出。

程序中使用运算符 sizeof 获取联合变量存放的最大成员的字节数。不考虑 value 中当前的成员变量，获取的字节数仅仅是它包含的最大变量占有的字节数。程序输出表明，联合变量 value 的长度为 4 个字节(即浮点变量成员占用的存储区)，这与定义是一致的。

在实际应用中，为了表示复杂的数据关系，联合和结构常常在一起使用，即联合可能包括结构成员，结构也可能包括联合成员。

使用联合和结构的嵌套定义一个有关记录书籍、杂志、文章方面信息的联合类型 entry：当联合变量 info 表示书籍信息时，联合变量中包含书籍的作者姓名 author 和书籍名称 title 两个成员；当联合变量 info 表示论文信息时，联合变量中包含有论文的作者 author、论文名称 title 和发表论文的刊物 journal 3 个成员。

```
    union entry{
        struct book{
            char author[20];
            char title[40];
        }book;
        struct article
        {
            char author[20];
            char title[40];
            char journal[40];
        }artic;
    }info;
```

在联合嵌套结构情况下，对结构成员访问的一般形式是：

    联合变量.结构变量名.结构成员

例如：

info. book. title 和 info. artic. title

分别访问书籍名和论文名。

在结构嵌套联合情况下,对联合成员访问的一般形式是:

結構变量名.联合变量名.联合成员

在联合嵌套结构的情况下,对结构成员的访问方法的参考程序为:

```
#include <stdio.h>
#include <stdlib.h>
struct complex
{
    double re,im;
};
union value
{
    int int_val ;
    double dbl_val ;
    struct complex comp_val;
};
int main()
{
    union value number;
    printf("Size of entire union ==%d\n",
        sizeof(union value));
    printf("Size of int member ==%d\n",
        sizeof(number.int_val));
    printf("Size of double member ==%d\n",
        sizeof(number.dbl_val));
    printf("Size of struct complex member ==%d\n",
        sizeof(number.comp_val));
    printf("Size of complex re ==%d\n",
        sizeof(number.comp_val.re));
    printf("Size of complex im ==%d\n",
        sizeof(number.comp_val.im));
    printf("\n&number ==%u\n",&number);
    printf("&number.int_val ==%u\n",&number.int_val);
    printf("&number.dbl_val ==%u\n",&number.dbl_val);
    printf("&number.comp_val ==%u\n",&number.comp_val);
    printf("&number.comp_val.re ==%u\n",&number.comp_val.re);
    printf("&number.comp_val.im ==%u\n",&number.comp_val.im);
    return 0;
}
```

程序的运行结果为:

```
Size of entire union ==16
Size of int member ==4
Size of double member ==8
Size of struct complex member ==16
Size of complex re ==8
Size of complex im ==8
&number ==65484
&number.int_val ==65484
&number.dbl_val ==65484
```

```
&number.comp_val ==65484
&number.comp_val.re ==65484
&number.comp_val.im ==65492
```

程序中定义了一个联合类型 value，它包含有 3 个成员，一个整型变量 int_val；一个双精度浮点型变量 dbl_val，一个结构类型变量 comp_val。结构变量包括有两个双精度浮点型变量 re 和 im，形成了联合和结构的嵌套。程序的 union value number;定义 number 为联合类型 value 的变量。从 printf("Size of entire union ==%d\n",sizeof(union value));到 printf("Size of complex im ==%d\n",sizeof(number.comp_val.im));，用单目运算符 sizeof 求出联合变量 number 中各成员占有内存的字节数。从 printf("\n&number ==%u\n",&number);到 printf("&number.comp_val.im ==%u\n",&number.comp_val.im);，用单目运算符 & 求出各成员在内存中的起始地址。

程序的运行结果表明，结构变量 comp_val 是最大的联合成员，占用 16 个字节(运行结果的第 4 行)，其中 re 变量和 im 变量各占 8 个字节，所以联合变量 number 占有的字节数就是 16 个字节(运行结果的第 1 行)。由于联合成员共享一个存储空间，所以，当联合中存储一个整数或双精度浮点数时，编译程序仅使用其中 4 个或 8 个字节。在联合中任何一个成员被使用时都是从同一个地址单元开始存放的(本例为由无符号数 65484 表示的地址)。当联合中的结构成员被使用时，结构中的 re 变量和 im 变量是按占有的存储空间顺序分配的。由于各占 8 个字节，所以其起始地址分别为 65484 和 65492。

在程序设计中，利用联合变量的各成员共享公共存储区的特点，可方便地进行数据的交换和处理。

四、枚举

枚举不同于结构、联合，是一种新的数据类型。通过列举若干用户自己指定的标识符所定义的类型，称为枚举类型(enum)。标识符名称代表一个数据值，其间有先后次序，可以进行比较，通常将标识符称为枚举类型的元素(也称为枚举常量)。

枚举概念在日常生活中十分常见，它采用比较接近人类自然语言的方式表示有关信息，以提高程序的可读性，例如，颜色有红、黄、绿和蓝等；每周的天数有星期日，星期一，……，星期六；货币单位有分、角和元等；方向有上、下、左、右等；一个学校的教师队伍由教授、副教授、讲师和助教等组成。

枚举类型和结构类型一样，都是用户自定义的数据类型。枚举用关键字 enum 表示，定义枚举型的一般形式为：

```
enum 枚举名{枚举常量表};
```

例如：

```
enum color{black,blue,red,green,white};
enum color col;
```

定义一个枚举类型 color，并说明 col 是枚举类型的变量。

枚举变量 col 可以取值，且只能取值为枚举中某个枚举常量。例如：

```
col =blue;
if (col ==blue)
{ … //处理 blue 颜色; }
```

而

```
col = yellow;
```

产生错误,因为 yellow 不在列举出来的枚举值的范围之内。

枚举常量按照编写顺序对应一个序号,序号从 0 开始。对枚举常量的使用,实际上使用的是该枚举常量所对应的序号(整数值),在内存的常量数据存储空间,也是存储枚举常量的序号,而不是对应的字符串。因此:

```
printf("%d%d%d%d%d",black,blue,red,green,white);
```

输出为 01234。

在定义枚举类型时,可以显式修改枚举常量的序号。例如:

```
enum color{black,blue,red = 5,green,white};
```

则枚举常量的序号分别为:

```
black 0
blue 1
red 5
green 6
white 7
```

不允许通过赋值语句修改枚举常量的序号。枚举常量的序号(即枚举常量的值)可以直接作为一个整型数据使用。例如:

```
for (col = black;col <= white;col ++)
{
    ⋮
}
```

在定义一个枚举类型时,枚举名也可以省略。例如:

```
enum {east,west,south,north}location;
```

用 east、west、south 和 north 定义了一个无名的枚举类型,并且定义了变量 location 为该枚举类型变量。

枚举变量的存储特性与一般变量的存储特性是一致的,即在一个函数中定义的枚举变量只限于在该函数中使用。而在程序中任何函数之外定义的外部枚举变量可以为所有函数共用。参考程序为:

```
#include <stdio.h>
#include <stdlib.h>
enum day{mon,wed,thu,fri}
void study_day(enum day st_day);
int main()
{
    enum day a;
    for (a = mon; a <= fri; a ++)
        study_day(a);
    system("pause");
    return 0;
}
```

```
void study_day(enum day st_day)
{
    switch (st_day)
{
    case mon:
        printf( " MON c language \n " ) ;
        break;
    case wed:
        printf("WED data structure \n");
        break;
    case thu:
        printf("THU operating system \n");
        break;
    case fri:
        printf("FRI computer graphics \n");
    }
}
```

程序的运行结果为:

```
MON c language
WED data structure
THU operating system
FRI computer graphics
```

五、定义类型新名字——typedef

C 语言允许用户使用关键字 typedef 为已有的类型定义类型新的类型名。例如:

```
typedef int integer;
```

使得 integer 代表标准类型 int,即 integer 可以作为整型的类型名。可进行下面的变量说明:

```
integer x,y,width,longth;
integer a[10],*p[5];
```

定义类型新的类型名的一般形式为:

```
typedef 类型   定义名;
```

其中,类型是任一种合法的数据类型,定义名就是该类型新的类型名。例如:

```
typedef char chr;
```

也可以用 typedef 为结构或联合等复杂的数据类型建立新的类型名。例如:

```
struct birth_date
{
    char name[10];
    int month;
    int day;
    int year;
};
typedef struct birth_date birthday;
```

将已定义的结构类型 struct birth_date 的名字改为 birthday。利用 birthday,则可以定义该结构类型的变量。当要定义一个类型为 struct birth_date,且包含有 100 个元素的结构数组时,可表示为:

```
birthday student[100];
```

上述的定义方式也可简写为：

```
typedef struct{
    char name[10];
    int month;
    int day;
    int year;
}birthday;
birthday student[100];
```

程序段：

```
typedef struct {
    int acct_no;
    char acct_type;
    char name[20];
    float balance;
}record;
record oldcustomer,newcustomer,acct[500];
```

使用 record 代表包含银行储户的账号、储蓄类型、姓名和存款余额 4 个成员的结构类型，oldcustomer 和 newcustomer 是具有该结构类型的结构变量，acct 是包含有 500 个结构类型元素的数组。

注意　　typedef 没有创建一种新的数据类型，它仅仅为现有的类型取个新的名字，因此，由定义名说明的变量的性质，与原有类型说明的变量的性质是相同的。

C 语言提供的 5 种自定义的构造数据类型小结如下。

（1）数组处理的是同种类型的数据。

（2）结构是不同类型（或相同类型）数据的组合，也可称为不同类型数据的集成体。

（3）位域是允许按位访问结构成员的一种特殊结构。

（4）联合是两个或两个以上不同类型的成员分量共用同一个内存空间的共用体。

（5）枚举是一个自定义的有序标识符表。

（6）关键字 typedef 不能定义一种新的数据类型，但可以为已存在的数据类型产生一个新的定义名。

六、文件

在 C 语言中，文件可以表示磁盘文件、光盘文件和各种外部设备。

每个文件都有文件名，用户通过指定的文件名可以访问需要使用的文件，但不同的文件具有不同的访问特性。例如，磁盘文件可以允许随机存取，键盘只能用于输入数据而不能输出数据，显示器或打印机只能用于输出数据而不能输入数据。

在 C 语言中，无论是一般磁盘文件还是设备文件，都可以通过文件结构类型 FILE 进行输入输出操作。该结构类型在 stdio.h 中定义，包含文件操作的基本信息。这些信息有：

文件名；

文件状态特征；

文件数据缓冲区位置及大小；

文件数据缓冲区当前读/写位置；

文件数据缓冲区填充程度等。

具体定义为：

```
typedef struct{
    short   level;//缓冲区满与空的程度
    unsigned  flags;          //文件状态标志
    char   fd;//文件描述符
    unsigned char hold;//无缓冲区,不读字符
    short   bsize;//buffer 大小
    unsigned char * curp;//当前指向
    unsigned  istemp;//临时文件指示
    short   token;//有效性检测
}   FILE;
```

当一个流式文件被打开时，自动建立该文件的 FILE 结构并返回一个指向 FILE 结构类型的指针，该指针代表了被打开的文件，其后只能通过这个指针变量来访问被打开的文件。

关闭文件的操作是使文件脱离一个特定的流，以释放文件打开时建立的 FILE 结构。对于输出流，当关闭这个流时，则将与这个流有关的缓冲区的内容写入到外部设备，以保证没有残留信息留在缓冲区内。

对于文件操作，首先必须通过 fopen 打开一个指定文件名称的文件，打开之后，文件指针一般指向文件的开始位置；其次，就可以通过文件操作函数 fread，fscanf，fgets 等函数读取文件中的数据到内存缓冲区当中；也可以通过 fwrite，fprintf，fputs 等函数将内存的数据写入文件指针所在位置。操作结束之后调用 fclose 函数关闭文件。

注意 对同一个文件的读写操作要用相同类型函数处理，比如用 fprintf 写的文件，用 fscanf 进行读取，用 fwrite 写的文件用 fread 读取等；否则，可能出现读取数据和写入数据不一致的情况。

下面我们详细了解一下文件操作的相关函数。

1. 打开文件函数——fopen

要访问一个文件，必须用 fopen 函数先打开该文件。打开文件，需要确定：欲访问文件的文件名，访问文件模式和文件存储的位置。

fopen 函数原型如下：

（1）FILE ＊ fopen(const char ＊ path，const char ＊ mode)；

第一个参数 path 表示要打开的文件名，第二个参数 mode 确定访问该文件的模式。允许使用的模式有读(r)、写(w)和添加(a)等。

如果打开文件成功，fopen 函数将返回一个指向 FILE 结构类型的文件指针。这个指针赋予文件指针变量 fp 后，fp 就指向打开的文件。fp 将作为已打开文件的特殊标识符，即在程序中对文件的所有访问都将通过 fp 实现。

（2）Errno_t fopen_s(FILE ＊＊_Stream,const char ＊_FileName,const char ＊_Mode)；

这是 Visual Studio 2010 以后版本的安全打开文件函数。第一个参数_Stream 是 FILE 结构类型的文件指针的地址；第二个参数_FileName 是字符串常量,是要打开的文件名；第三个参数_Mode 的打开文件的模式,也有读(r)、写(w)和添加(a)等。

① 如果要从已存在的文件中读取信息,在打开文件时使用 r 选择项。用 r 选择项打开的文件不能写。

② 如果要将数据写入文件,在打开文件时使用 w 选择项。w 选择项建立一个新文件,只能写入,不能读。如果磁盘上存在一个同名文件,则覆盖它,文件中原有的内容将丢失。

③ 如果要向已存在的文件中增添内容,使用 a 选择项打开已存在的文件。如果打开成功,则将写指针移到当前文件的结尾,并从该位置开始写入。如果文件不存在,就建立一个相同名字的新文件。这种方式的文件只能写。

④ 当需要同时读写一个文件时,可以使用 r＋、w＋、a＋三个选择项来扩充前三个选择项的功能。

- 使用 r＋选择项,将 r 选择项的功能扩充为可读可写文件。
- 使用 w＋选择项建立一个可读可写的新文件。
- 使用 a＋可以从文件的当前位置开始向文件中添加内容,而且可同时读写文件。

在上述打开方式的基础上,附加 t 或 b 字符,则可指定是按文本方式还是按二进制方式打开。如果不指定 t 或 b,则其默认状态为文本方式。

fopen 函数根据文件名称和读写模式打开指定文件,并返回一个指向该文件的指针。如果这个文件不存在,则 fopen 函数返回一个空指针。

注意　I/O 是针对计算机而言的；文件的读操作,是计算机的输入操作；文件的写操作,是计算机的输出操作。

2. 关闭文件函数——fclose

fclose 函数用来关闭由 fopen 函数打开的文件,其函数原型为：

```
int fclose(FILE * fp)
```

其中,fp 是调用 fopen 函数时所返回的文件指针。文件关闭成功,则返回 0；如果返回其他值,则说明出错。

文件处理结束后,必须关闭文件。文件未关闭会引起很多问题,如数据丢失、文件损坏及其他一些错误。fclose 函数释放与文件处理相关的存储资源,以便再次被使用。另外,操作系统对同时打开的文件个数有一定的限制,所以先关闭已使用过的文件再打开另外的文件是必要的。

下面的程序段以读出方式打开一个文件：

```
#include < stdio.h >
#include < stdlib.h >
int main()
{
    FILE * fp;
```

```
    char *myfile = "D://1.txt";//提前在 D 盘存放了一个就叫 1.txt 的文本文件,
里面有几个字母
    char data[20];
    fopen_s(&fp, myfile, "r");
    if (fp == NULL)
    {
        printf("Can't open %s\n", myfile);
        system("pause");//如果希望文件打开异常关闭的提示信息能够被看到,需要加
上这一行代码
        return -1;
    }
    //需要做对文件的操作在打开文件之后实现,这里什么也没有做
    fclose(fp);//打开的文件不用了,就要关闭
    system("pause");
    return 0;
}
```

如果要打开的文件不存在,则 fopen 函数返回 NULL 指针,也就是 0,屏上显示出提示信息,并退出程序。为了避免文件打开失败时对文件产生破坏,通常在打开文件时,增加文件是否成功被打开的检测语句,即当 fp 等于 NULL 时,打开文件失败,则终止程序。

对文件进行读/写操作,fp 指针自动进行修改,指向下一个读/写位置。

3. 用于文件的输入输出函数

缓冲型 I/O 系统包括若干个有内在联系的用于文件的输入和输出操作的函数。下面介绍其中最常用的几个函数。

(1) 文件单字符输入输出函数——getc、putc。

getc 和 putc 函数用于从一个打开的文件中读取一个字符或者向一个打开的文件写入一个字符。

从文件中读取字符的函数 getc 的原型为:

```
    int getc(FILE * fp);
```

向文件写入字符的函数 putc 的原型为:

```
    int putc(int ch,FILE * fp);
```

其中,fp 是由 fopen 函数打开文件时,返回的文件指针。putc 函数的参数 ch 表示向文件中写入的字符,定义为整型,只使用整型数的低位字节表示字符。

如果 putc 函数操作成功,则返回写入文件字符的 ASCII 码;若出现错误,则返回 EOF,其值定义为 -1。

如果 getc 函数操作成功,则返回读取文件字符的 ASCII 码;若出现错误,则返回 EOF。当 getc 函数读到文件结尾时(读取文件结束标记),该函数返回 EOF。

getc 函数和 putc 函数与 getchar 函数和 putchar 函数的功能基本相同。当 getc 函数中的文件指针为标准输入流指针 stdin 时,getc 函数的功能与 getchar 相同;当 putc 函数中的文件指针为标准输出流指针 stdout 时,putc 函数的功能与 putchar 相同。实际上,getchar 函数、putchar 函数可作为 getc 函数、putc 函数的特殊情况,在 stdio.h 头文件中有关于这 4 个函数相互关系的定义。

```
    #define getchar() getc(stdin)
    #define putchar(ch) putc(ch,stdout)
```

（2）文件行输入输出函数——fgets、fputs。

函数 fgets 和 fputs 从文件中读出字符串，或向文件中写字符串，其函数原型是：

```
char * fgets(char * str,int length,FILE * fp)
char * fputs(char * str,FILE * fp)
```

函数 fgets 从 fp 指向的文件读出字符串，一直读至换行符或第（length − 1）个字符为止。如果读入换行符，它将作为字符串的一部分，并且以空字符 NULL 结束。如果读成功，则函数返回指向读取的字符串的地址；否则，返回一个空指针。

函数 fputs 向指定的文件写入一个字符串，操作成功时，fputs 函数返回 0，失败则返回非 0 值。从文件读入数据并显示在屏幕的参考程序为：

```
#include < stdio.h >
#include < stdlib.h >
int main()
{
    FILE * fp;
    char * myfile = "D://1.txt";//从 D 盘的文件名称为 1.txt 的文档中读出数据
    char data[20];//假设文件中的字符个数不超过 20
    fopen_s(&fp, myfile, "r");
    if (fp == NULL)
    {
        printf("Can't open % s \n", myfile);
        system("pause");
        return −1;
    }
    fgets(data,20,fp);
    puts(data);//将文件中读出的字符串显示在屏幕上
    fclose(fp);
    system("pause");
    return 0;
}
```

（3）文件数据块输入输出函数——fread、fwrite。

函数 fread 和 fwrite 读写文件的数据块，其函数原型为：

```
int fread(void * buffer,int size,int n,FILE * fp)
int fwrite(void * buffer,int size,int n,FILE * fp)
```

其中，buffer 是一个指向存放数据块的存储区的指针。在 fread 函数中，buffer 接收从文件中读取的数据；在 fwrite 函数中，将 buffer 中的数据写入文件。读写的数据段个数用 n 表示（每个数据段为 size 个字节）。fp 是已打开文件的文件指针。

fread 和 fwrite 函数返回实际已读写的数据段个数。若读写的数据数少于在函数调用时所要求的数目，说明可能发生了读写错误，或者读写已达到文件结尾。对于这种情况，可使用 feof 或 ferror 函数检验。

feof 函数确定文件指针是否指向文件的结尾，若已达结尾，则返回一个非 0 值；否则，返回 0。

ferror 函数用来检测给定流中的文件错误，若有错，则返回非 0 值；否则，返回 0。

只要一个文件以二进制文件方式打开，fread 和 fwrite 函数就可以读写任何类型的信息，但这两个函数最有用之处是读写数组或结构。

比如,我们从键盘读入 3 个学生信息,然后存入文件保存。以后,我们需要处理这些学生信息,就从文件读入并操作。下面是分别实现建立文件保存数据和读文件数据的参考程序。

① 程序 1:使用 fwrite 函数的程序。

```c
#include <stdio.h>
#include <stdlib.h>

struct student
{
    int id;
    char name[20];
    float score;
};
int main()
{
    const int N = 3;
    struct student s[N];
    FILE * fp;
    int i;
    printf("请输入%d 个同学的信息:\n",N);
    for (i = 0;i < N; ++i)
    {
        scanf_s("%d%s%f", &s[i].id,s[i].name,19, &s[i].score);
    }
    fopen_s(&fp, "1.txt", "w");
    fwrite(s, sizeof(struct student),N,fp);//一次性写入结构数组的所有数据
    fclose(fp);
    system("pause");
    return 0;
}
```

② 程序 2:使用 fread 函数的程序。

```c
#include <stdio.h>
#include <stdlib.h>

struct student
{
    int id;
    char name[20];
    float score;
};
int main()
{
    constint N = 3;
    struct student s[N];
    FILE * fp;
    int i;

    fopen_s(&fp, "1.txt", "r");
    if(fp! = NULL)
        fread(s, sizeof(struct student), N, fp);//一次性把 N 个结构数据读入到
            数组 S 中
    else
    {
```

```
        printf("open file error \n");
        system("pause");
        return -1;
    }
    fclose(fp);
    for (i = 0;i < N; ++i)
        printf("id = % d,name = % s,score = % .2f \n", s[i].id, s[i].name, s
[i].score);
    system("pause");
    return 0;
}
```

程序运行结果如图 4-13 所示。

图 4-13　fread 操作结果

运行结果说明,用 fread 函数从文件 1. txt 中读出的数据,与用 fwrite 函数向该文件写入的数据是相同的。fread,fwrite 可以一次读写多个结构变量的数据,非常方便。

注意　如果 fread 和 fwrite 不在同一个项目工程中,需要把 fwrite 函数所在项目中写入的数据文件 1. txt 复制到 fread 函数所在项目文件中;否则,会出现文件打开失败的错误。

(4) 流式文件数据格式化输入输出函数——fscanf、fprintf。
fscanf/fscanf_s 和 fprintf 函数,对磁盘文件数据按格式进行读和写,其函数原型为:

```
fscanf_s(fp,"控制字符串",参量表);
fprintf(fp,"控制字符串",参量表);
```

其中,fp 是由 fopen 函数返回的文件指针。fscanf 函数从 fp 指向的流式文件中读取数据;fprintf 函数将数据写到 fp 指向的流式文件中。

将前面的程序 1 的 fwrite 建立的 1. txt 复制到新项目中,用 fscanf_s 读入文件数据并显示在屏幕上的参考程序为:

```
#include < stdio.h >
#include < stdlib.h >

struct student
{
    int id;
    char name[20];
    float score;
};
int main()
{
    constint N = 3;
    struct student s[N];
    FILE * fp;
```

```
    int i;

    fopen_s(&fp, "1.txt", "r");
    if (fp == NULL)
    {
        printf("open file error\n");
        system("pause");
        return -1;
    }
    for (i = 0;i < N;++i)
    {
        fscanf_s(fp, "%d%s%f", &s[i].id, s[i].name, 19, &s[i].score);
        printf("id=%d,name=%s,score=%.2f\n", s[i].id, s[i].name, s
[i].score);
    }
    fclose(fp);

    system("pause");
    rcturn 0;
}
```

程序运行结果如图 4-14 所示。

图 4-14   fscanf 操作结果

运行结果说明 fwrite 建立的文件,用 fscanf 读出的数据错误。重新用 fprintf 建立 2. txt 文件并用 fscanf 读文件,程序运行结果如图 4-15 所示。

图 4-15   fscanf 读入 fprintf 的结果

(5) 文件随机访问函数——fseek。

对流式文件可以进行顺序读写,也可以进行随机读写。如果文件指针是按字节位置顺序移动,就是顺序读写;如果可以将文件指针按需要移动到指定位置,就实现了随机读写。进行随机读写的关键在于控制文件的位置指针,在随机读写时,读取一个字节后,可直接将位置指针移动到用户指定的任一个字节进行读写。

fseek 函数可以改变文件的位置指针,以实现文件的随机访问,其函数原型为:

```
int fseek(FILE * stream,long offset,int origin)
```

函数功能:按偏移量 offset 和起始位置 origin 的值,设置与 stream 相绑定文件指针的指向。操作成功,则返回值为 0;否则,返回值为非 0。

文件指针偏移量 offset 是从起始位置 origin 到新位置之间的字节数目,当文件是结构类型时,可用 sizeof 确定偏移量。起始位置的值用 0、1 或 2 表示:0 表示从文件头开始,1 表示从当前位置开始,2 则表示从文件末端开始。通常,偏移量指的是,以起始位置为基点,向前移动的字节数,并要求位移量是长整型(long)数据,以支持大于 64KB 的文件。文件指针偏移量也可为负值,表示从当前位置向反方向(即向后)偏移。

如果 fp 是指向文件的指针,fseek 函数调用可以为:

```
fseek(fp,100L,0);
```

将文件指针移到离文件头 100 个字节处。

```
fseek(fp,50L,1);
```

将文件指针移到离当前位置 50 个字节处。

```
fseek(fp,-10L,2);
```

将文件指针从文件末尾向文件头方向退 10 个字节。

fseek 函数一般用于二进制文件,因为文本文件要进行字符转换,计算位置时可能会发生混乱而达不到预期的目的。

C 语言标准函数库提供了很多有关处理文件的函数,使得文件的处理工作大为简化。文件处理的基本步骤如下:

① 在处理文件之前,首先必须使用 fopen/fopen_s 函数打开指定的文件。这个函数返回一个指向 FILE 类型的指针,并将该指针赋予一个已定义的指向 FILE 类型的指针变量(如 fp)。通过文件指针可以实现对文件的各种操作。

② 根据对文件的不同操作,当需要从文件中读取信息时,可使用 getc、fgets、fread 和 fscanf 等输入函数;当需要向文件中写入信息时,可使用 putc、fputs、fwrite 和 fprintf 等输出函数。

③ 如果出现了错误,可以使用 feof 和 ferror 函数确定应该采取的处理方式。

④ 最后使用 fclose 函数关闭文件以确保文件被正确终止和保存。

第5章
指针

视频讲解

基础理论

知道电子科技大学在哪儿的人,通过学校名字就可以找到学校,但更多的人是通过地址——四川省成都市高新西区西源大道 2006 号找到电子科技大学的。同一个地方,可以通过名字也可以通过地址访问。C 语言中对变量的访问也是如此。我们可以通过变量名字找到所在的存储空间,读写数据。比如,定义变量 char uni[ ] = "uestc",则在内存当中分配一块空间,给这块空间取名叫 uni,里面放的数据值是"uestc"。通过打印语句 printf("%s\n", uni);则把 uni 里面的数据"uestc"输出到标准输出设备显示器上面。

我们还可以通过存储这块存储空间的地址直接找到这个存储空间读写数据,访问速度就很快。在 C 语言中,存储空间的地址称为指针,存储地址的变量称为指针变量。

char uni[ ] = "uestc";char *p = uni;语句完成下面功能: 在内存当中分配 6 个字节的空间,这块空间里面放的数据值是"uestc"。这块空间的地址存放在 p 指针当中。printf("%s\n",p);则把 p 指针所指空间里面的数据"uestc"输出到标准输出设备显示。

指针是 C 语言的一大亮点。指针提供了强大灵活的处理数据的方式。指针的优点包含两个方面:其一,使用指针可以更好地完成某些特定的编程工作,如果不使用指针,有些功能将很难实现;其二,灵活地使用指针,可使编写的程序简便,更能提高程序的执行效率。

5.1 指针的概念和定义

5.1.1 指针的概念

视频讲解

指针就是地址,如前所述:

```
char uni[] = "uestc";
char *p = uni; printf("%s\n",p);
```

uni 是字符数组名称,也是数组首地址。p 是字符指针变量,存放的 uni 数组的首地址。指针变量是一种特殊的变量,它存放的不是数据,而是另一个变量的地址。存放地址的变量通常被称为指针变量,它指向目标变量。通过指针变量中存储的地址可以直接访问它指向的目标变量。

常将指针变量简称为指针,指针变量也具有变量的要素:

① 指针变量的命名,与一般变量命名相同(遵循 C 语言的标识符规则)。

② 指针变量的类型,是指针变量所指向的目标变量的类型。

③ 32 位微机系统,不同类型的指针变量在内存中都占 4 个字节,而目标变量自身占用的内存大小是不同的。

若 v 是某种数据类型的变量,p 为指向变量 v 的指针,则 p 和 v 的逻辑关系如图 5-1 所示。

图 5-1　指针 p 及其目标变量 v 的关系

5.1.2　指针的定义

指针变量也必须先定义后使用,指针变量定义的一般形式是:

```
类型说明符 * 指针变量名;
```

其中,类型说明符代表了指针变量所指向的目标变量的数据类型,可以是 C 语言中允许的基本类型或结构类型。 * 表示定义的是指针变量而不是一般变量,例如:

```
int * ptr;
char * name;
float * pf;
```

定义 ptr 是一个指向整型数据的指针变量,用于存放整型变量的地址;定义 name 是一个指向字符型数据的指针变量,用于存放字符变量的地址;定义 pf 是一个指向浮点型数据的指针变量,用于存放浮点变量的地址。

指针变量可以单独定义,也可以与其他一般变量一起定义,例如:

```
int * a, * b, * c;//a,b,c 都是整型指针变量
float * pf,num1,num2;       //pf 是浮点型指针变量,num1 和 num2 是浮点型变量
char ch, * p, * q;//ch 是字符变量,p,q 都是字符指针变量
```

5.1.3　指针的赋值

指针变量定义,说明了指针变量的名字及其所指向的变量的数据类型。使用指针变量前还必须确定指针变量所指向的目标变量。由于指针变量的值为地址,因此对指针变量赋值应该是目标变量的地址值。

如有定义:

```
int num, * pn;
char color, * pc;
```

赋值语句:

```
pn = &num;
pc = &color;
```

将已定义的变量 num 的地址赋予指针 pn,即将指针 pn 指向整型变量 num,将已定义的字符变量 color 的地址赋予指针变量 pc,使指针 pc 指向字符型变量 color。

指针变量通常只能赋予编译程序为已定义的变量所分配的合法的地址,而不能将指针变量赋予任意一个地址。

以下语句非法:

```
scanf_s("%d",pn);
pn = 2000;
pn = 0XFED8u;
```

指针变量不能与普通变量相互赋值,下面的赋值语句都是非法的。

```
pn = num;  或  num = pn;
pc = color;  或  color = pc;
```

若要访问指针指向的目标变量,可将目标变量表示为:

* 指针变量名

其中, * 是间接访问目标变量的单目运算符,它与定义指针使用的指针说明符 * 的意义不同。 * 与指针作为一个整体,代表指针指向的目标变量,而不是目标变量的值。

例如: * pn 代表了变量 num,而

```
*pc = 'r';
```

等效于

```
color = 'r';
```

指向同一种数据类型的指针变量可以相互赋值,即一个已赋值的指针变量可以赋予另一个指针变量。

例如:

```
int a,*pa,*pb;
pa = &a;
pb = pa;
```

将已赋值的指针变量 pa 赋予指针变量 pb,使指针 pa 和 pb 都指向同一个变量 a,如图 5-2 所示。

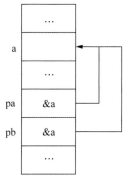

图 5-2 两个指针指向同一变量

指向不同类型的指针变量,不可以直接进行赋值,必须进行强制类型转换。例如:

```
int * pi;  float *pf;
...
pi = pf;        //错误
pi = (int *) pf; //正确
```

与普通变量一样,指针变量在定义的同时也可赋初值。例如:

```
int a,b,c;
int * pa = &a, * pc = &c;
```

表示将已定义的变量 a、c 的地址 &a 和 &c 作为初始值赋予指针变量 pa 和 pc。

> **注意**　指针变量初始化,其初值只能是已定义变量的地址。

可以将指针初始化为空指针。空指针对指针赋予一个特殊的值,即 ASCII 码值为 0 的字符 NULL,空指针代表指针没有指向任何的目标变量。例如:

```
char * p = NULL;
```

空指针的概念与指针未赋值的概念不同。当指针变量未赋地址值时,指向的目标不确定,对目标单元进行访问可能导致不可预见的结果。例如:

```
int * ptr,x,y;
ptr = &x;
x = 1;
y = * ptr;
```

指针 ptr 被赋予 x 的地址,即指向 x。变量 y 被赋予指针 ptr 所指向的目标变量 x 的值。

若将上面程序段改为:

```
int * ptr,x,y;
x = 1;
y = * ptr;
```

由于指针变量 ptr 在使用前没有赋确定的地址值,对这个地址所代表单元的访问将得到一个随机值或出现运行错误。Visual Studio 2015 报 C4700 错误:局部变量 ptr 没有初始化。

应该指出的是:指针变量所指向的数据类型必须与定义指针时所规定的指针所指向的目标变量类型一致。例如:

```
int *p, *q;
float x,y;
double z;
```

则下面的赋值语句都是错误的:

```
p = &x;
q = &z;
```

5.2　指针运算

5.2.1　取地址运算(&)和取内容运算(*)

单目运算符 & 的功能是获取变量的地址。单目运算符 * 与指针一起作为一个整体,代表指针指向的目标变量。如程序片段:

```
int num, * ptr; /* 变量定义, * ptr 表示 ptr 是一个指针变量,不是 ptr 指向目标变量
                   值的意思 */
ptr = &num; * ptr = 100; /* 其中,&num 获取变量 num 的地址; * ptr 代表指针 ptr 指向
                            的目标变量 num. */
```

要注意区别 & 和 * 的意义。例如:

```
&( * ptr)
```

代表指针 ptr 的目标变量(num)的地址值,亦即指针 ptr 的值;而

```
* (&num)
```

视频讲解

代表变量 num。

5.2.2 指针与整数的加减运算

指针变量加上或减去一个整数 n,是指针由当前所指向的位置向前或向后移动 n 个数据的位置。通常这种运算用于指针指向一个数组中,由于各种类型的数据的存储长度不同,因此在数组中加减运算使指针移动 n 个数据后的实际地址与数据类型有关。

例如,如果编译器定义整型数据占 32 位(4 字节),对指针加 1 操作的含义是:

① 对 char 型,相当于当前地址加 1 个字节。

② 对 int 型,相当于当前地址加 4 个字节。

③ 对 double 型,相当于当前地址加 8 个字节。

一般来说,如果 p 是一个整数指针,n 是一个正整数,则对指针 p 进行 ±n 操作后的实际地址是:

```
p ± n * sizeof(数据类型)
```

同样,指针自增(加 1)、自减(减 1)的运算是地址运算。当指针加 1 运算后,指针指向下一个数据;当指针减 1 运算后,指针指向上一个数据。

指针自增、自减单目运算也分前置和后置运算。当它们与其他运算符组成一个表达式时,应注意其优先顺序和结合性。例如,p 为指针变量:

```
v = *p++;
```

* 与 ++ 的优先级高于 = ,而 * 与 ++ 两个单目运算符的优先级相同,其结合性为从右到左。以上赋值语句相当于:

```
v = *(p++);
```

由于 p++ 是后置运算,运算规则为"先引用后增值",等价于下面两个语句的执行顺序:

```
v = *p; p++;
```

又如:

```
v = * ++p;
```

则指针 p 先进行自增 1 的运算,即指针 p 指向下一个目标变量,再将目标变量的值赋予 v。它等价于下面两个语句的执行顺序:

```
++p; v = *p;
```

下面两个表达式具有不同的意义:

```
v = (*p)++;
v = ++(*p);
```

前者是将目标变量 *p 的值赋予变量 v,然后变量 *p 自增 1;后者是将目标变量 *p 的值自增 1 后赋予变量 v。

5.2.3 指针相减运算

在一定条件下,两个指向同种数据类型的指针可以相减。例如,指向同一数组的两个数组元素的指针相减,其差表示这两个指针所指向的数组元素之间所相差的元素个数。可见,指针相减的运算并不是两个指针的值单纯相减,而与数据类型的存储长度有关,编译程序按下式进行运算：

> （两指针地址值之差）÷（一个数据项所需要的存储字节数）

例 5-1 指针相减的运算。

```
//5-1.cpp
#include <stdio.h>
#include <stdlib.h>
int main()
{
    int *px,*py;
    int a[6]={10,20,30,40,50,60};

    px=&a[0];
    py=&a[5];
    printf("px=%x   py=%x \n",px,py);
    printf("py-px=%x",py-px);
    system("pause");
    return 0;
}
程序的运行结果为：
px=f29000   py=f29014
py-px=5
```

程序第 8、9 行分别将 a[0] 和 a[5] 的地址赋予指针变量 px 和 py。根据运算结果，编译程序对数组 a 分配的首地址为 f29000（十六进制），即为 a[0] 的地址，亦即指针 px 的值。而 a[5] 的地址，即 py 的值为 f29014。由于 px、py 定义为指向整型数组 a 的指针，每个数组元素占 4 个字节的长度，故 py−px=(f29014−f29000)÷4=5，即指针 py 与指针 px 之间相差 5 个整型数组元素。

5.2.4　指针的关系运算

指向同种数据类型的指针可进行关系运算，表示它们所代表的地址之间的关系。

指针间允许以下 4 种关系运算：

① < 或 >——比较两指针所指向的地址的大、小关系。

② == 或 !=——判断两指针是否指向同一个地址，即是否指向同一个数据。

若有指针 p 和 q 指向同一个类型的数据，则关系表达式为：

> p<q

当 p 指针所指向变量的地址（p 的值）小于 q 指针所指向变量的地址（q 的值）时，表达式值为真；否则，为假。

又如：

> p==q：若表达式为真,则表示指针 p、q 指向同一个变量．
> p≠q：　若表达式为真,则表示指针 p、q 指向不同变量．

指针不能与一般数值进行关系运算，但指针可以和零（NULL 字符）之间进行等于或不等于的关系运算。如：

> p==0 或 p≠0 或 p==NULL 或 p! =NULL

用于判断指针 p 是否为空指针。

综上所述,由于指针的运算实质上是地址运算,因此,指针运算是很有限的,除了以上 4 种运算外,其他运算都是非法的。

5.3 指针和数组

视频讲解

5.3.1 指针与一维数组

对数组元素的访问,可以利用数组元素的序号进行(下标法);也可以利用一个指向数组的指针进行(指针法)。

在 C 语言中,指针和数组之间存在密切的联系。一个数组名实际上代表了数组的第一个元素的起始地址(首地址),数组名就是数组首地址的符号地址。例如:

```
int data[10];
```

数组 data 占用 10 个整型数据所需要的连续的存储空间,依次存放 data[0]~ data[9]共 10 个数组元素,数组名 data 代表了存储空间的首地址。即

```
data        与 &data[0]等效
data + i     与 &data[i]等效
```

在程序执行过程中,数组 data 所分配的存储空间不会改变。程序中,data 作为常量地址,不允许修改。

若定义一个指针变量 p 及数组 data:

```
int * p,data[10];
```

执行操作:

```
p = data;   或   p = &data[0];
```

则将指针 p 指向数组 data 的第一个元素,如图 5-3 所示。由于表达式 p + i 表示的地址值与 &data[i]表示的地址值相同,因此可以通过表达式中 i 值的变化(i = 0,1,2,…,9)来实现对数组 data 中各元素的访问。

元素地址			内存存储器	数组元素		
			…			
data	p	&data[0]	100	data[0]	*p	p[0]
data+1	p+1	&data[1]	200	data[1]	*(p+1)	p[1]
			…			
data+i	p+i	&data[i]	500	data[i]	*(p+i)	p[i]
			…			

图 5-3　指针与数组元素之间的关系

> **注意** 当指针变量指向一维数组的第一个元素,指针变量名可以作为一维数组名使用。data[i]与 p[i]是等效的。

```
*p =100;        等效于  data[0]=100;
*(p+1)=200；等效于  data[1]=200;
*(p+i)=500；等效于  data[i]=500;
```

若指针 p 当前指向数组的起始地址,执行语句:

```
p=p+4
```

则将指针从指向数组的第一个元素改变为指向数组的第 5 个元素 data[4]。此时:

```
*p        表示  data[4]
*(p+1)   表示  data[5]
*(p-1)   表示  data[3]
```

因此,对数组元素的访问可用下标方式,也可以用指针方式,通常下标方式适合于随机访问数组。在 C 语言中,用指针自增、自减的操作可实现对数组的快速顺序访问,提高程序的运行效率。

注意   虽然数组名 data 和指针 p 都代表地址值,但 data 是一个常量地址,不能改变,而指针 p 是一个指针变量,它可以指向任一个数组元素。下面的语句是合法的:

```
p=data;
p++;
p=p+3;
```

但以下语句非法:

```
data=p;
data++;
data=data+3;
```

指针可访问一维数组,也可访问多维数组。指向多维数组的指针的概念和使用方法比指向一维数组的指针要复杂一些。

以二维数组为例,二维数组可以当作若干个按行主序存放的一维数组。例如,有定义:

```
int a[5][4],*pa;
```

视频讲解

二维数组 a,共包括 20 个整型数据;二维数组 a 由 a[0]～a[4] 共 5 个数组元素构成;而每个数组元素又是一个由 4 个数组元素构成的一维数组(如表 5-1 所示)。

表 5-1   二维数组的构成

一维数组名	数组元素			
a[0]	a[0][0]	a[0][1]	a[0][2]	a[0][3]
a[1]	a[1][0]	a[1][1]	a[1][2]	a[1][3]
a[2]	a[2][0]	a[2][1]	a[2][2]	a[2][3]
a[3]	a[3][0]	a[3][1]	a[3][2]	a[3][3]
a[4]	a[4][0]	a[4][1]	a[4][2]	a[4][3]

根据二维数组由一维数组构成的组织结构及二维数组按行主序顺序连续存放的存储结构,可以将指向一维数组的指针推广到指向二维数组的指针。例如:

```
pa = a[0];
```

表示将一维数组 a[0] 的起始地址赋予指针 pa,即 pa 指向一维数组 a[0] 的第一个元素 a[0][0]。

与该赋值语句等效的语句有:

```
pa = &a[0][0];
```

而语句:

```
pa ++;
```

表示 pa 自增 1,即将指针 pa 指向元素 a[0][1]。

同理,若执行

```
pa = a[4];
```

表示将一维数组 a[4] 的地址赋予指针 pa,即将指针指向数组元素 a[4][0]。*pa 代表数组元素 a[4][0]。

例 5-2 用指针变量输出数组元素的值。

```
//5-2.cpp
#include < stdio.h >
#include < stdlib.h >
int main()
{
    int a[3][4] = {1,3,5,7,9,11,13,15,17,19,21,23};
    int *p;
    for (p = a[0];p < a[0] +12;p ++)
    {
        if ((p – a[0])%4 ==0) printf("\n");
            printf("%4d",*p);
    }
    system("pause");
    return 0;
}
程序的运行结果为:
1    3    5    7
9    11   13   15
17   19   21   23
```

5.3.2 指针与结构(数组)

可以使用指向结构数据的指针访问结构变量,定义结构的一般形式为:

```
struct info
{
    short num;
    char name[5];
};
```

视频讲解

定义一个该结构类型的变量：

```
struct info myinfo;
```

定义一个指向 info 结构的指针：

```
struct info *p_info;
```

p_info 指向结构变量 myinfo：

```
p_info = &myinfo;
```

如图 5-4 所示，说明了结构和指向结构的指针之间的关系。

图 5-4　指向结构的指针

当 p_info 指向了结构变量 myinfo 后，＊p_info 就代表了 myinfo。通过 p_info，可有两种方式引用结构变量 myinfo 的成员。

（1）使用结构成员选择运算符。例如：

```
(*p_info).num = 101;
scanf_s("%s",(*p_info).name,4);
```

> **注意**　由于结构成员选择运算符 . 的优先级比间接运算符 ＊ 的高，因此必须用圆括号将 ＊p_info 括起来。

（2）使用结构成员选择运算符 −>。例如：

```
info ->num = 101;
scanf_s("%s",p_info ->name,4);
```

因此，有以下三种存取结构成员的方式。

① 通过结构变量名和成员选择运算符。

② 通过指向结构的指针和成员选择运算符 . 。

③ 通过指向结构的指针和成员选择运算符 −> 。

如果 p_info 是指向结构变量 myinfo 的指针，则下面的 3 种访问方式是等价的：

```
    myinfo.num
    (*p_info).num
    p_info->num
```

可以将指针和结构数组两者结合起来使用,通过指针来存取结构数组中元素及各元素的成员。请将第 4 章例 4-1 简化后用指针处理。

例5-3 输入同学的信息,并按身高从低到高排序;同时,输出姓名、生日和身高。

```
//5-3.cpp
#include<stdio.h>              //预编译命令
#include<stdlib.h>
struct date                    //定义结构类型 date,表示日期
{
    int year;                  //年
    int month;                 //月
    int day;                   //日
};
struct student
{
    char name[21];             //姓名:最多 20 个字符
    struct date birthday;      //生日
    double height;             //身高:以米为单位
};
#define n 2                    //学生人数
int main()                     //主函数
{                              //主函数开始
    struct student stu[n+1];
    /* 定义 stu 为 student 类型的结构数组,用于存储同学信息,下标 i 处存储第 i 位同学的信息,stu[0]不使用  */
    struct student *p_stu = 0;
    int i,j;                   //循环变量
    int changed = 0;           //交换标志,为 0 表示本遍排序中未进行交换

    p_stu = stu +1;            //p_stu 指向 stu[1]
    for (i =1;p_stu <= stu +n;p_stu ++,i ++)    //顺序输入各同学的信息
    {
        printf("请输入第%d 位同学的信息:\n",i);
        printf("姓名:\t \t \t \t");             //输入姓名
        scanf_s("%s",p_stu ->name,20);
        printf("生日 \t 年 \t");                 //输入生日
        scanf_s("%d",&p_stu ->birthday.year);
        printf("\t 月 \t");
        scanf_s("%d",&p_stu ->birthday.month);
        printf("\t 日 \t");
        scanf_s("%d",&p_stu ->birthday.day);
        printf("身高 (m):\t \t \t");             //输入身高
        scanf_s("%lf",&p_stu ->height);
    }
    //按身高从低到高对这 n 位同学排序
    for (i =1;i <n;i ++)                         //一共 n 位同学,需扫描 n-1 遍
    {
        changed = 0;                            //置交换标志为 0,表示未交换
        for (j =1;j <= n-i;j ++)                //每遍比较 n-i 次
```

```
    {
        if ((stu[j].height) > (stu[j +1].height))
        {            //逆序时以 stu[0]为临时变量交换 stu[j]和 stu[j +1]
            stu[0] = stu[j];
            stu[j] = stu[j +1];
            stu[j +1] = stu[0];
            changed = 1;                //置交换标志为1
        }
    }
    if (changed ==0)                    //如果本遍排序中未交换,则退出循环
        break;
}
p_stu = stu +1;                //p_stu 重新指向 stu[1]
for (; p_stu <= stu +n; p_stu ++)
{            //依次输出每个人的信息
    printf("\n 个人信息如下: \n");
    printf("姓名: \t \t%s \n",p_stu ->name);
    printf("生日: \t \t%d 年%d 月%d 日 \n",p_stu ->birthday.year,
    p_stu ->birthday.month,p_stu ->birthday.day);
    printf("身高: \t \t%f (m)\n",p_stu ->height);
}
return 0;
}
```

> **注意**　在程序运行到 for (i = 1;p_stu <= stu + n;p_stu ++ ,i ++){...} 结束后,p_stu 已经移到了数组 stu 的末尾。所以,在 p_stu = stu +1 处要使 p_stu 重新指向数组的开头元素 stu[1]。

对于指针指向数组,常见的编程错误有以下几种:

(1) 对不是指向数组的指针进行算术运算,是一个逻辑错误。

(2) 将两个不是指向同一数组的指针相减或进行关系比较,是一个逻辑错误。

(3) 使用指针算术运算对指针进行自增或自减,以致该指针引用超出数组边界的元素,通常会形成一个逻辑错误。

5.4　字符串指针

对字符串的处理可用两种方式实现: 字符数组或字符型指针。使用指针及指针运算处理字符串,可以提高程序效率。

5.4.1　指向字符数组的指针

与其他类型数组一致,字符数组的数组名也代表字符数组的首地址(且是常量地址)。使用指向字符数组的字符型指针,可实现对字符串的操作。

视频讲解

例 5-4 用字符指针输出字符串。

```
//5-4.cpp
#include < stdio.h >
#include < stdlib.h >
int main()
{
    char str[] = "CD";
    char * ps = str;
    while (* ps)
    {
        putchar(* ps);
        ps ++ ;
    }
    system("pause");
    return 0;
}
程序的运行结果为：
CD
```

标准函数 putchar 包含在头文件 stdio.h 中。

程序定义了一个字符型数组 str 并对其赋初值"CD"。并将数组的首地址赋予字符指针变量 ps，即将指针 ps 指向数组 str。

存储情况如图 5-5 所示。

图 5-5　例 5-4 的数据存储情况

while 循环的条件 * ps 等价于 * ps! = '\0'。在 while 循环中指针 ps 做自增运算 ps ++，依次输出指针指向的各字符直至遇到字符串结束符'\0'。

视频讲解

例 5-5 本例不使用 C 语言的字符来处理库函数 strcat，请合并字符串 s1 和 s2，假设处理的字符串长度不超过 30。

```
//5-5.cpp
#include < stdio.h >
#include < stdlib.h >
#define STRLEN 30
int main()
{
```

```
    char s1[2 * STRLEN + 1],s2[STRLEN + 1];
    char * p = s1,* q = s2;        //指针 p 指向字符串 s1,指针 q 指向字符串 s2
    scanf_s("s1 = % s s2 = % s",s1,STRLEN,s2,STRLEN);
    while ( * p! = '\0')            //计算 s1 的长度
        p ++;
    while ( * q! = '\0')            //将 s2 合并到 s1 的后面
        * p ++ = * q ++;
    * p = '\0';                     //对合并后的字符串 s1 置结束标志
    printf("% s \n",s1);
    system("pause");
    return 0;
}
```
输入:
s1 = turbo_pascal
s2 = &turbo_C
输出:
turbo_pascal&turbo_C
程序中 * p ++ = * q ++; 等价于语句:
* p = * q;
q ++;
p ++;

5.4.2 指向字符串常量的指针

C 语言中,使用一个字符串常量时,C 编译程序对该字符串常量分配一片连续的存储空间,并设置了一个指向该字符串的第一个字符的指针,该指针存放了字符串常量存放在内存数据区中的起始地址。对字符串常量的访问实际上是通过该字符指针进行的,因此,字符串常量具有地址特性。

例 5-6 字符串常量的输出。

```
//5-6.cpp
#include < stdio.h >
#include < stdlib.h >
int main()
{
    char * point;
    point = "This is a string";   //字符串常量"This is a string" 存放于常量数据存储区
    printf("% s \n",point);       /* point 本身是变量,指向字符串常量;通过 point 不能够
修改指向的字符串 */
    system("pause");
    return 0;
}
程序的运行结果为:
This is a string
```

将字符串赋予字符指针 point,并不是将字符串存放到指针 point 中,而是将指向字符串的首地址赋予指针变量 point。

使用 printf 函数输出时,% s 表示输出字符串,输出项为指针变量 point。printf 函数首先输出 point 所指向的第一个字符,然后 point 自动加 1。指向第二个字符并输出该字符……如此直至遇到字符结束标志'\0'为止。因此,输出指针变量就是输出指针变量当前指向的整个

字符串,输出"＊指针变量"就是输出指针变量当前指向的单个字符。

使用字符数组处理字符串时,由于数组的长度是固定的,若要在程序中多次使用同一数组来存放不同长度的字符串,则必须按可能的最大长度来定义数组。当不能预知字符串长度时,如果定义长了,则造成存储空间浪费;如果定义短了,则可能出错。

使用指针来处理字符串比较灵活。由于指针在程序中可以被重复赋值,而且每一次都只存储一个新字符串的首地址,故不必关心这个字符串的长度。

例 5-7 改写例 5-6 指向的字符串常数的指针。

```
//5-7.cpp
#include <stdio.h>
#include <stdlib.h>
int main()
{
    char * point = "Theory and problems";
    printf("%s\n",point);
    point = "Theory and problems of programming";
    printf("%s\n",point);
    system("pause");
    return 0;
}
程序的运行结果为:
Theory and problems
Theory and problems of programming
```

程序输出了不同长度的两个字符串。因此,使用字符串指针处理字符串,不仅效率高且灵活方便。但当 point 指针指向第 2 个字符串常量时,第 1 个字符串虽然还在常量存储区,但其存储地址没有被存储下来,因此不能再被访问。

5.4.3 字符指针和字符数组

对于字符数组,可以整体进行初始化和复制赋值,但不允许直接赋值。例如:

```
char str[] = "hello";//对字符数组可以整体初始化
scanf_s("%s",str,5);//需要注意输入的字符串长度不能超过数组长度 5
str = "love";         //错误,数组首地址是常量,不能被修改
```

对字符指针变量,可以用字符串直接初始化和赋值:

```
char * a = "hello";
a = "I love China!";
```

有程序片段:

```
char a[] = "House";
char * b = "House";
a[2]='r';       //正确,字符数组的元素可以被修改
b[2]='r';       //错误字符串常量不能被修改
b = a;          //正确,b 指针指向 a 数组首地址
b[2]='r';       //现在正确,字符数组的元素可以被修改
```

视频讲解

5.5 指针数组

指针数组是指数组的每一个元素都是指针变量的数组,与普通数组一样,必须先定义再

使用。在定义指针数组时,应在数组名前加上 * 号。定义指针数组的一般形式为:

> 数组类型标识符　　* 指针数组名[整型常量表达式];

例如:

> int * pd[5];

定义了指针数组 pd,它由 pd[0]～pd[4]共 5 个数组元素组成,每个元素都是一个指向整型数据的指针。

例如,为了将一个整型变量 value 的地址存放在指针数组 pd 的第 3 个元素中,可用语句:

> pd[2] = &value;

要取出这个指针所指向的整数并赋予整型变量 i,可用语句:

> i = * pd[2];　　等效于　i = value;

通常,有两种方法处理多个字符串:一种是二维数组字符数组,一种是使用字符型的指针数组。

例如,定义二维数组:

```
char status[ ][16] =
{
    "write error",
    "read error",
    "calculate error",
    "other error"
};
```

status 是一个 4 × 16 的字符数组。每行存放一个字符串,其列数 16 是根据字串的最大长度确定的。使用 status[i]的形式,可访问字符串,例如:

> printf("%s\n",status[2]);

输出为

> calculate error

采用指针数组。例如,有定义:

```
char * status[ ] =
    {
        "write error",
        "read error",
        "calculate error",
        "other error"
    };
```

如图 5-6 所示,指针数组 status 包含了 4 个数组元素,每个数组元素指向一个字符串常量(它们都存储在常量存储区),可通过数组元素 status[0]～ status[3]访问字符串。

使用指针数组比用二维数组存放字符串更方便、更有效。

用 status[i]可访问第 i + 1 个字符串,用 * (status[i] + j)可访问第 i + 1 个字符串中的第 j + 1 个字符。

例如：

```
printf("%c\n",*(status[2]+4));
```

输出字符为：u，即第 3 个字符串"calculate error"中的第 5 个字符。

用%s 输出指针，是指输出指针指向的整个字符串；用%c 输出指针指向的目标变量，是指输出指针当前所指向的一个字符。

指向字符串的指针数组常用于代码查询、错误信息显示及处理多个字符串等功能。

图 5-6　指向字符串的指针数组

例 5-8 指针数组的应用。输入一个数字，查询它所对应的颜色(假定一个图形显示系统可以采用 10 种不同的颜色来显示图形，并为每种颜色规定了相应的数字代码)。

```
//5-8.cpp
#include<stdio.h>
#include<stdlib.h>
int main()
{
    int i;
    char *color[] =
    {
        "black",
        "brown",
        "red",
        "orange",
        "yellow",
        "green",
        "blue",
        "violet",
        "gray",
        "white"
    };
    printf("Enter a number\n");
    scanf_s("%d",&i);
    printf("i=%i\n\n",i);
    printf("%s\n",color[i]);
    return 0;
}
```

程序的运行结果为：

```
Enter a number
```

输入：8

输出：i=8

```
    gray
```

参考答案

第 1、2 题
视频讲解

课堂练习题

1. 写出下列程序的运行结果。

（1）
```
main()
{
    char * point[] = {"one","two","three","four"};
    while(* point[2]! ='\0')
        printf("% c",* point[2]++);
}
```

（2）
```
main()
{
    char * point[] = {"one","two","three","four"};
    point[2] = point[0];
    printf("% s",point[2]++);
}
```

（3）
```
main()
{
1char * point[] = {
    "111111111","222222222","333333333","444444444","555555555"};
int i,j;
for(i =1;i <3;i ++)
{
    for(j =1;j <5;j ++)
        printf("% c",* (point[j] +i));
    printf("\n");
    }
}
```

2. 指出并更正以下程序的错误。

```
1. main (){
2.   char data[] = "There are some mistakes in the program";
3.   char * point;
4.   char array[30];
5.   int i,length;
6.   length = 0;
7.   while(data[length]! ='\0')
8.       length ++;
9.   for(i =0;i < length;i ++,point ++)
10.      * point = data[i];
11.  array = point;
12.  printf("% s\n",array);
13. }
```

3. 请对以下程序进行修改,用指针完成对数组元素的访问。

```
main()
{
    int data[12] = {12,34,56,12,34,56,3,54,6,7,89,12};
    int i,sum;
    sum = 0;
    for(i =0;i <12;i ++)
        sum + = data[i];
    printf("The sum is % d\n",sum);
}
```

视频讲解

4. 编写一个程序,输入两个字符串 string1 和 string2,检查在 string1 中是否包含有 string2。如果有,则输出 string2 在 string1 中的起始位置;如果没有,则显示"NO";如果 string2 在 string1 中多次出现,则输出在 string1 中出现的次数以及每次出现的起始位置。例如:

```
string1 = "the day the month the year";
string2 = "the"
```

输出结果应为:出现 3 次,起始位置分别是 0,8,18。

又如:

```
string1 = "aaabacad"
string2 = "a"
```

输出结果应为:出现 5 次,起始位置分别是 0,1,2,4,6。

5. 编写一个程序,输入一个字符串,分别统计输出该字符串中的字母个数和数字个数。

6. 按字典顺序对多个字符串排序。

7. 编写一个程序,统计英文文稿稿酬,给出稿件名称、单词稿费,按照稿件的单词数量计算稿酬。

8. 编写一个程序,显示内存中一片存储区的内容。

假定使用的是 IBM PC 微型机及其兼容机,考虑如何编制一个程序,它能根据输入的起始地址和结束地址,显示出内存中相应这一片存储单元中的信息。

IBM PC 的内存地址是用一个 5 位的十六进制数或 20 位的二进制数来表示的,其最大数值可达 0xfffff 或 1 048 575,在编制程序时,必须用长整型变量来存储地址值。用长整型变量 b_addr 来表示要显示的起始地址,用长整型变量 e_addr 来表示结束地址。

内存中的信息用十六进制数显示。由于机器的内存组织是每个字节对应一个地址,在显示时最好每次显示一个字节,且在字节间加上空格隔开。为此,使用一个字符指针 point,每次显示该指针所指的一个字符(占一个字节)。初始时令指针 point 指向起始地址,在显示完当前单元的内容后对 point 进行加一操作,直到它等于结束地址为止。

9. 击鼓传花。小明今年生日邀请了一群朋友,总共 n 人(5 <= n <= 20 人)一起玩击鼓传花的游戏。假设我们用生成的随机数代替敲鼓的次数 x(2 <= x <= 5),则鼓点停止时拿到花的这个人需要随机喝 y 杯啤酒(1 <= y <= 3),每 1 瓶啤酒可以倒 3 杯,每瓶啤酒 5 元钱,玩了 z(10 <= z <= 30)次之后,结账。如果给这些人按照 1～n 标号,哪些人喝过啤酒?按照编号递增顺序输出喝过啤酒的人的编号及他喝的总的啤酒杯数。最后,输出小明需要付款多少元?

上机实验

1. 实验题目:用指针实现第 4 章的简易学生成绩管理系统。

2. 实验要求:从文件读入一个班学生三门课(语文、数学、外语)的成绩,用指针动态分配内存,实现如下功能:

(1) 统计平均分不及格人数并打印不及格学生名单;

(2) 统计成绩在全班平均分及平均分之上的学生人数并打印其学生名单;

(3) 统计平均分的各分数段的学生人数及所占的百分比;

(4) 按总分成绩由高到低排出成绩的名次;

(5) 打印出名次表,表格内包括学生编号、各科分数、总分和平均分;

(6) 任意输入一个学号,能够查找出该学生在班级中的排名及其考试分数。

小 结

指针类型是 C 语言中一种特殊的数据类型,指针变量中存放的是另一个变量的地址。

1. 指针变量的定义

(1) 一般定义形式。

> 类型说明符 *指针变量标识符;

其中,类型说明符代表了指针变量所指向的目标变量的数据类型,可以是 C 语言中各种基本数据类型及结构类型。

注意 说明符 * 说明所定义的是指针变量,应与乘法运算符和取内容运算符相区别。

在定义指针的同时可对其初始化,初始化的值只能是已定义变量的地址。

(2) 二级指针的定义。

> 类型说明符 **指针变量标识符;

指针型指针又称为指向指针的指针(或多级指针),指针型指针指向的也是一个指针,对指针型指针所指向的目标变量的访问是多重间接访问。(详见本章的"知识补充与扩展"内容)

(3) 指针型数组的定义。

> 类型说明符 *指针数组名[整型常量表达式];

2. 指针变量的运算

指针运算的实质是地址运算,指针可以进行 4 种运算。

(1) 取地址运算和取内容运算。

取地址运算一般用于对指针变量赋值,使指针指向确定数据的存储单元。指针变量必须先赋值再使用。取内容运算一般形式是:

> *指针变量名

引用指针所指向的目标变量,取地址和取内容互为逆运算。

(2) 指针与整数 n 的加减运算(包括增 n 和减 n 运算)。

指针与整数做加减运算的实质是用于调整指针所指向的对象,即从指针当前位置向前或向后移动 n 个数据项。指针移动的实际地址与数据项所占的存储长度有关,其一般形式是:

> p±n*sizeof(数据类型)

(3) 指针相减的运算。

指针相减的运算是用于求指向同一数据对象的两个指针间数据项的个数。

(4) 指针的关系运算。

>和<运算用于比较两个同型指针的地址值的大小。 ==和!=用于判断两个指针是否

指向同一数据。

3. 指针与数组

指针与数组有密切的关系,数组名是指向数组起始地址的指针常量,当将数组名 a 赋予指针变量 p 时,即将指针 p 指向数组的起始地址,则 *(p + i) 与 a[i] 等效。因此使用指针法访问数组元素与使用下标法一样方便,但使用指针更加高效灵活,尤其是使用指针及其运算处理字符数组时更为方便灵活。

在用指针访问数组元素时,必须要注意指针的当前位置。

指针数组是指针的集合,它的各个元素都是指向同种数据类型的指针,指针数组常用于处理多个字符串。第 6 章介绍的命令行参数是指针数组的一个重要运用。

习　题

1. 接收输入的一个字符串(无空格、制表符等),将字符串中的小写字母转换为大写字母,输出转换后的字符串,最后必须输出回车。最长输入 20 个有效字符(不包括回车)。

例如,输入 apple,输出 APPLE;如果字符串中包含了其他字符,均不进行转换,只转换小写字母为大写字母。

例如:输入 test2test * ,输出 TEST2TEST * 。

2. 实现删除字符串中连续的重复字符(除字母和数字)。

输入为字符串,将字符串中连续重复的,非字母和数字的字符删去,然后输出处理后的字符串。输入字符串最长 50 个字符,之后截断,只输出处理后的字符串。

例如:输入 1 +++2 ==3,输出 1 +2 =3。

3. 实现逆序的 memcpy 方法。已知字符指针 source 指向一个字符串;从 source 所指的内存地址的起始位置开始复制 num 个字节,逆序保存到字符指针 destination 所指的内存地址的起始位置中。

> **注意** 本题为逆序复制。source 指向位置,依次保存了 10,20,30,当 num = 3 时,则逆序复制后 destination 指向的位置应该依次保存 30,20,10,保存为 functions. cpp。遇到异常情况,输出 error;否则,不要随意输出,会视为错误。

知识补充与扩展

一、指向指针的指针

如果一个指针变量指向另一个指针,这种指向指针的指针通常称为指针型指针。对指针型的指针,第一个指针的值是第二个指针的地址,第二个指针的值是目标变量的地址。

直接指向目标变量的指针称为单重指针,对目标变量的访问称为单重间接访问;而指向指针的指针,又称为二重指针或二级指针。对指针型指针的目标变量的访问是采用多重间接访问方式实现的。图 5-7 说明了一般指针变量和指针型指针变量所采用的单重间接访问和多重间接访问方式的区别。

视频讲解

图 5-7 单重间接访问与多重间接访问

多重间接访问方式根据需要还可以进一步延伸,产生多级指针,但多重的间接访问操作会给计算带来困难,且容易产生混淆而导致错误,所以一般很少使用二级以上的指针。

指针型指针的定义应在变量名前加上两个 * 指针说明符。例如:

```
int number,* one_point,** two_point;
```

其中,two_point 是指向指针的指针变量。

为了访问由指针型指针所指向的目标变量的内容,同样需要两次取内容的操作,例如:

```
number = ** two_point;
```

即将指针型指针 point 的目标变量的内容(整型数)赋予整型变量 number。

例 5-9 指针型指针的概念。

```
//5-9.cpp
#include < stdio.h >
#include < stdlib.h >
int main()
{
    int x,* q,** p;
    x = 10;
    q = &x;              //变量 x 的地址赋予指针 q
    p = &q;              //指针 q 的地址赋予指针 p
    printf("%d",** p);
    system("pause");
    return 0;
}
程序的运行结果为:
10
```

程序中定义了整型指针 q 及指向整型数据的指针型指针 p,并将变量 x 的地址赋予 q 指针。将 q 指针的地址赋予 p 指针。通过多重间接访问输出目标变量 ** p,即变量 x 的值。

在定义指针型指针的同时,也可对其初始化。例如:

```
int a[4] = {1,2,3,4};
int * pa[ ] = {&a[0],&a[1],&a[2],&a[3]};
int ** pp = pa;
```

在定义指针型指针 pp 的同时,将整型的指针型数组 pa 的首地址赋予 pp,即使指针 pp 指向指针型数组 pa,而指针型数组 pa 的指针元素 pa[0]～pa[3] 又分别指向整型数组 a 的元素 a[0]～a[3],如图5-8所示:

图5-8　指向指针数组的指针

例 5-10 用指针型指针输出数组元素。

```
//5-10.cpp
#include <stdio.h>
#include <stdlib.h>
int main()
{
    int a[5]={1,3,5,7,9};
    int *num[5]={&a[0],&a[1],&a[2],&a[3],&a[4]};
    int **p,i;
    p=num;
    for (i=0;i<5;i++)
    {
        printf("%d\t",**p);
        p++;
    }
    system("pause");
    return 0;
}
程序的运行结果为:
1   3   5   7   9
```

二、动态内存分配函数

动态内存分配是指在程序运行过程中,根据程序员的需要而分配内存空间的方式。在数组应用中,必须确定数组长度,如果长度偏小,可能不能满足应用需要;如果定义偏大,则浪费存储空间。这种情况下,采用动态内存分配的方式,可以满足实际需要。

在 C 语言系统的函数库中提供的动态分配和释放内存空间的函数主要有以下几种。

1. malloc 函数

函数原型:void *malloc(unsigned int size)

(1)功能。在内存动态存储区分配一段长度为 size 个字节的连续空间,如果分配成功,函数返回该区域的起始地址;如果因内存空间不够等原因分配未成功,则返回空指针(NULL)。

(2)说明。函数返回的地址没有表明存储空间存储的数据的类型,如果将该地址赋予一个具体类型的指针变量,则必须进行强制性类型转换。

视频讲解

例如:

```
int * p;
p = (int * ) malloc(10 * sizeof(int));
```

2. calloc 函数

> 函数原型: void * calloc(unsigned int n,unsigned int size);

(1)功能。在内存动态存储区分配 n 个长度为 size 个字节的连续空间,如果分配成功,函数返回该区域的起始地址;否则,返回空指针(NULL)。

(2)说明。calloc 函数用于为具有 n 个元素的一维数组动态分配存储空间,每个元素的长度为 size 个字节。

3. free 函数

> 函数原型: void free(void * p);

(1)功能。释放指针 p 指向的存储空间,free 函数无返回值。

(2)说明。p 为最近一次调用 malloc 函数或 calloc 函数返回的指向动态存储区的指针。

4. realloc 函数

> 函数原型: void * realloc(void * p,unsigned int size);

(1)功能。将指针 p 所指向的存储空间,重新分配改变为 size 个字节,并将原存储空间存放的数据复制到新分配的存储空间。如果分配成功,则函数返回新存储空间的起始地址;否则,返回空指针(NULL)。

(2)说明。

① 如果重新分配的内存空间比原先分配的大,则将原存储空间的数据完全复制;如果比原先分配的小,则将原存储空间的前 size 个字节数据复制到新分配的存储空间。

② 为了增加或减少存储空间,系统新分配存储空间的起始地址不一定与原来的地址相同。

注意　(1) malloc 函数不对申请到的存储空间进行初始化;calloc 函数对申请到的存储空间的每一位都初始化为 0。

(2) 最好在同一个函数内进行动态分配和释放存储空间。

(3) 最好在定义指针时将指针初始化为 NULL,在释放指针后也将指针赋值为 NULL。这样便于在判断指针有效性时,用 p == NULL 判断指针是否为空指针。

(4) ANSI C 标准要求动态分配存储空间需要使用 stdlib. h 头文件。

例5-11　使用动态内存分配方式,为 10 个整型变量分配存储空间并依次赋值 1~10,然后在屏幕显示出来,最后释放存储空间。

```
//5-11.cpp
#include < stdio.h >
#include < stdlib.h >
int main()
{
    int director,n, * p;
```

```
printf("Enter n:\n");
scanf_s("%d",&n);
p = (int *) malloc(n * sizeof(int));
if(p = = NULL)  return -1;      //分配失效
for(int i = 0;i < n;i ++ )
    * (p + i) = i + 1;
for (int i = 0;i < n;i ++ )
    printf("%5d", * (p + i));
printf("\n");
free(p);
system("pause");
return 0;
}
```

程序的运行结果如图 5-9 所示：

图 5-9 动态内存分配 10 个整数空间的程序运行截屏

基础理论

老师要求编程完成成绩管理系统,要求如下:

从文件读入一个班学生三门课(语文、数学、外语)的成绩,实现如下功能:

① 统计平均分的不及格人数并打印不及格学生名单;

② 统计成绩在全班平均分及平均分之上的学生人数并打印其学生名单;

③ 统计平均分的各分数段的学生人数及所占的百分比;

④ 按总分成绩由高到低排出成绩的名次;

⑤ 打印出名次表,表格内包括学生编号、各科分数、总分和平均分;

⑥ 任意输入一个学号,能够查找出该学生在班级中的排名及其考试分数

一个同学的部分程序如下:

```c
#define N 10    //最大学生人数
int main()
{
        printf("处理数据需要大量时间,请耐心等待…… \n \n");
        int i = 0,Numb = 0;
        struct student allone[N],* p[N];
        int section[5] = {0};    //用来存储各个分数段的人数
        FILE * fp = NULL;
        fp = fopen("score.txt","r");    // 自己编写的存储学生信息和分数的文件
        //fp = fopen("stuScores.txt","r");    //老师给定文件
        //请一次只打开一个文件
        if (fp == NULL)
        {
                printf("无法打开文件 \n");
                return -1;
        }
        //默认分数全在 0～100 之间,不再进行检验
        while(!feof(fp))
        {
                fscanf_s(fp,"%d",&allone[i].numb);
                fscanf_s(fp,"%s",allone[i].name,20);
                fscanf_s(fp,"%f",&allone[i].chinese);
                fscanf_s(fp,"%f",&allone[i].maths);
                fscanf_s(fp,"%f",&allone[i].english);
```

```
            i ++;
        Numb ++;   //可用于记录 txt 文件中同学个数
}
if (fp) fclose(fp);
for (i = 0;i < Numb;i ++ )
{
    p[i] = &allone[i];
    //计算三门成绩分别的平均分
    chinese_avg + = allone[i].chinese;
    maths_avg + = allone[i].maths;
    english_avg + = allone[i].english;
    //计算不及格的人数
    if (allone[i].chinese < 60) ++chinese_fail_numb;
    if (allone[i].maths < 60) ++maths_fail_numb;
    if (allone[i].english < 60) ++english_fail_numb;

        //分别计算每个人的总分和平均分
        allone[i].sum_score + = allone [i].chinese + allone[i].maths +
allone[i].english;
        allone[i].sum_avg_student = allone[i].sum_score/3;
        sum_avg + = allone[i].sum_score;     //计算总平均分
        //计算各个分数段的人数
    if (allone[i].sum_avg_student <= 60) section[0] ++;
    else if (allone[i].sum_avg_student <= 70) section[1] ++;
    else if (allone[i].sum_avg_student <= 80) section[2] ++;
    else if (allone[i].sum_avg_student <= 90) section[3] ++;
    else section[4] ++;
}
    //计算各科目的平均分以及总平均分
    chinese_avg = chinese_avg/Numb;
    maths_avg = maths_avg/Numb;
    english_avg = english_avg/Numb;
    sum_avg = sum_avg/Numb;
    //用指针实现选择排序用来排名
    for (i = 0;i < Numb;i ++ )
    {
        //偷个懒,顺便统计平均分不及格人数
        if (allone[i].sum_avg_student < 60) avg_fail_numb ++;
        max = p[i] -> sum_score;
        remainder = i;
        for (j = i;j < Numb;j ++ )
        {
            if (p[j] -> sum_score > max)
            {
                max = p[j] -> sum_score;
                remainder = j;
            }
        }
        if(reminder != i)
        {
            p_temp = p[i];
            p[i] = t[reminder];
            p[reminder] = p_temp;
        }
    }
```

程序中很多地方都有打印学生成绩的功能,所以程序里面有很多相同功能的重复代码。这些代码如果有错误,一旦改错,所有重复代码都需要修改;如果出现遗漏,则又会造成新的错误。而且,main 函数代码非常多,程序的可读性也特别差。我们可以采用函数将各个功能分别实现,然后在 main 函数调用这些函数,就可以达到结构清晰,可读性强,相同功能只需要写一次,减少重复代码及改错遗漏等问题。

一个程序要用多个功能去解决,可以采用"自顶向下分析,自下向上编程"的模块化程序设计方法,下面我们进一步了解模块化程序设计方法。

人们在求解一个复杂问题时,通常采用的是逐步分解、分而治之的方法,也就是将一个大问题分解成若干个比较容易求解的小问题,然后分别求解。程序员在设计复杂的应用程序时,往往也是将整个程序划分为若干功能较为单一的程序模块,然后分别予以实现,最后再将所有的程序模块像搭积木一样装配起来,这种策略被称为模块化程序设计方法。

在 C 语言中,函数是程序的基本组成单位,可以方便地用函数作为程序模块来实现 C 语言程序。利用函数,不仅可以实现程序的模块化,使程序设计简单和直观,提高程序的易读性和可维护性,而且还可以将程序中常用的一些计算或操作编写成通用的函数,以供随时调用,大大减轻程序员的代码实现工作量。

函数是 C 语言的基本构件,C 程序由一个或多个函数组成。虽然在前面各章的程序中都只有一个 main 主函数,但实用程序往往由多个函数组成。所以也将 C 语言称为面向函数的语言,其通过对函数模块的调用实现特定的功能。

C 语言提供了极为丰富的库函数,也允许用户建立自己定义的函数。

由于采用了函数模块式的结构,C 语言易于实现结构化程序设计,使程序的层次结构清晰,便于程序的编写、阅读和调试。在编写复杂程序时,应该特别注意程序的功能分解,在这里也就是函数分解。也就是说,应该将程序写成一组较小的函数,通过这些函数的协作(相互调用)完成所需要的工作。

在 C 语言的程序设计过程中强调函数分解是必要的。没有合理的函数分解,完成复杂程序将会更困难,要花费更多时间;编写出的程序通常也更难理解,更难发现错误和进行改正。

划分函数的基本原则如下。

① 程序中可能有重复出现的相同或相似的程序片段,可以将该程序片段定义为函数。这将使某项工作只定义一次,可以多次使用。这样做不但可以缩短程序,也将提高程序的可读性和易修改性。

② 程序中具有逻辑独立性的片段。即使这种片段只出现一次,也可以考虑将它们定义为独立的函数,在原来需要这段程序的地方写函数调用。这种做法的主要作用是分解程序的复杂性,使之更容易理解和把握。

将程序分解为相应的功能模块,设计好它们之间的信息联系方式后,就可以用独立的函数分别实现了。显然,与整个程序相比,各部分的复杂性都更低了。

对一个程序可能有许多种可行分解方式,寻找比较合理或有效的分解方式是需要不断学习和实践的。程序设计的经验准则是:如果一段计算或工作可以定义为函数,那么就应该将它定义为函数。

以成绩管理系统为例,我们分析具有如下功能:读文件(将文件中的数据读入内存),统计不及格人数,打印学生信息,统计平均分及以上学生,统计分数段占比,排序,查找等功能。然后,我们对每一个功能用一个函数实现。

比如,读文件的函数原型如下:

```
status ReadInfo(char *name,struct student stu[],int *num);
```

输入参数：文件名称

输出参数：学生人数 num;学生详细信息存储在结构数组 stu 中

函数返回值：是否成功读入学生信息

函数定义,也就是具体功能编程如下:

```
status ReadInfo(char *name,struct student stu[],int *num){
    status s = fail; /*status 是自定义的枚举类型,有 fail,success,fatal 等状态 */
    int i = 0;
    FILE * fp = fopen(name,"r");
    if(fp == NULL)return s;
    while(!feof(fp))
    {
        fread(fp,&stu[i],sizeof(struct student),1); /*每次读入 1 个学生信息 */
        ++i;
    }
    *num = i;
    s = success;
    return s;
}
```

我们在主函数 main 当中要实现读取文件功能,只需要将实际数据作为参数传递给 ReadInfo 函数,再调用函数就能够执行函数的具体功能。

```
#define MAXNUM 40
int main()
{
    char * name = "stuScores.txt";  /*存储学生信息的文件名为 stuScores.txt */
    struct student [MAXNUM];  /*假设一个班不超过 40 人*/
    int n;
    if(ReadInfo(name,student,&n) == fail)
    {printf("open file error \n");return -1;}
    ……
}
```

每个 C 语言程序里有且只有一个名为 main 的特殊函数,称为主函数。主函数规定了整个程序执行的起点,程序执行从 main 函数开始,一旦 main 函数执行结束,整个程序的执行也就结束。程序里不能调用主函数,它将在程序开始执行时被自动调用。

除了主函数外,程序里的其他函数只有在被调用时才能开始执行。因此一个函数要在程序执行过程中起作用,要么它是被主函数直接调用的,要么是被另外一个函数所调用的(也允许函数自己调用自己)。没有被调用的函数在程序执行中不会起任何作用。函数之间允许相互调用,也允许嵌套调用。习惯上将调用者称为主调函数。函数还可以自己调用自己,称为递归调用。

1. 从返回值的角度,函数分为有返回值函数和无返回值函数

(1) 有返回值函数。此类函数被调用执行完后将向调用者返回一个执行结果,称为函

数返回值,如数学函数即属于此类函数。有返回值的函数,必须在函数定义时明确指明返回值的类型(返回类型)。

(2)无返回值函数。此类函数用于完成某项特定的处理任务,执行完成后不向调用者返回函数值。用户在定义无返回值函数时,必须指定返回类型为空类型 void。

2. 从主调函数和被调函数之间数据传送的角度,函数分为无参函数和有参函数

(1)无参函数。函数定义、函数调用中均不带参数。主调函数和被调函数之间不进行数据传送。无参函数不需要外部的数据信息,就可以完成函数的功能。无参函数可以返回或不返回函数值。

(2)有参函数。在函数定义中的参数,称为形式参数(简称"形参"),可以代表任意数据。在函数调用时也必须指明参数,称为实在参数(简称"实参"),代表实际数据。主调函数和被调函数之间需要进行数据传送;函数调用时,主调函数将实参数据传递给形参,供被调函数使用。

6.1　函数定义和调用

6.1.1　函数定义

函数定义的一般形式是:

```
返回类型　函数名(形参表)
{
    变量说明
    执行语句
}
```

返回类型描述函数的返回值的类型,定义函数时必须表明返回值类型,如果函数没有返回值,则该函数返回类型必须使用关键字 void 说明。

函数名用标识符表示。函数名代表了函数体和函数的功能,通过函数名进行函数调用。

形参表描述函数各个形参的类型和名字,各参数之间用逗号间隔。无参函数没有形参表。

使用花括号包括起来的部分称为函数体,描述被函数所封装的计算过程。函数体可以包括变量说明语句和执行语句。

返回类型　函数名(形参表) 称为函数原型(或函数头,函数首部),它描述了函数外部与函数内部的联系。

C 语言中所有的函数定义(包括主函数 main 在内)都是平行的,也就是说,在一个函数的函数体内,不能再定义另一个函数,即不能嵌套定义。

函数内定义的变量,称为该函数的局部变量。局部变量只能在定义该局部变量的函数体内被访问,而不能够被其他函数访问。函数被调用时,才分配局部变量的存储空间(称为函数的数据存储区),函数执行结束,释放局部变量的存储空间。局部变量的分配,属于动态存储分配。

形参属于局部变量,因此只能在函数体内被访问。

在任何函数体以外定义的变量,称为全局变量,可以被所有函数访问。程序执行前,系统会先分配全局变量的存储空间(称为全局数据存储区),直到整个程序执行结束,才会释放

全局变量的存储空间。全局变量的分配,属于静态存储分配。

例 6-1 求两个数中较小的数的函数。

```cpp
//6-1.cpp
#include <stdio.h>
#include <stdlib.h>
int min(int a, int b)
{
    if (a >b) return b;
    else return a;
}
int main()
{
    int a = min(3,4);
    printf("%d",a);
    system("pause");
    return 0;
}
```

int min(int a,int b)说明 min 函数的返回类型是 int(即函数需要返回一个整数)。形参为整型变量 a 和 b。a 和 b 的具体值由主调函数在调用时进行传递。在 min 函数的函数体内,int a 是局部变量说明,其他语句是执行语句。return 语句将 a(或 b)的值作为函数的值返回给主调函数。有返回值函数至少有一个 return 语句。

一个函数的定义可以放在任意位置,既可放在主函数 main 之前,也可放在 main 之后,但该函数的原型说明应在主调函数前面,否则编译时会出现错误信息。

6.1.2　函数原型说明

主调函数在调用某个函数之前,应该对被调函数进行函数原型说明。目的是使编译系统明确被调函数的返回类型及形参类型,便于对函数的返回值按照返回类型进行处理和对实参和形参进行类型检查。

函数原型说明就是函数原型后面加上分号。一般形式为:

> 返回类型　函数名(类型形参名,类型形参名,…);

也可以在形参表中只保留参数类型,省略掉参数名,如:

> 返回类型　函数名(类型,类型,…);

为避免函数定义和函数调用不一致的错误,需要注意以下几点:

① 如果使用库函数,则必须将该函数对应的头文件用 include 命令包含在源文件前部(实际上在头文件中有库函数的原型说明)。

② 对所有未能在使用前进行定义的函数,都应进行函数原型说明。

③ 将函数原型说明放在所有函数的定义之前(尽量不要放在函数内部),以使函数的定义点和所有使用点都能使用该函数原型说明。

6.1.3　函数调用

1. 函数调用的形式

函数调用的一般形式为:

> 函数名(实参表)

实参可以是常数、变量或其他构造类型的数据及表达式,各实参之间用逗号分隔。调用无参函数时没有实参表。通过函数的调用执行函数体。

在 C 语言中,可以用 3 种方式调用函数。

(1)函数表达式。函数调用作为表达式中的一个操作数,以函数返回值参与表达式的运算。这种方式要求函数有返回值。例如:

> z = min(x,y);

是一个赋值表达式,将 min 的返回值赋予变量 z。

(2)函数语句。函数调用的一般形式加上分号即构成函数语句。例如:

> printf("%d",a);

这种方式一般要求函数没有返回值。

(3)函数实参。函数作为另一个函数调用的实际参数出现。这种情况是将该函数的返回值作为实参进行传送,因此要求该函数必须是有返回值的,例如:

> printf("%d",min(x,y));

即将 min 函数的返回值作为 printf 函数的实参来使用。

在函数调用中还应该注意求值顺序的问题。求值顺序是指对实参表中各个实参的求值顺序,可以自左至右,也可以自右至左。不同的编译系统的规定不一定相同(如 Visual Studio 2015 规定是自右至左求值)。无论是从左至右求值,还是从右至左求值,输出顺序都是不变的,即输出顺序总是和实参表中实参的顺序相同。

2. 函数返回值

函数被调用之后,将执行函数体中的程序段,取得计算结果并返回给主调函数,该计算结果称为函数返回值。

(1)函数返回值只能通过 return 语句返回主调函数。return 语句的一般形式为:

> return 表达式;或者 return (表达式);

return 语句的功能将表达式的值保存到 CPU 的结果寄存器,供主调函数使用。

在函数中允许有多个 return 语句,但每次只能有一个 return 语句被执行,因此只能返回一个函数值。函数一旦执行了 return 语句,就结束整个函数的执行。

(2)函数值的类型和函数定义中函数的类型应保持一致。如果两者不一致,则以函数定义类型为准,自动进行类型转换。

(3)没有计算结果的函数(无返回值的函数),必须明确定义返回类型为空类型 void。

3. 函数调用与返回

如果主调函数 A 执行过程中调用被调函数 B,则暂停函数 A 的执行,将程序的执行流程转移到函数 B,开始执行函数 B;函数 B 执行结束后,再将程序的执行流程返回到函数 A 的中断处,继续执行函数 A,如图 6-1 所示。

主调函数 A 在调用函数 B 前,需要在函数 B 的数据存储区中保存返回地址(流程返回到函数 A 后,继续执行的指令的地址)和 CPU 寄存器当前的内容(也称为保存 CPU 现场;因为函数 B 可能也需要使用有限的寄存器);函数 B 执行结束,需要恢复 CPU 现场,并取出返回地址,使得程序流程返回到函数 A。保存 CPU 现场和返回地址,恢复 CPU 现场和返回地址,由系统自动完成。

图 6-1 函数调用与返回   图 6-2 数据存储区的内容

6.1.4 函数的数据存储区

函数被调用时,需要为函数分配数据存储区,进行返回地址、主调函数的 CPU 现场和函数的局部变量的存储。函数的局部变量包括形参变量和函数体内定义的变量。数据存储区的内容如图 6-2 所示。

函数执行结束,需要释放函数数据存储区。按照函数的调用情况依次分配和释放函数的数据存储区。如果 main 调用函数 fun1,函数 fun1 调用函数 fun2,则程序流程转移进入函数 fun2 时,数据存储区的内容如图 6-3 所示。

> **注意** main 函数的数据存储区没有返回地址和 CPU 现场。当函数 fun2 执行结束,程序流程返回到函数 fun1 时,数据存储区的内容如图 6-4 所示。

main函数 数据存储区
fun1函数 数据存储区
fun2函数 数据存储区
空闲存储区

main函数 数据存储区
fun1函数 数据存储区
空闲存储区

图 6-3 程序流程转移到 fun2 函数时   图 6-4 函数流程返回到 fun1 时
        数据存储区的内容   数据存储区的内容

6.2　函数参数传递

C 语言函数参数传递的方法包括传值调用和传地址调用。传值调用就是将实参的值传递给形参,作为形参的值。传地址调用就是将实参保存的地址传递给形参。

6.2.1　传值

视频讲解

函数调用时,主调函数将实参的值(单向)复制给被调函数的形参,实现函数间的数据传送。传数据值的参数传递需要注意以下几点:

① 形参变量只有在被调用时才分配内存单元,在调用结束时,释放所分配的内存单元。形参只有在函数内部有效。主调函数不能访问形参变量。

② 实参可以是常量、变量、表达式和函数调用等,无论实参是何种类型的数据,在进行函数调用时,它们都必须具有确定的值,以便将这些值传递给形参。因此应预先用赋值和输入等办法使实参获得确定值。

③ 实参和形参的数量、类型和顺序应严格一致,否则会发生"参数不匹配"的错误。

④ 函数调用中发生的数据传送是单向的,即只能将实参的值传递给形参,而不能将形参的值反向地传递给实参。因此在函数调用过程中,形参发生的改变不会影响到实参,例 6-2 可以说明这个问题。

例 6-2　平方运算。

```
//6-2.cpp
#include <stdio.h>
#include <stdlib.h>
int sqr(int x);//函数原型声明
int main(){
    int t =10;
    printf("%d是%d的平方",sqr(t),t);     /* sqr 是求平方的库函数 */
    system("pause");
    return 0;
};
int sqr(int x ) /* 函数定义,x 是形式参数 */;
{
    x = x * x;
    return (x);;
}
程序的运行结果为:
100 是 10 的平方
```

传递给函数 sqr 的参数值复制给形参 x,函数体对形参 x 的修改,不影响实参。

结构类型的数据变量,以传值的方式传递。

数组元素与普通变量并无区别,数组元素作为函数实参,与普通变量作为实参是完全相同的:在发生函数调用时,将作为实参的数组元素的值单向传递给形参。

传递数据值的一个缺点是,如果有一个大的数据项需要传递,那么复制数据就需要花费大量的时间和内存空间。

6.2.2　传地址

函数的形参是指针类型时,要求对应的实参是地址(值)。函数调用时,将地址(值)传递给形参指针,作为形参指针的值,使得形参指针指向实参所保存的地址值。这样函数就可以通过间接访问的方式来修改对应的数据。

1. 简单数据类型的地址传递

编写函数 swap,希望能交换两个变量的值。由于操作中需要改变两个变量,因此不能靠返回值(因为函数返回值只有一个)实现此功能。如果有函数定义:

```
void swap(int a, int b)
{
    int temp = a;
    a = b;
    b = temp;
}
```

和程序片段:

```
int m = 1, n = 2;
...
swap(m, n);
```

但 swap 函数并没有交换变量 m 和 n 的值。原因在于,此时采用传数据值的方式调用 swap 时,m 和 n 的值复制给形参 a 和 b,函数交换的是 a 和 b 的值,不会影响实参 m 和 n,m 和 n 的值没有交换。

要真正实现数据的交换,只能采用传地址值的方法。

例 6-3 交换两个整型变量的值。

```
//6-3.cpp
#include < stdio.h >
#include < stdlib.h >
void swap(int *a,int *b);
int main(){
    int m, n;
    printf("please input two numbers:\n ");
    scanf_s("%d%d",&m, &n);
    swap(&m, &n);
    printf("after swap two numbers is:%d,%d\n ",m,n);
    system("pause");
    return 0;
}
void swap(int *a,int *b)
{
    int temp;
    temp = *a;
    *a = *b;
    *b = temp;
}
```

函数 swap 被调用时,传递给形参指针 a 和 b 的是实参 m 和 n 的地址(值),因此,在函数 swap 被调用时,形参指针 a 指向的目标变量为 m,形参指针 b 指向的目标变量为 n。通过对 *a 和 *b 的交换,实质上就是通过间接访问方法对 m 和 n 进行交换。swap 函数实现了两个数据的交换。

如果函数交换的是实参指针的值,就不能交换两个目标变量的值,如例 6-4 所示。

例 6-4　交换两个整型变量的值,失败。

```
//6-4.cpp
#include < stdio.h >
#include < stdlib.h >
void swap(int  * c,int  * d);
int main(){
    int a, b;
    printf("please input two number :\n ");
    scanf_s("%d%d",&a, &b);
    swap(&a, &b);
    printf("after swap two number is:%d,%d\n ",a,b);
    system("pause");
    return 0;
}
void swap(int  * c,int  * d)
{
    int  * temp;
    temp = c;
    c = d;
    d = temp;
}
```

函数 swap 被调用时,传递给函数 swap 的形参是地址值,函数 swap 中交换的是形参的地址值(指针的指向),但没有进行 a 和 b 的交换。

2. 结构变量的地址传递

视频讲解

结构变量的地址和普通变量的地址传递一样,也是通过形参指针访问指向的实参数据,这样可避免普通结构变量分配形参变量空间和复制数据的操作,节约时间与空间。因此,结构变量的数据传递优先选用地址传递作为参数。

3. 数组与指针

(1)形参指针指向实参数组。将实参数组的首地址传递给形参指针,形参指针指向实参数组。通常,还需要传递需要处理的数据个数的信息给函数。例如:

视频讲解

```
long sum(int  * pi,int num)      //数组求和
{
    int n;
    long s = 0;
    for (n = 0;n < num;n ++ )
        s = s + pi[n];    //指针作数组名使用
    return s;
}
int main()
{
    int arr[20];
    float ave;
    …        //输入数组元素值
    ave = sum(arr,10)/10;
    …        //输出结果
    Return 0;
}
```

（2）函数的形参和实参都是数组。用数组作为函数参数与用数组元素作为实参有以下几点不同：

① 用带下标的数组元素作为实参时，只要数组类型和函数的形参变量的类型一致，那么对数组元素的处理就是按普通变量对待的。用数组名作为函数参数时，则要求形参和相对应的实参必须是类型相同的数组，都必须有明确的数组说明。

② 在普通变量或数组元素作函数参数时，形参变量和实参变量存储在两个不同的内存单元。在函数调用时发生的值传送是将实参变量的值赋予形参变量。在用数组名作为函数参数时，不进行值的传送（即不是将实参组的每一个元素的值都赋予形参数组的各个元素）；数组名代表数组的首地址，在数组名作函数参数时所进行的传送只是地址的传送，也就是说，将实参数组的首地址赋予形参数组。实际上是形参数组和实参数组为同一数组，共同拥有一段内存空间，对形参数组的操作就是对实参数组的操作。

例 6-5 数组 a 中存放了一个学生 5 门课程的成绩，求平均成绩。

```
//6-5.cpp
#include <stdio.h>
#include <stdlib.h>
float aver(float a[],int n)
{
    int i;
    float av,s = a[0];
    for (i =1;i < n;i ++)
        s = s + a[i];
    av = s/n;
    return av;
}
int main()
{
    float sco[5],av;
    int i;
    printf("\ninput 5 scores:\n");
    for (i =0;i <5;i ++)
        scanf_s("%f",&sco[i]);
    av = aver(sco,5);
    printf("average score is %6.2f \n",av);
    system("pause");
    return 0;
}
```

函数 aver 的形参为实型数组 a，长度为 n。在函数 aver 中，将各元素值相加求出平均值，返回给主函数。主函数 main 中首先完成数组 sco 的输入，然后以 sco 作为实参调用 aver 函数，函数返回值送 av，最后输出 av 值。

（3）用数组名作为函数参数时应注意以下问题：

① 形参数组和实参数组的类型必须一致，否则将引起错误。

② 形参数组和实参数组的长度可以不相同，因为在调用时，只传送首地址而不检查形参数组的长度。当形参数组的长度与实参数组不一致时，虽然没有语法错误（编译能通过），但程序执行结果将与实际不符，这是应予以注意的。

③ 在函数形参表中,允许不给出形参数组的长度,或用一个变量来表示数组元素的个数。

例如:可以写为:

```
void nzp(int a[])
```

或写为:

```
void nzp(int a[],int n)
```

其中,形参数组 a 没有给出长度,而由 n 值动态地表示数组的长度。n 的值由主调函数的实参进行传送。

④ 多维数组也可以作为函数的参数。在函数定义时对形参数组可以指定每一维的长度,也可省去第一维的长度。因此,

```
int fun(int a[3][10])
```

或

```
int fun(int a[ ][10])
```

都是合法的。

传址调用对性能很有帮助,因为它可以减小按值传递复制大量数据的开销,提高程序执行效率。

6.3　函数返回指针

视频讲解

函数通过参数进行数据的输入输出,输出的一种方法是通过指针间接修改调用函数中的参数变量空间达到输出的目的。另外一种方法就是通过函数的返回值。当函数内部数据的地址需要返还给调用函数,就叫函数返回指针。

函数返回指针的一般形式如下:

```
类型定义符    *函数名(形参列表)
{函数体}
```

其中,“类型定义符”是指返回指针指向的数据类型,如果函数内部动态分配空间或者函数内部处理后的地址需要给调用函数,就可以通过函数返回值传递地址。下面例子用函数实现检测字符串是否包含某个字符的功能,其中的函数返回值是指针。

例如,实现匹配函数 match:程序在输入字符串中查找一个给定的字符,如果找到,则从该字符开始打印余下的子字符串,以及该字符是字符串的第几个字符;否则输出“no match found”。

分析　(1) match 函数有 2 个输入参数:输入字符串和待查找的字符。

(2) match 函数有 1 个输出:待查找的字符在输入字符串的位置或者 NULL (查找失败)。

(3) 功能。从输入字符串的第一个字符开始与待查找字符进行比较,如果相同,则返回该字符在字符串的位置,结束函数;否则,继续查找字符串的下一个字符,直到找到或者字符串所有字符都找完,返回 NULL。最后,根据返回结果,如果找到,则打印输出从该字符开始打印余下的子字符串;否则,输出“no match found”。

根据分析,给出函数原型:char * match(char c , char * sp);程序代码如下:

```
#include <stdio.h>
#include <string.h>
constint LEN = 80;
char * match(char c, char * sp);//函数声明
int main()
{
    char s[LEN],ch, * p;//s 是存储待查找字符串的字符数组,最长 80 个字符
    int pos;
    gets(s); //输入待查找的字符串
    getchar();//将 gets 的回车符号扔掉
    ch = getchar();//输入待查找的字符
    p = match(ch,s);        /* 函数调用,返回地址赋 p 指针 */
    if(p)
    {
       pos = strlen(s) - strlen(p) + 1;     /* strlen 是字符串函数,需要用
                                              string.h 头文件 */
       printf("%s %d\n",p,pos);
    }
       else
       printf("no match found");
}
char * match(char c, char * sp)   /* 定义返回值是指针型的函数 */
{
    int count = 0;
    while(c != sp[count] &&sp[count] != '\0')
       count ++;
    if(sp[count])
       return(&sp[count]);   /* 返回子字符串的地址 */
    return (0);
}
```

根据分析,主程序的功能就是读入字符串和字符,然后调用 match 函数,根据 match 函数结果进行进一步处理。在 match 函数中,定义了局部变量 count 从 0 开始轮询字符串 sp 的每一个字符。只要这个字符不等于 c,并且不是字符串结束符,就继续访问下一个字符,用循环语句完成依次访问字符串里面各个字符的这个功能。当 while 循环结束的时候,要么是找到 c,要么是字符串找完也没有找到。根据 sp[count] 为真,判断为找到,则返回其在字符串 sp 中的地址;否则,返回 null

程序的运行结果为:

```
输入:programming
a
输出:amming 6
```

注意　动态内存分配的一个原则是,不要把局部变量的地址作为函数返回值返回,所以函数返回指针不能是局部变量的地址。下面代码说明如果函数返回局部变量地址可能造成的问题。

```
#include <stdio.h>
int *test();
int main()
{
    int *t,*t2;
    t = test();; *t = 10;
    t2 = test();
    printf("t = % p,*t = % d\n",t,*t);
    return 0;
}
int *test()
{int a = 5;return (&a);}
程序的运行结果为:
t = 0018FDE4,*t = 5
```

　　t 所指空间的值在函数内部赋值为 5,在主程序通过指针修改为 10,再次调用函数 test()。然后 t2 指向 test(),这时输出 t 指针的值和所指空间的数据,结果本来在主函数中修改为 10,但实际输出为 *t = 5。因为局部变量 a 是栈上分布,每次函数调用分配的空间会被释放,指针指向这个空间就可能是属于其他程序的,造成错误结果。因此,函数返回指针可以返回全局或静态变量的地址,或者通过动态内存分配方式获得的内存地址,但不能返回局部变量的地址。

6.4　递归函数

　　函数的递归调用是指调用一个函数的过程中直接或间接地调用该函数自身,如图 6-5 所示,这种函数称为递归函数。C 语言允许函数的递归调用。在递归调用中,主调函数又是被调函数,执行递归函数将反复调用其自身,每调用一次就进入新的一层。

图 6-5　函数递归示意图

　　采用递归算法解决问题的特点是:原始问题可转化为解决方法相同的新问题,而新问题的规模要比原始问题小,新问题又可以转化为规模更小的问题,直至最终归结到最基本的情况。

　　为了防止递归调用无终止地进行,必须在函数内有终止递归调用的方法。常用的方法是进行条件判断,满足某种条件后就不再进行递归调用,然后逐层返回。

递归调用的过程有两种。

（1）递归过程。将原始问题不断转化为规模小了一级的新问题，最终达到递归终结条件。

（2）回溯过程。从已知条件出发，沿递归的逆过程，逐一求值返回，直至递归初始处，完成递归调用。

例 6-6 用递归法计算 $n!$，$n!$ 可用下述公式表示：

$$n! = \begin{cases} 1 & n = 0,1 \\ n \times (n-1)! & n > 1 \end{cases}$$

```c
#include <stdio.h>
#include <stdlib.h>
long ff(int n) {
    long f = -1;
    if (n < 0) printf("n < 0, input error");
    else if (n == 0 || n == 1) f = 1;
    else f = ff(n - 1) * n;
    return (f);
}
int main() {
    int n;
    scanf_s("%d", &n);
    printf("%d! = %ld", n, ff(n));
    system("pause");
    return 0;
}
```

ff 函数是一个递归函数。主函数调用 ff 后即进入函数 ff 执行，如果 $n < 0$，$n = 0$ 或 $n = 1$，则将结束函数的执行；否则，就递归调用 ff 函数自身。由于每次递归调用的实参为 $n-1$，即将 $n-1$ 的值赋予形参 n；最后，当 $n-1$ 的值为 1 时再进行递归调用，形参 n 的值也为 1，将使递归终止，然后逐层退回。

设执行时输入为 5，在主函数中的调用为 ff(5)，进入 ff 函数后，应执行

```c
f = ff(n - 1) * n
```

即

```c
f = ff(5 - 1) * 5
```

该语句对 ff 进行递归调用即 ff(4)。逐次递归展开，如图 6-6 所示。进行 4 次递归调用后，ff 函数形参取得的值变为 1，故不再继续递归调用而开始逐层返回主调函数。ff(1) 的函数返回值为 1，ff(2) 的返回值为 $1 * 2 = 2$，ff(3) 的返回值为 $2 * 3 = 6$，ff(4) 的返回值为 $6 * 4 = 24$，最后，返回值 ff(5) 为 $24 * 5 = 120$。

递归函数的主要优点是，算法比使用非递归函数时更清晰、更简洁；缺点是大部分递归函数没有明显地减少代码规模和节省内存空间。

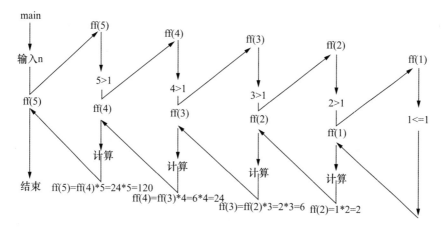

图 6-6　递归调用示意图

　　大部分函数的递归形式比非递归形式运行速度要慢一些。这是因为编译器使用栈来实现递归过程,所以附加的函数调用增加了时间开销(在许多情况下,速度的差别不太明显)。对函数的多次递归调用也可能造成堆栈的溢出。

课堂练习题

参考答案

1. 阅读程序回答问题。

（1）
```c
void GetMemory(char * p)
{
    p = (char *)malloc(100);
}
void Test(void)
{
    char * str = NULL;
    GetMemory(str);
    strcpy(str, "hello world");
    printf(str);
}
```

请问运行 Test 函数会有什么样的结果?

（2）
```c
char * GetMemory(void)
{
    char p[] = "hello world";
    return p;
}
void Test(void)
{
    char * str = NULL;
    str = GetMemory();
    printf(str);
}
```

请问运行 Test 函数会有什么样的结果?

（3）
```c
void GetMemory2(char **p, int num)
{
```

```
        *p = (char *)malloc(num);
    }
void Test(void)
{
    char * str = NULL;
    GetMemory(&str, 100);
    strcpy(str, "hello");
    printf(str);
}
```

请问运行 Test 函数会有什么样的结果？

```
(4) void Test(void)
    {
        char * str = (char *) malloc(100);
        strcpy(str, "hello");
        free(str);
        if(str != NULL)
        {
            strcpy(str, "world");
            printf(str);
        }
    }
```

请问运行 Test 函数会有什么样的结果？

2. 编写一个函数，使其能统计主调函数通过实参传送来的字符串，对其中的字母、数字和空格分别计数（要求在主函数中输入字符串及输出统计结果）（参考函数原型：void count（char * str））。

3. 编写一个程序输入 5 个国家的名称并按字母顺序排列输出。

4. 身份证号码为 18 位，从第 7 到 14 位代表出生年月日。编写一个比较两个年龄大小的函数：以身份证号为参数，函数返回值定义如下。

1：第 1 个人比第 2 个人大。

0：两个人年龄相等。

-1：第 1 个人比第 2 个人小。

第 4 题算法　　　　第 4 题程序　　　　第 4 题调试

5. 编程。从 3 个红球（x）、5 个白球（y）、6 个黑球（z）中任意取出 8 个，且其中要有红球和白球。设计一个函数，该函数要求输出所有方案。

6. 编程。有 n 个人围成一圈，顺序排号。从第 1 个人开始报数（从 1 到 3 报数），凡报到 3 的人退出圈子，问最后留下的是原来第几号。

第 5 题视频　　　　第 6 题视频

7. 编程。输入一个字符串,要求按相反的顺序输出各个字符。例如,输入为 AbcD,则输出为 DcbA。分别完成下面两个函数。

视频讲解

（1）reverseStr1（char ＊ str）:改变原字符串的内容。

（2）reverseStr2（char ＊ srcStr, char ＊ destSrc）:不改变原字符串。

8. 假设一块板上有 3 根针,A,B,C。A 针上套有 n（n＝3）个大小不等的圆盘,大的在下,小的在上。要将这 n 个圆盘从 A 针移动 C 针上,求移动的步骤。

视频讲解

移动规则如下。

（1）一次只能移动一个。

（2）大的不能放在小的上面。

（3）只能在 3 根针中移动。

9. 请用函数实现第 4 章的击鼓传花游戏。题目具体要求如下：小明今年生日邀请了一群朋友,总共 n 人（5 <= n <= 20 人）一起玩击鼓传花的游戏,假设我们用生成的随机数代替敲鼓的次数 x（2 <= x <= 5）,则鼓点停止时拿到花的这个人需要随机喝 y 杯啤酒（1 <= y <= 3）,每 1 瓶啤酒可以倒 3 杯,每瓶啤酒 5 元钱,玩了 z（10 <= z <= 30）次之后,结账。如果给这些人按照 1~n 标号,哪些人喝过啤酒？按照编号递增顺序输出喝过啤酒的人的编号及他喝的总的啤酒杯数。最后,输出小明需要付款的金额。

10. 老虎机游戏。小明喜欢玩老虎机,机器说明写的是有 4 种水果,每次随机生成 3 个,如果某一次 3 个是同一种水果,小明又按动按钮选中了这 3 个水果,就能够得到 10 个硬币,而每玩一次需要 1 个硬币,1 个硬币一次最多可以玩 100 组数据。小明眼明手快,每次只要有 3 个同种水果生成,小明每次都能够正确选中。

（1）请你计算一下如果他带 10 个币,要么把所有币都花完,要么挣了 100 个币走,需要玩多少趟？

（2）如果要让所有人最后一定能够输掉身上所有币,你能够想到什么方案,让玩家玩得高兴,最后又无可奈何地输掉所有的钱？

（3）你能够用图形化界面实现这个老虎机游戏吗？

上机实验

1. 策划一个图形界面的游戏并编程实现,比如小鱼成长记、俄罗斯方块、打飞机游戏等。

2. 修改第 4 章的简易学生成绩管理系统要求对每一个独立功能用函数改写。功能描述（从文件）读入一个班学生三门课（语文、数学、外语）的成绩,分别统计下列内容,要求每一个功能都能用函数实现：

（1）统计平均分不及格人数并打印不及格学生名单；

（2）统计成绩在全班平均分及平均分之上的学生人数并打印其学生名单；

（3）统计平均分的各分数段的学生人数及所占的百分比；

（4）按总分成绩由高到低排出成绩的名次；

（5）打印出名次表,表格内包括学生编号、各科分数、总分和平均分；

（6）任意输入一个学号,能够查找出该学生在班级中的排名及其考试分数。

小　　结

1. 函数是 C 语言程序中最重要的结构，它是支持程序设计中的模块和层次结构的基础。

2. C 语言中的函数定义就是编写完成某种功能的程序模块。函数中包括三个部分：函数头、参数说明和函数体。函数头中的数据类型说明符定义了函数返回值的数据类型；函数名是为函数定义的名字，它是调用函数的标识符；形参表中的形参变量用于接收调用函数传递的实参变量。参数说明是对形参表中形参变量的说明，调用函数时实参必须与形参的数据类型相同，其顺序必须一一对应。函数体是完成某种功能的语句集合。

3. 函数调用是将实参传递给被调函数的形参，然后执行函数体的过程。函数返回语句结束函数的执行并将控制返回到调用处。函数的返回值能在表达式中作为操作数。

4. 数据在函数间传递可采用三种方式，参数传递、函数返回值、使用全局变量。

（1）参数传递方式有传值和传地址两种方式。

① 传数据值方式是采用复制方式将实参的值传递给形参，它们各自占用独立的存储空间，形参的任何改变不影响实参。

② 传地址值方式是将实参地址值传递给形参指针，通过间接访问方法可以修改对应的数据。

③ 传地址方式是将实参的地址传递给形参数组，使得形参数组和实参数组是同一个数组，对形参数组的访问和修改实质上就是对实参数组的访问和改变。

（2）利用函数 return 语句可以返回函数处理数据的结果，也可以在函数间实现数据的传递。

（3）程序的所有函数都可以对全局变量进行访问，达到共享数据的目的，全局变量将在本章知识补充与扩展中介绍。

5. 指针作为函数的形参时，实参可以是数组（名）；将数组的首地址传递给函数，被调函数用指针变量接收这个地址之后，利用指针与数组元素建立的对应关系，可以对数组进行处理。这是指针应用的一个重要方面。

6. 返回值为指针的函数简称为指针型函数，指针型函数与一般函数定义方式不同之处仅在于，为了表示函数的返回值不是数值而是指向数值的指针，必须在函数名前加 ∗。程序中接收指针型函数返回值的变量必须说明为指向同种数据类型的指针变量。

7. 指向函数的指针简称为函数指针，定义函数指针与一般指针的形式不同，应注意其区别。其定义形式是：

    类型说明符　（∗函数指针变量）（）；

函数指针的作用是函数调用时在函数之间传递函数，它是通过将实参函数的起始地址传递到形参来实现的。函数指针将在本章知识补充与扩展中介绍。

8. 递归函数就是函数直接或间接地调用自己。递归总是有条件的，无终止条件的递归是无意义的。递归函数是采用堆栈机制实现的，递归函数的代码紧凑，但它并不能节省内存空间和提高程序执行的速度。

9. 命令行参数是将可执行的 C 语言程序作为操作系统命令的一种方法。使用命令行参数可以对 main 函数传递参数。main 函数中一般有两个形参：argc 表示命令行中参数个数加1(包括命令名)，argv 是一个指向命令名和命令行中各实参字符串常量的指针数组。在编写使用命令行参数的程序中，必须使用这两个规定的形参变量；否则，无法实现参数的传递。命令行参数将在本章知识补充与扩展中介绍。

10. 与用户自定义的函数不同，标准库函数是 C 编译程序为用户预先编写的具有特定功能的一系列函数。这类函数以程序库方式提供使用，在编写 C 语言程序时可直接调用。为了使用库函数，必须在程序中嵌入一个特定的"头部文件"，该文件包含有被调用函数需要的定义和说明、参数常量及宏等。

习　题

1. 编写函数，使其能处理字符串中除字母(大小写)、数字外的其他 ASCII 字符，对连在一起的相同字符，将其缩减至仅保留一个。(参考函数原型：void del(char * str))

2. 编写函数，实现将两个字符串比较大小。(不用标准库函数)(参考函数原型：int cmp(char s1[ ]，char s2[ ]))

3. 编写函数，实现两个字符串的复制。(不用标准库函数)(参考函数原型：void copy (char s1[ ]，char s2[ ]))

4. 实现 swap 方法 struct Person{ int age；int height；} void swap(Person * array，int n)；输入结构体数组和数组元素个数。交换第一个和最后一个元素的 height，保存为 swap. cpp。遇到异常情况，输出 error；否则，不要随意输出。

5. 在总数为 n 的对象中，任意取 p 个不同组合，可用 C(n，p)来表示，其中 p <= n。编写程序，在给定 n 和 p 的情况下，计算并输出结果。(能输出具体的组合情况则更好)(参考函数原型：float C(int n，int p))

6. 定义函数判断一个点与坐标原点的距离是否小于 1，即是否在单位圆内。编写通过蒙特卡罗方法计算圆周率值的程序：每次计算随机生成两个 0 与 1 之间的实数(利用标准库随机数生成函数产生这种实数)，判断这两个值对应的点是否在单位圆内。生成一系列随机点，统计单位圆内的点数与总点数，判断它们的比运算的 4 倍是否趋向 π 值。生成 100，200，…，1000 个数据点做试验。(参考函数原型：float pi(int n))

7. 请实现一积分函数，使它能求出一个定义好的数学函数在某区间的数值积分值。试采用矩形方法、梯形方法，考察它们在不同分割情况下的表现，加细分割对积分值的影响。用不同的数学函数试验程序。如果函数在积分区间出现奇点，程序将出现什么问题？考虑用什么处理办法(参考函数原型：float jf(int n，int a，int b)，n 为划分的积分区间个数，a 和 b 为积分区间用宏定义计算函数值)。

知识补充与扩展

一、指向函数的指针

在 C 语言中规定，一个函数的代码占用一段连续的内存区，而函数名代表了该函数所占内存区的首地址。可以将函数的这个首地址(或称入口地址)赋予一个指针变量，使该指针变量指向该函数,然后通过该指针变量就可以调用这个函数。

指向函数的指针变量称为函数指针(变量)。

函数指针变量定义的一般形式为:

```
类型说明符 (*指针变量名)(形参表);
```

其中,类型说明符代表了被指向函数的返回类型;形参表表示被指向函数的形参表,可以省略形参的名字。

例如,int(* pf)( );表示 pf 是一个指向函数的指针变量,该函数的返回类型是整型,该函数是无参函数。

将函数名直接赋予指向函数的指针,指针就指向了函数,例如:

```
pf = out_star;
```

其中,out_star 是一个无参的、返回类型是整型的函数。

通过指向函数的指针调用函数的方式为:

```
(*指向函数的指针变量名)(实参表)
```

例如:

```
(*pf)()
```

例 6-7 利用函数指针变量形式调用求最大、最小值的函数。

```cpp
//6-7.cpp
#include<stdio.h>
#include<stdlib.h>
int max(int a,int b)
{
    if (a>b) return a;
    else return b;
}
int min(int a,int b)
{
    if (a>b)
        return b;
    else
        return a;
}
int main()
{
    int max(int a,int b);
    int min(int a,int b);
    int (*pf)(int a,int b);
    int x,y,z;
    printf("input two numbers:\n");
    scanf_s("%d%d",&x,&y);
    pf = max;
    z = (*pf)(x,y);
    printf("maxmum = %d\n",z);
    pf = min;
    z = (*pf)(x,y);
```

```
        printf("minmum = % d \n",z);
        system("pause");
        return 0;
}
```

(1)用函数指针变量形式调用函数的步骤。

① 先定义函数指针变量,如例6-7程序中 int(* pf)(int a,int b);语句定义 pf 为函数指针变量。

② 将被调函数的入口地址(函数名代表该地址)赋予该函数指针变量,如程序中 pf = max;语句。

③ 用函数指针变量形式调用函数,如程序 z = (* pf)(x,y);语句。

(2)使用函数指针变量应注意的问题。

① 函数指针变量不能进行算术运算,这是与数组指针变量不同的。数组指针变量加减一个整数可使指针移动指向后面或前面的数组元素,而函数指针的移动是毫无意义的。

② 函数调用中"(* 指针变量名)"的括号必不可少。

当存在多个函数,它们的功能不同,但参数列表和返回值相同时,为了提高程序的运行效率,采用指向函数的指针不失为一种好的方法,如例6-7中 pf = max;语句。

应该特别注意的是函数指针变量和指针型函数这两者在定义和意义上的区别,如

```
        int(*p)();
```

是一个变量说明,说明 p 是一个指向函数的指针变量;而

```
        int * p();
```

是函数原型说明,说明 p 是(一个指针型)函数,其返回值是一个指向整型量的指针。

二、命令行参数

要启动一个程序,基本方式是在操作系统命令状态下由键盘输入一个命令。操作系统根据命令名去查找相应的程序代码文件,将它装入内存并令其开始执行。"命令行"就是为启动程序,而在操作系统状态下输入的表示命令的字符行。

例如,在常见微机系统中,如果源程序文件名是 test. c,经过编译链接通常产生出名为 test. exe 的可执行程序文件,在命令状态下输入命令行:

```
        test
```

就会执行 test. exe 程序。

执行一个命令行时,所提供的命令行里往往不仅是命令名,可能还需要提供另外的信息。例如,在 DOS 系统里,要用系统的编辑器编辑一个文件,可能输入

```
        edit file1.txt
```

带参数的命令行。在命令行中,edit 是命令名,而文件名 file1. txt 就是命令的附加信息,即命令行的参数。

命令行参数在 C 语言程序中可以实现,处理这一类带参数的命令行时,可以有效地提高程序的运行效率。

目前,许多操作系统采用图形用户界面,在要求执行程序时,常常不是通过命令行形

式发出命令,而是通过单击图标或菜单项等。但实际的命令行仍然存在,它们存在于图标或菜单的定义中。例如,在许多系统里可以将某个文件拖到一个程序文件那里作为程序的启动参数,实际上,这就是要求系统产生一个实现这种命令的命令行。此外,要建立程序项和命令菜单项等,也需要写出实际命令行,其中,包括提供所需要的各个命令行参数。

经常在集成开发环境(IDE)里开发程序,程序的编辑、调试和执行等工作都可以在同一个环境里完成。集成开发环境都有专门的机制为启动命令行提供参数。提供命令行参数的另一种方法是转到开发环境之外,在操作系统的命令行状态下启动程序。例如,启动一个命令式交互的窗口,在命令窗口里执行程序。

C 语言程序通过 main 函数的参数获取命令行参数信息。实际上 main 可以有两个参数,常用 argc、argv 作为参数的名字(这两个参数也可以用其他名字),两个参数的类型是确定的。原型是

```
int main(int argc, char * argv[])
```

argc 的值为命令行参数的个数加 1,argv 为指针数组,数组元素是分别指向命令行中可执行文件名和各命令行参数字符串的指针。因此,argv[0] 代表命令行中可执行程序名本身,argv[1] 代表命令行中第一个参数的内容,依次类推。

例 6-8 输出命令行参数的个数及参数的内容。

```
//6-8.cpp
#include < stdio.h >
#include < stdlib.h >
int main(int argc,char * argv[])
{
    int i;
    printf("\n 命令行中可执行文件名为:% s",argv[0]);
    printf("\n 总共有%d 个参数: ",argc);
    i = 0;
    while (argc >=0){printf("%s   ",argv[i ++]); argc -- ;}
    return 0;
}
```

将命令行的整个字符串分解为空格分隔的若干字段,第一个字段是命令名,其他每个字段代表一个命令行参数。在程序启动后正式开始执行前,每个命令行参数被自动做成一个字符串,程序里可以按规定方式使用这些字符串,以接受和处理各个命令行参数。

当一个用 C 语言编写的程序被装入内存准备执行时,main 函数的两个参数首先被自动进行初始化:argc 的值是命令行参数的个数加 1;argv 是字符指针数组,这个数组里共有 argc 个字符指针,分别指向命令行的参数(字符串)。

例如,命令行:

```
prog1 there are five arguments
```

其中,prog1 是命令名,其他 4 个是命令行的参数。main 函数的参数情况如图 6-7 所示。

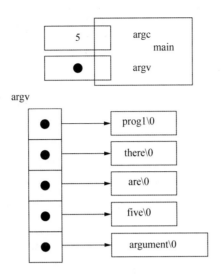

图 6-7 命令行参数情况

其中,main 函数的整型参数 argc 为 5,argv 是包含 5 个指针的字符指针数组,分别指向相应的字符串。在 main 函数开始执行前自动完成 argc 和 argv 的初始化。main 函数就可以通过 argc 和 argv 访问命令行的各个参数:由 argc 可得到命令行参数的个数,由 argv 可以访问命令行的各个参数(字符串)。通过 argv[0]可以访问启动程序的命令名本身。

例 6-9 显示课程名和上课时间的程序。

```
// show_class_time.cpp
#include <stdio.h>
#include <stdlib.h>
int main(int argc,char * argv[])
{
    if (argc! =3)
    {  printf("Enter two arguments \n");
       exit(0);
    }
    printf("DATA STRUCTURE -------% s \n",argv[1]);
    printf("OPERATING SYSTEM -------% s \n",argv[2]);
    system("pause");
    return 0;
}
```
如果经编译、链接后的可运行程序为 show_class_time.exe,则有:
c:\> show_class_time Monday Friday
程序的运行结果为:
DATA STRUCTURE ------- Monday
OPERATING SYSTEM ------- Friday

argv[0]指向串 show_class_time,argv[1]指向第一个实参 Monday,argv[2]指向第二个实参 Friday。如果命令行中没有输入两个命令行实参,则程序返回。exit(0)函数的功能是终止程序的运行,返回操作系统的运行环境。

注意 命令行实参之间必须用空格分隔,不能用逗号和分号等符号分隔。

三、标准库函数

在 ANSI C 标准之前,不同的 C 语言系统都提供了库,其中包含许多常用功能函数,以及相关的类型与变量定义。随着发展,不同 C 语言系统所提供的库之间的差异也逐渐显露出来。为了提高 C 语言程序在不同系统之间的可移植性,ANSI 定义了 C 语言的标准库。

如果程序中只使用了标准库,那么这个程序就更容易迁移到另一个 C 语言系统上,甚至移到另一种计算机上使用。如果在程序里使用了系统的扩充库,那么要将这样的程序搬到其他系统里使用,就需要做更多工作,需要修改所有使用特殊库的部分,将它们用新系统能够支持的方式重新编写。

因此,在开发 C 语言程序时,应当尽可能使用 ANSI C 标准库。如果必须使用具体 C 语言系统的特殊库功能,应该尽量将依赖于特殊功能的程序片段封装到一些小局部中。这种做法能保证最终程序具有较好的可移植性,在将程序转到其他系统时,需要做的工作仅仅是修改小局部中的代码。

C 语言的标准库通常包含了一组标准头文件和一个或几个库函数代码文件。有关标准头文件的情况前面已有很多讨论,在写 C 语言程序时,只需用 #include 预处理命令引入相关头文件,就可以保证程序里能够正确使用标准库功能了。

库代码文件里主要是各个标准函数的实际机器指令代码段,还有一些相关数据结构(一些实现标准库所需的变量等),可能还附带着一些为链接程序使用的信息。库文件都是二进制代码文件,其具体内容和形式都不是需要关心的。如果在一个程序中用到某些标准函数,在程序链接时,链接程序就会从库代码文件里提取出有关函数的代码和其他相关片段,将它们拼接到结果程序里,并完成所有调用的链接。

库代码文件通常是一个或者几个很大的文件,其中包含了所有库函数的定义。而在一个具体程序里,实际使用的库功能只是其中很少的一部分。人们开发了这样的技术,在进行程序链接时,链接程序并不将库代码文件整个装配到可执行文件里,而是根据实际程序的需要,从库文件里提取出那些必要部分,只将这些部分装配进去。这样就保证了用户程序的紧凑性,避免程序中出现大量无用冗余代码段。

标准头文件在 ANSI C 语言定义里有明确规定。这是一组正文文件,它们的作用就是为使用标准库函数的源程序提供信息。在这些头文件里列出了各个库函数的原型,定义了库函数所使用的有关类型(如表示文件流的 FILE 结构类型等)和一些符号常量(如 NULL)。通过预处理命令包含这些头文件,将使编译程序在处理程序时能得到所有必要的信息,这就可以保证程序中对标准库的使用与库文件里有关定义之间的一致性。

标准头文件通常存放在 C 语言系统的主目录下的一个子目录里,子目录的名字一般是 include 或 inc。

从功能角度,ANSI C 标准库的头文件可以分为以下几种。

(1) 字符类型函数。用于对字符按 ASCII 码分类:字母、数字、控制字符、分隔符、大小写字母等。

(2) 转换函数。用于字符或字符串的转换;在字符量和各类数字量(整型,实型等)之间进行转换;在大小写字母之间进行转换。

（3）目录路径函数。用于文件目录和路径操作。

（4）诊断函数。用于内部错误检测。

（5）图形函数。用于屏幕管理和各种图形功能。

（6）输入输出函数。用于完成输入输出功能。

（7）接口函数。用于与 DOS、BIOS 和硬件的接口。

（8）字符串函数。用于字符串操作和处理。

（9）内存管理函数。用于内存管理。

（10）数学函数。用于数学函数计算。

（11）日期和时间函数。用于日期、时间转换操作。

（12）进程控制函数。用于进程管理和控制。

（13）其他函数。用于其他各种功能。

读者可以根据需要查询相应的资料。

四、变量的存储类型与生存期

一个较大规模的 C 语言程序一般由若干个源程序文件组成。一个源程序文件由一个或多个函数组成。在这些源程序文件中,必须有且仅有一个文件包含有一个主(main)函数。

视频讲解

C 语言程序结构如图 6-8 所示。

图 6-8　C 语言程序结构

程序从主函数开始执行,主函数调用其他函数,其他函数之间可以相互调用,最终返回主函数。

结构化程序设计要求各个函数中的数据各自独立,在函数之间实现数据传送主要通过实参和形参之间的参数传递方式,使得程序结构清楚、可读性好,且便于程序的移植。

在程序设计中,为了传送数据方便,也希望有其他的数据传送方式,实现在函数之间或多个源程序文件之间的数据共享。在 C 语言程序中要实现数据共享可以通过变量的作用域和存储类型来实现。

1. 变量的作用域和生存期

变量可以被访问的程序范围称为该变量的作用域。只能在变量的作用域内访问该变量,也称变量在此作用域内"可见"。

程序运行时,C 程序中的每个变量都要经历:分配存储空间,使用存储空间,释放存储空间的过程。变量从分配存储空间,到使用,最后到释放分配的存储空间的时间段,称为变量的生存期。

变量的作用域是空间的概念,由定义变量语句的位置决定,根据变量定义语句位置的不同,变量分为局部变量和全局变量。而变量的生存期是时间的概念,由变量的存储类型决定。

函数内定义的变量(包括形参变量),即为局部变量,作用域为函数体,生存期为函数的执行时间段;任何函数体以外定义的变量,即全局变量,作用域从定义位置开始,直到程序结束,生存期为整个程序执行的时间段。

2. 变量的存储类型

变量的存储类型代表变量在内存中的存储方式。变量存储方式分为静态存储方式和动态存储方式。

静态存储方式是指,在程序运行期间分配固定存储空间,在整个程序运行期间保持不变,直到程序运行结束才释放所占有的存储空间,典型的例子是全局变量。

动态存储方式是指,在程序运行过程中,需要使用变量时才分配存储空间,使用结束后立即释放,典型的例子是函数的局部变量。函数定义时,局部变量并不分配存储单元,只有在调用时,才分配存储单元;函数调用结束后,立即释放所占有的存储单元。

变量的存储类型决定了变量所分配的存储空间的类型,而变量存储空间的类型又决定了变量的作用域和生存期。

C 语言中的变量有以下 4 种存储类型:自动型(auto)、外部型(extern)、静态型(static)、寄存器型(register)。

根据变量的存储类型,变量分为以下 4 种存储类型的变量:自动变量、外部变量、静态变量、寄存器变量。

3. 内部变量

在函数内定义的变量称为"内部变量",由于内部变量的作用域仅局限于其所在的函数,因此内部变量也称为"局部变量"。内部变量分为自动变量和静态局部变量。自动变量定义时,前面可以加关键字 auto,一般省略 auto 关键字。

局部变量还包括在复合语句内定义的变量,作用域为其所在的复合语句,离开复合语句后,这些变量的值就被释放出来。

由于局部变量的作用域仅局限于所在的函数,在不同函数中的局部变量是互相不可见的,因此,不同函数的局部变量的名字可以相同。这个特点便于多人合作用 C 语言共同开发一个应用程序。使用局部变量很好地实现了不同函数之间的数据隐蔽。

形参变量也是局部变量,作用域和生存期局部于函数。

例 6-10 局部变量作用域,参考程序如下。

```
//6-10.cpp
int f1(int a)
{int b, c;
```

```
         ⎫
    …     ⎬ a,b,c 在此范围有效
         ⎪
}        ⎭
void main()
{int a, b;
   …                    ⎫
   {int c;              ⎪
    …        ⎫          ⎬ a,b 在此范围有效
          ⎬ c 在此范围有效 ⎪
      }     ⎭          ⎪
    …                  ⎪
}                      ⎭
```

说明　　（1）main 函数定义的变量 a 和 b 只在 main 函数内有效,其作用域为主函数。

（2）main 函数中,复合语句内定义的变量 c,其作用域为该复合语句,离开复合语句后,不能够访问变量 c。

（3）f1 函数中定义的变量 b 和 c 在 f1 函数内有效,f1 函数的形参变量 a 也是局部变量,其作用域为 f1 函数。

（4）尽管 main 函数和 f1 函数中都使用了相同的变量名 a、b 和 c,但它们分别属于不同的函数,代表不同的数据,互不干扰。

4. 外部变量

在所有函数的外部定义的变量称为"外部变量",外部变量一般也称为全局变量。

外部变量的生存期为整个程序运行时间。

内存中安排外部变量数据存储区(全局数据存储区),按照外部变量在程序中的出现顺序依次存放外部变量。

外部变量只能在某个文件中定义一次,作用域从其定义的位置开始,一直到文件结束。外部变量可以被定义该外部变量的源程序文件的所有函数使用。

可以使用关键字 extern 将外部变量的作用域扩展到外部变量定义之前或其他源程序文件。例如:

```
extern int a;    //全局变量 a 的声明;将全局变量 a 的作用域进行扩充
void fun()
{
    a = 2012;    //全局变量 a 的使用
    …
}
int a;           //全局变量 a 的定义
    …
```

如外部变量在所有函数之前定义,则同文件的所有函数都可以直接引用,不需另外说明;如果外部变量在程序中间定义,则定义之前的函数要引用,应使用关键字 extern 进行引用性声明,引用性声明不分配存储空间,声明格式为:

extern 类型标识符　变量名表;

如果外部变量与函数中的内部变量同名,则在该内部变量的作用域内,外部变量不可见(被屏蔽)。

使用外部变量时,如果在一个函数中改变了外部变量的值,则将影响到同程序的其他函数。实际应用中,有时在一个函数中不经意地改变外部变量的值,将使整个程序的运行出现错误(错误传播)。

外部变量使用过多,将降低程序的可读性,不便于分析每个外部变量的(瞬时)变化情况。外部变量的使用增强了函数之间的数据联系,但同时又使得函数过分依赖这些外部变量,降低了函数的独立性。因此,从结构化程序设计的角度来讲,要限制外部变量的使用。

如果要在一个(或多个)源程序文件中使用在另一源程序文件中已经定义的外部变量,必须在这些源程序文件中用 extern 关键字进行引用性声明。引用性声明不分配存储单元,只是说明这些变量是在本源程序文件以外的源程序文件中定义的,并将这些外部变量的作用域扩展到本源程序文件中。

5. 静态变量

关键字 static 用于定义静态变量。

根据静态变量的作用域,分为静态局部变量和静态全局变量。

静态变量(包括静态全局变量和静态局部变量)的生存期为整个程序的执行时间。

内存中安排静态(变量)数据存储区,按照静态变量在程序中的出现顺序依次存放静态变量(包括静态全局变量和静态局部变量)。

静态存储区的数据在整个程序运行期间,一直占用对应的存储空间,直到整个程序运行结束;但静态数据在作用域外不能够被访问。

函数或者复合语句内定义的静态变量为静态局部变量,例如:

```
{...
    static int a,b;
    static float x,y;
    ...
}
```

说明　静态局部变量的作用域同自动变量,即为所在的函数,两者不同之处在于,函数调用结束后,自动变量的存储空间被释放,而静态局部变量的存储空间及值将被保留(两者存储的方式不一样)。

例 6-11　使用静态局部变量计算 1~6 的阶乘。

```
//6-11.cpp
#include <stdio.h>
#include <stdlib.h>
int fact(int n)
{
    static int f =1;
    f = f * n;
```

```
    return (f);
}
int main()
{
    for (int i =1;i <=6;i ++)
        printf("%d! =%d\n",i,fact(i));
    system("pause");
    return 0;
}
```

程序的运行结果为:

```
1! =1
2! =2
3! =6
4! =24
5! =120
6! =720
```

全局变量和静态全局变量的存储方式均为静态存储方式,两者的区别在于作用域的不同,静态全局变量作用域为其所在的源程序文件,即只能被该源程序文件中的函数使用;而全局变量可以通过关键字 extern 将作用域扩展到其他源程序文件。

在由多个源程序文件组成的 C 语言程序中,如果要限制外部变量不能在其他源程序文件中使用,则可以将其定义为静态外部变量。

6. 寄存器变量

寄存器变量是指,将局部变量的值存放在 CPU 的寄存器中的变量。由于寄存器的存取速度远高于对内存的存取速度,因此,可以将使用频繁的局部变量定义为寄存器变量,从而提高程序的运算效率。寄存器变量的一般形式为:

```
register   数据类型变量名表
```

例如:

```
register int a,b;
```

说明
　　(1) 只有自动变量和形参可以定义为寄存器变量。
　　(2) 函数调用时分配寄存器,调用结束后就释放所分配的寄存器。
　　(3) 寄存器变量的作用域为所定义的函数,其生存期为该函数的执行时间。
　　(4) 由于 CPU 中寄存器的数目有限,对程序中定义的过多的寄存器变量,如果无法分配寄存器,则编译器将寄存量变量转换为自动变量。

五、图形开发库 ACLLib 简介

C 与 C ++ 语言的图形、网络、数据库等方面,需要相关技术支持。比如,开发图形界面,可以采用 Windows 编程,但就一个图形界面对话框而言,都需要写大量的代码,这对于初学者难度比较大。因此,我们查找了不少封装了图形开发的库函数,其中 ACLLib 库封装的非常简洁,适合初学者使用。(ACLLib 库的下载地址: https://github. com/wengkai/ACLLib)

下载后,里面有 3 个文件夹,如图 6-9 所示。

名称	修改日期	类型	大小
doc	2015/4/23 19:09	文件夹	
samples	2015/4/23 19:09	文件夹	
src	2015/4/23 19:09	文件夹	
.gitattributes	2015/4/23 19:09	GITATTRIBUTES ...	1 KB
.gitignore	2015/4/23 19:09	GITIGNORE 文件	3 KB
README.md	2015/4/23 19:09	MD 文件	1 KB

图 6-9　ACLLib 下载包里面的文件夹展示图

其中,src 文件夹里面就是封装好的库文件,我们需要把这个库文件复制到项目所在的文件夹下,然后通过添加现有项的方式加载到我们的项目中;然后,对 acllib.h 当中声明的那些函数,就可以像 stdio.h 里面的 scanf,printf 等函数一样使用了。

但 ACLLib 库是基于 Win32 的 API 进行封装的,程序运行机制和以前的 DOS 系统环境下程序不同。以前我们遇到的程序都是从 main 函数开始顺序执行,到 main 函数的最后一个语句就结束了。但 Win32 是多线程的操作系统,采用消息传递机制传递信息。ACLLib 库屏蔽了这些区别,暂时可以不用了解具体的运行机制,只需要根据 doc 文件夹里面的 acllib_vs_config.pdf 说明文档,按照里面的提示一步一步地操作,就能生成一个可以进行图形界面开发的程序。对于 ACLLib 库的函数原型及说明,acllib_doc.pdf 对每一个函数的使用进行了简洁的说明,例如,要想知道具体怎么加载图片,通过键盘的按键或者鼠标操作控制图片运动,文字、声音如何显示与播放等,samples 文件夹里面的每一个文件对每一个功能的使用都用代码进行了展示。只需要按照前面使用 ACLLib 库的步骤生成 Win32 的空项目,把 acllib.h,acllib.c 两个文件复制到项目文件夹并加载到项目中,然后把 samples 里面文件夹的文件复制并加载到项目所在的文件夹中,编译、链接、运行后,就可以看到图形界面程序运行起来,并能够进行相应的操作。

(1)下面举例说明如何加载图片。

将 samples\mingw 文件夹下的 image.c 复制到项目所在的文件夹中,具体方法如下。

① 打开 Visual Studio 2015 的文件菜单下的新建 -> 项目,如图 6-10 所示。

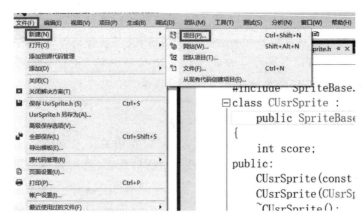

图 6-10　新建空项目

② 然后,在弹出的对话框中选择 Win32 项目类型,输入项目名称,我们这里输入"扩展 6-1",单击"确定"按钮,如图 6-11 所示。

图 6-11　建立 Win32 空项目并输入项目名称

③ 在弹出的对话框中,可以看到新建立的项目类型是 Windows 应用程序,如果没有出现如图 6-12 所示的对话框,则返回上一步重新选择正确的项目类型;如果出现如图 6-12 所示的对话框,则单击"下一步"按钮,注意不要单击"完成"按钮。

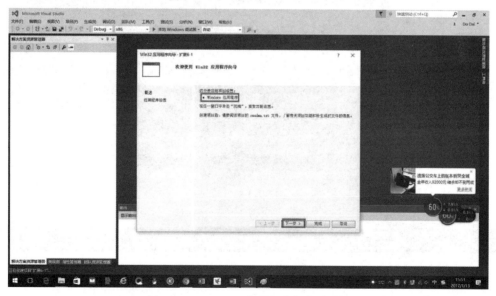

图 6-12　Windows 应用程序向导对话框

④ 在随后出现的"应用程序设置"对话框中,应用程序类型就选择默认的"Windows 应用程序",附加选项一定要选中"空项目";然后,单击右下侧的"完成"按钮,如图 6-13 所示。

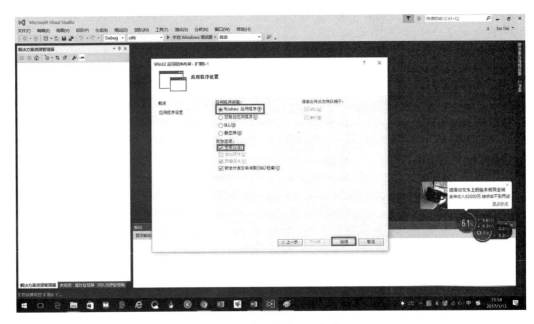

图 6-13　应用程序设置向导

⑤ 这时,就生成了一个解决方案和项目名称都是"扩展 6-1"的空的 Windows 应用程序,如图 6-14 所示。

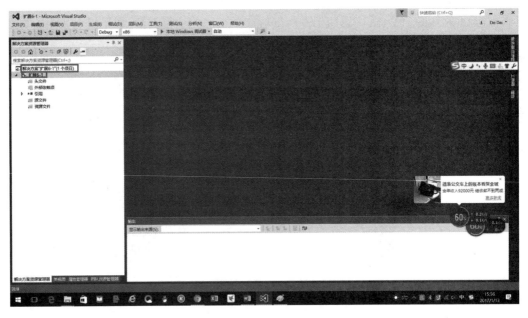

图 6-14　新建的空的 Windows 应用程序解决方案

⑥ 在项目名称上面右击,在弹出的快捷菜单中选择"在文件资源管理器中打开文件夹",如图 6-15 所示。

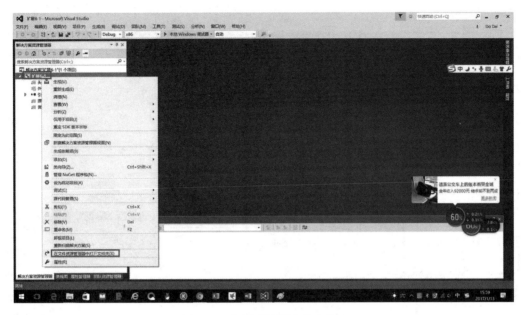

图 6-15　打开项目所在的文件夹

⑦ 这时文件夹里面没有 . c, . cpp, . h, . bmp, . wav 等各种 C/C++ 源文件及各种资源文件, 将需要的图片 lena. jpg 和 image. c 源文件复制到这个文件夹中。然后, 回到 Visual Studio 2015, 在项目名称下右击, 在弹出的快捷菜单中选择"添加" –> "现有项", 如图 6-16 所示。

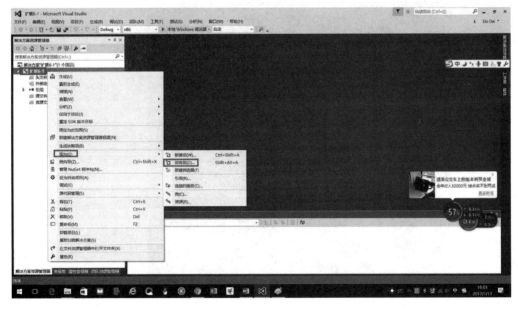

图 6-16　添加现有项

⑧ 选择 lena. jpg 和 image. c 两个文件及将 acllib. h, acllib. c 库添加到项目中, 如图 6-17 所示。

图 6-17　把项目所需文件添加到新项目中

⑨ 编译、链接、运行程序后，可以得到如图 6-18 所示的运行结果，可以看到 lena. jpg 图片加载到项目生成的窗口中了。

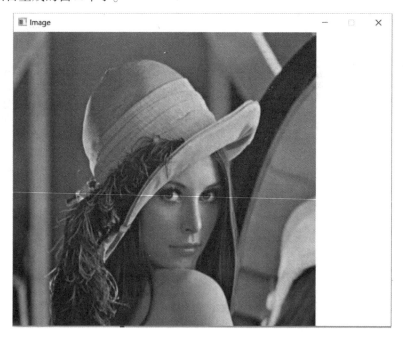

图 6-18　加载 **lena. jpg** 图片并显示到图形窗口中

其他的操作，比如绘图、在窗口写字、加载并播放声音等操作都可以通过 sample/mingw 文件夹下的文件进行展示。

（2）简单说明 ACLLib 库的使用方法

① 首先,Windows 编程的主函数不是 main,而是 WinMain,而 WinMain 在 acllib.c 文件中被封装了,WinMain 函数会调用 Setup 函数,所以我们建立的 Win32 空项目的主函数就可以看成 Setup 函数。

② C 语言是从 main 函数开始执行的,直到 main 函数结束(遇到 return 语句或者右大括号),程序就退出了。而 Windows 编程从 WinMain 函数开始执行,有一个循环语句:

```
while (GetMessage(&msg, NULL, 0, 0))
    {
        TranslateMessage (&msg);
        DispatchMessage (&msg);
    }
```

也就是说,主程序不停地获取消息队列中的各种消息并分发给合适的消息处理函数进行相应的处理。

因此,Windows 编程就是通过定时器、鼠标、键盘等各种操作发出的各种消息给消息处理函数进行处理。比如,我们希望一个动物(图片)加载到 Windows 窗口中并动起来(假设水平移动),其实就是隔一段时间,让这个动物在不同的 x 坐标处显示,达到肉眼看起来移动的效果。

比如,我们按照扩展 6-1 项目的方法建立一个名字叫作"扩展 6-2"的 Win32 空项目,然后把 acllib.h,acllib.c 及一个动物图片复制并加载到"扩展 6-2"项目中。下面建立一个新的.cpp 文件,操作步骤如下。

第一步:定义全局变量 int x,y; ACL_Image img; 分别用来存储加载到项目中的动物图片数据和显示该图片的左上角坐标。

第二步:完成 int Setup(){} 函数,在该函数里面生成主窗口(initWindow 函数),加载图片数据(loadImage 函数)并显示在初始位置,注册定时器函数(registerTimerEvent)并启动定时器(startTimer)。

第三步:在注册的定时器处理函数中,修改 x 地址,然后在新地址显示图片。这里我们把主窗口大小和显示的图片大小都限制成一个常数。程序代码如下所示。

```
#include"acllib.h"
const int mWHeight = 480, mWWidth = 640;//设置主窗口长宽
const int width =100, height = 100;//图片显示的长宽
int x = 0, y = 100;//显示图片的左上角位置
int dist = 5;//图片位置增量
ACL_Image img;//存储图片数据的变量
void timerEvent(int id);//定时器处理函数
void paint();//绘图函数
int Setup()
{
    initWindow("cat", DEFAULT, DEFAULT, mWWidth, mWHeight);//生成主窗口
    loadImage("2-cat.jpg", &img);//加载图片
    registerTimerEvent(timerEvent);/*注册定时器处理函数,参数是定时器时间到
的时候,被调用的函数名称*/
    startTimer(0, 25);//启动定时器,这个定时器 id =0,定时器间隔时间是 25ms
    paint();//调用绘图函数在指定位置绘制图片
    return 0;
}
```

```
void timerEvent(int id)    /* 定时器处理函数的原型:只有一个 int 参数,返回值为
void 类型 */
{
    if (id == 0)//根据 id 确定是哪一个定时器时间到了
    {
        x + = dist;//水平移动,x 值变化,y 值不会变化
        if (x >= mWWidth -width || x <=0)dist * = -1;   /*遇到左边或者右边的
墙壁,增量变反 */
    }
    paint();//绘图
}
void paint()
{
    beginPaint();//启动绘图
    clearDevice();//将以前的绘图清屏
    //putImageScale(&img, x, y, width, height);//按照指定大小绘图
    putImageTransparent(&img, x, y, width, height, WHITE);/* 按照指定大小,
并将白色设置为透明色绘图 */
    endPaint();//结束绘图
}
```

如果我们把程序中 x,y 的初始位置和增量用随机数获得,就可以得到随机运动的动物。

③ 下面,看看怎么用键盘和鼠标控制动物(图片)移动。和"扩展 6-2"的程序代码类似,只是动物移动不是通过算法,而是通过键盘的方向键或者鼠标单击的位置确定动物所在位置并在新的位置绘制出来。我们删除定时器注册与处理函数,增加鼠标与键盘注册与处理函数。程序代码如下。

```
#include"acllib.h"
constint mWHeight = 480, mWWidth = 640;
constint width =100, height = 100;
int x = 0, y = 100;
int dist = 5;
ACL_Image img;
void keyEvent(int key, intevent);//键盘处理函数
void mouseEvent(int x, int y, int button, intevent);//鼠标处理函数
void paint();
int Setup()
{
    initWindow("cat", DEFAULT, DEFAULT, mWWidth, mWHeight);
    loadImage("2-cat.jpg", &img);
    registerKeyboardEvent(keyEvent);/* 注册键盘处理函数,有键盘事件发生,
keyEvent 函数就会被调用*/
    registerMouseEvent(mouseEvent);/*注册鼠标处理函数,有鼠标相关事件发生,
mouseEvent 函数就会被调用 */
    paint();
    return 0;
}
void paint()
{
    beginPaint();
    clearDevice();
    putImageTransparent(&img, x, y, width, height, WHITE);
    endPaint();
```

```
}
void keyEvent(int key, int event)
{
    if (event != BUTTON_DOWN)return;//没有键盘按下就退出该函数
    switch (key)//根据键盘决定动物位置
    {
    case VK_LEFT:
        x - = dist;
        if (x <= 0)x = 0;//到了左墙壁再往左就不能动了
        break;
    case VK_RIGHT:
        x + = dist;
        if (x > mWWidth - width)x = mWWidth - width;//再往右也不能动了
        break;
    case VK_UP:
        y - = dist;
        if (y <= 0)y = 0;//往上到墙壁就不能动了
        break;
    case VK_DOWN:
        y + = dist;
        if (y >= mWHeight - height)y = mWHeight - height;//往下到墙壁也不
能动了
        break;
    default:
        break;
    }
    paint();//在新的位置绘图
}
void mouseEvent(int x, int y, int button, int event)
{
    if (event != BUTTON_DOWN)return;//判断是否有鼠标键按下
    if (button == LEFT_BUTTON)//判断是否是鼠标左键
    {
        ::x = x;   /*当前鼠标所在位置的x,y赋值给全局变量x和y */
        ::y = y;
        paint();
    }
}
```

第2篇

C++语言程序设计

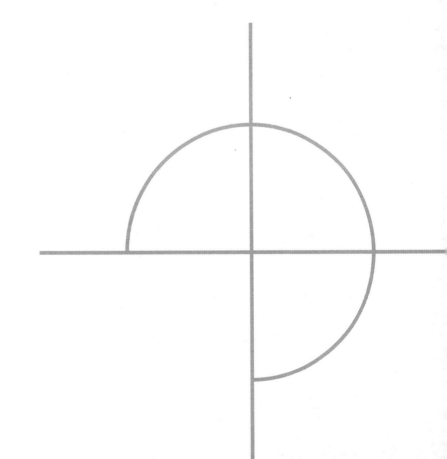

第 7 章
C++ 语言编程基础

视频讲解

　　C 语言采用的是自顶向下进行功能模块划分设计,自下向上编程实现的结构化设计方法。这种将复杂的问题划分成单一功能的小模块的方法,为软件功能日益复杂化提供了有力的支撑,但随着软件功能越来越强大,这种结构化设计方法面临两大困难:一个是怎样克服软件复杂性与重用性问题,另一个是怎样将现实世界模型在计算机中自然表示出来。面向对象思想模拟现实世界实体,在计算机中仿真出来,方便地刻画对象的内部状态和运行规律。这样,系统设计者从现实世界所得到的图像,或设计者头脑中形成的模型所出现的物理图像与构成系统的一组对象之间有近乎一对一的对应关系,非常利于实现大型系统。

7.1　面向对象的三个核心概念

　　客观世界中的实体称为对象,不同对象之间的相互作用和互相通信构成了完整的客观世界。如何将问题空间的这一思维模型直接映射到程序空间? 核心概念就是数据封装(抽象),继承与多态。

　　1. 数据封装

　　面向对象语言采用了抽象的方法。而抽象的原则之一就是信息隐藏。数据封装将一组数据和这组数据相关的操作集合封装在一起,形成了一个能动的实体,成为对象。用户不必知道对象行为的实现细节,只需根据对象提供的外部特性接口访问对象。在 C++ 中,实现数据封装的机制是类(class)。

　　2. 继承

　　继承是面向对象语言的另一个重要的概念。在客观世界中,存在着整体和部分的关系(is part of)、一般和特殊的关系(is kind of),而这两种关系也是初学者容易弄混淆的。

　　在面向对象的语言中,类功能支持继承机制。除了根类,每个类都可以有父类(super class/parent class/base class),也可以有它的子类(subclass/child class/derived class)。一个子类从它的父类那里继承了所有的数据和操作,并扩充自己的特殊数据和操作。父类抽象出共同特征,子类表达差别。

　　3. 多态

　　所谓多态,是指一个名字(或符号)具有多种含义。用户在使用函数编程时,关心的是该函数的功能及其使用接口,并不需要了解该函数的使用接口与函数的哪一种实现方法相匹配(binding)。也就是说,在设计这一级上,我们只关心"施加在对象上的动作是什么",而不必牵涉"如何实现这个动作"以及"实现这个动作有多少种方法"的细节。在面向对象的语言中,重载(overload)表达了最简单的多态性。

如果函数调用(接口)与哪个函数实现相匹配是在编译时完成的,称为早期匹配(early binding)或静态联编;如果匹配是在运行时确定的,则称为后期匹配(lately binding)或动态联编。C++提供的虚函数提供了后期匹配带来的良好特性。

视频讲解

7.2 C++语言中的I/O

在 C++语言中,将数据从一个对象到另一个对象的流动抽象为"流"。流在使用前要被创建,使用后要被删除。向流中添加数据的操作称为插入操作,从流中获取数据的操作称为提取操作。

系统中的预定义流 cin 和 cout 代表了 I/O 流,cin 处理标准输入,即键盘输入;cout 处理标准输出,即屏幕输出。要使用输入输出流,需用#include < iosstream >,为方便使用,增加 using namespace std;可直接使用 std 命名空间的名字,关于命令空间的定义和使用见第 10 章。

（1） <<是预定义的插入符,作用在 cout 上可实现屏幕输出,格式如下:

    cout << 表达式 << 表达式 << ……

其中,表达式可以是变量、常量以及由各种运算符连接起来的运算表达式。

举例:

```
int a =5,b =4;
printf("a +b =%d\n",a +b);//C 语言的实现
cout << "a +b =" <<a +b <<endl; //C ++的实现
```

这两个 C 语言与 C ++语言的语句运行结果完全相同,达到相同的输出效果。C ++语言的输出双引号""内的表达式原样输出,不在""内的表达式的计算结果直接输出,不需要像 C 语言一样必须指明输出结果类型,而自动根据表达式的计算结果类型输出。

（2） >>是预定义的提取符,作用在 cin 上可实现键盘输入,格式如下:

    cin >> 表达式 >> 表达式 >> ……

其中,表达式只能是变量或内存区,需要有确切的内存空间存放输入的数据。

举例:

```
int a,b;
scanf_s("% d%d", &a, &b);//C 语言的实现
cin >>a >>b; //C ++的实现
```

这两个 C 语言与 C ++语言的语句都是通过标准输入设备键盘输入 2 个整数并依次存放在 a,b 两个整型变量中。同样的,C ++语言的输入语句不需要指定输入格式符,直接根据变量 a,b 本身的数据类型确定输入数据是否合法;如果合法,则存储在对应变量中。

视频讲解

7.3　C++语言中的数据类型

C++语言中的数据类型如图 7-1 所示。

图 7-1　C++的数据类型

C++语言的数据类型,除了包含 C 语言的基本数据类型以外,还增加了逻辑类型、引用类型和类类型。

1. 逻辑类型

C 语言的逻辑表达式有真与假两种情况,但没有数据类型来表达这种逻辑结果,只能用整数类型的 0 表示假,非 0 表示真。C++ 语言增加了逻辑类型,有真(true)与假(false)两种值。

2. 引用类型

引用类型就是给一个变量取一个别名。也就是说,引用与它所引用的变量实际表示同一个存储单元。因此,一个变量就拥有两个名字。

视频讲解

比如,有一个人大名叫张三,小名叫细狗儿。父母一般叫他的小名,学校的老师同学一般叫他的大名,但都是指的这同一个人。

内存也一样,当我们定义一个变量的时候,就会在内存中根据这个变量的数据类型分配大小合适的存储空间,这个存储空间的大名就是变量名。然后,我们可以给这个存储空间另外取一个名字,这个名字就是这个存储空间的小名。我们可以用任意一个名称对这个存储空间进行操作。

引用主要有三种用法:独立引用,作为函数参数,作为函数返回类型。

(1)独立引用。比如:

```
1. int number =15;
2. int & n = number;
3. n =18;
```

第二行代码让 n 与 number 指向同一个内存单元,第三行代码修改这个内存单元数据为 18。引用必须在定义的时候初始化,使其指向引用的变量。这种情况下的别名绑定是永久的。

初始化独立引用有如下几种方式。

① 等号 = 的右端是一个变量

```
int a;
int &ra = a;
```

② 等号 = 的右端是一个常量

```
const float &r2 = 1.0;
```

③ 定义常引用

```
int x = 1;
const int &rx = x;
rx = 98;    //错误,只能使用 rx,不能修改 rx
```

（2）作为函数参数。C++语言采用"传值"的方式传递参数,在这种情况下,实参和形参是两个不同的存储单元。在结合时,实参的值将会被复制到形参中。

例 7-1   用 func 函数实现参数 num 加 1 的操作,并测试函数是否能修改实参值。

```
//7-1.cpp
#include <iostream.h>
using namespace std;
void func(int num)
{
    num++;
}
int main()
{
    int value = 5;
    func( value );
    cout << value;
    system("pause");
    return 0;
}
```

例 7-1 中的参数变化如图 7-2 所示。主函数中 value 的值初始化为 5,通过函数 func 调用,函数 func 内的形参 num 的值由实参 value 复制得到,也是 5,函数内部 num 自增变成 6,然后函数结束。形参与局部变量的存储空间释放了,返回主函数的 func 函数调用地方继续执行,value 的值还是没有改变,因此 cout << value 输出值仍然是 5。

图 7-2   例 7-1 中的参数变化

由于"传值"方式的存在,因此试图通过改变形参来达到改变实参的目的是不会成功的。为了解决上述问题,在 C 语言中,可以通过传递指针的方式来完成。我们可以通过形参指针间接地改变实参。

例 7-2　修改例 7.1 中的 func 函数的参数为指针,观察指针为参数的形参和实参之间的数据传递与内存空间变化。

```
//7-2.cpp
#include <iostream>
using namespace std;
void func(int * pnum){
    (* pnum) ++ ;
}
int main()
{
    int value =5;
    func( &value );
    cout << value ;
    system("pause");
    return 0;
}
```

例 7-2 中的参数变化如图 7-3 所示。此时实参与形参的传递为: int * pnum = &value;此时,punun 中存储的是 value 的地址。在 func 函数中,通过形参 pnum 修改所指存储空间的值,本质上就修改了实参 value 的数据,达到函数内部修改实参的目的。

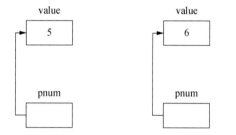

(a) value地址传给pnum　　(b) 通过给pnum修改value的值

图 7-3　例 7-2 中的参数变化

C++语言采用了比传递指针更好的方式:传递引用。在这种情况下,形参的名字将被看成是实参的别名,即形参就是实参本身,只是主调函数通过实参名称访问这个存储空间,而被调函数通过形参访问同一个存储空间。此时,对形参的改变也就直接改变了实参。

例 7-3　请修改例 7.1 中的 func 函数的参数为引用的。思考形参和实参之间的数据传递关系与内存空间的变化。

```
//7-3.cpp
#include <iostream>
using namespace std;
void func(int &pnum){
    pnum ++ ;
}
int main()
```

```
{
    int value = 5;
    func(value );
    cout << value ;
    return 0;
}
```

例 7-3 中的参数变化如图 7-4 所示。此时,实参与形参的传递为: int &pnum = value;形参与实参都是同一个存储空间的名称,形参 pnum + + ,里面的值由 5 变成 6。因此形参的所有操作,实参都能够同步改变。

(a) 采用别名传递参数   (b) 参数改变,实参同步改变

图 7-4　例 7-3 中的参数变化

(3) 作为函数返回类型。函数返回引用,实际上返回的是一个存储单元(变量),即"左值"。如果一个函数返回引用,那么函数调用可以出现在赋值号的左边。这种情况在 C 语言里是见不到的。

例 7-4　在下面的代码中,观察 f 函数作为赋值语句的左值与右值的使用方法,分析运行结果。

```
//7-4.cpp
#include <iostream>
using namespace std;
int &f(int * point){
    return * point;
}
int main(){
    int a = 10,b;
    b = f(&a) * 5;
    f(&a) = 88;
    cout << b << "  " << a;
    system("pause");
    return 0;
}
输出: 50  88
```

其中,b = f(&a) * 5;函数的值是参数 point 所指空间的值 10(实际指向 a),所以 b = 50。f(&a) = 88;函数返回的是 point 所指空间的引用,就是实参 a,所以实际是 a = 88。

注意　因为返回的引用是一个存储单元,所以函数返回后这个单元的生存期应该不会结束;否则,返回值将没有意义。

3. 类类型

类类型是自定义的构造型的数据类型,将一组数据与对数据的相关操作封装在一起,得到具有相似属性的一类类型。用 class 关键字声明类类型。关于类类型的详细情况参见第 8 章与第 9 章。

7.4　C++语言中的内联函数

视频讲解

C++语言中的内联函数既具有宏定义的优点,又克服了宏定义的缺点。在函数名前加上 inline,即为内联函数,格式如下:

```
inline void func(int a, int b);
```

因为是在编译时在调用 func 的地方用函数体进行了替换,所以程序执行时会减少调用开销。比如:

```
inline int abs(int value){
    return (value < 0 ? -value: value);
}
int main(){
    int m = -2,ret;
    ret = abs(++m);
    system("pause");
    return 0;
}
```

编译器在遇到内联函数 abs 的时候,用函数体替换,比如 ret = abs(++m);就会替换成: ret = (m<0? -m:m)。和宏定义相比,并非所有函数都需要定义为内联函数,一般只会将那些频繁被调用的,并且函数体较小的(只有几条语句)函数定义为内联函数。

内联函数内不允许有循环语句和 switch 语句,否则按照普通函数来处理。

7.5　函数重载

视频讲解

两个以上的函数,具有相同的函数名,但是形参的个数或者类型不同,编译器会根据实参的类型及个数的最佳匹配来自动确定调用哪一个函数。这种做法就是函数重载,示例程序如下所示。

```
//形参列表不同
int add(int x, int y){……};
float add(float x, float y){……};
int add(int x, int y, int z){……};
int main(){
    int a, b,c;
    float f1, f2;
    add(a, b);//调用 int add(int x, int y);
    add(f1, f2);//调用 float add(float x, float y);
    add(a, b, c);//调用 int add(int x, int y, int z);
    system("pause");
    return 0;
}
```

在进行函数重载时需要注意以下问题:

(1) 不能以形参名字或函数返回类型的不同来区分函数。

```
//错误!编译器不以形参名来区分函数
int add(int x, int y){ return x+y;}
int add(int a, int b){ return a+b;}
```

```
//错误!编译器不以返回值来区分函数
int add(int x, int y){ return x +y;}
float add(int x, int y){ return (float)(a +b);}
```

（2）不要将不同功能的函数定义为重载函数，以免出现混淆。

```
int add(int x, int y){ return x +y;}
float add(float x, float y){ return x -y;}
```

7.6　带默认形参值的函数

在定义函数时预先声明默认的形参值。调用时如果给出实参，则用实参初始化形参；否则，采用预先声明的默认形参值。示例程序如下所示。

```
int add(int x =5, int y =6){ return x +y;}
int main(){
    int ret;
    rct =add(10, 20);//形参 x =10,y =20
    ret =add(10);    //形参 x =10,y 用默认形参值 6
    ret =add();      //形参 x,y 都用默认形参值,分别为 x =5,y =6
    system("pause");
    return 0;
}
```

ret = add(10, 20)的实参分别是 10,20；ret = add(10)的第二个实参采用默认形参，两个实参分别是 10,6；ret = add( )的两个实参都采用默认形参值,分别是 5,6。

默认形参值必须按照从右向左的顺序声明。在有默认值的形参右边，不能出现无默认值的形参。默认形参值可以在函数原型中给出。在函数原型给出后，函数定义就不用给出默认形参值。

```
int add(int x =5, int y =6);
int main()
{
    int ret = add();
    system("pause");
    return 0;
}
int add(int x, int y){ return x +y;}
```

在相同的作用域内，默认形参值的说明应保持唯一；但在不同的作用域内，允许说明不同的默认形参值。

```
int add(int x =5, int y =6);      //带有默认形参值的函数原型声明
int main(){
    int add(int x =7,int y =8);//带有默认形参值的函数原型声明
    int ret = add(); //实现 7 +8
}
void func(){ add();}//实现 5 +6
int add(int x, int y){ return x +y;}//函数定义
```

注意 带默认形参值的函数与不带默认形参值的重载函数可能会出现编译错误。

例如:

```
int add(int x, int y){ return x +y;}
int add(int x, int y, int z =2){ return x +y + z;}
int main(){
    int ret;
    ret = add(10,20);
    system("pause");
    return 0;
}
```

编译该程序会出错,ret = add(10,20)函数无法确定匹配哪个函数。

7.7　C++语言中的动态内存分配和释放

视频讲解

　　C 语言用 malloc 和 calloc 等函数进行内存的动态分配,free 函数进行内存的动态释放。C++语言使用运算符 new 和 delete 来完成动态内存的分配和释放。使用的语法一般形式如下。

　　(1) type *p; p =new type; delete p;

　　type 是一个数据类型名,p 是该类型的指针变量,new 的作用就是从堆空间中分配一块与 type 类型的数据一样大小的内存(如果分配失败,则 new 返回一个空指针),该内存地址被存于指针 p 中。一旦不想再使用,可以用 delete 来释放该内存空间。

　　(2) type *p; p =new type(x);delete p;

　　分配空间的时候,用 x 进行初始化,p = new type(x),则同时让 p 指针指向动态分配的一个空间并用 x 值初始化这个空间。

　　(3) type *p;p =new type[n];delete []p;

　　如果要分配 n 个同种类型的空间,可以用 p = new type[n];语句则分配 n 个连续的 type 类型空间,通过赋值运算符让 p 指针指向这块新分配的连续空间。释放的时候,调用 delete [ ]p;才能够正确释放连续分配的多个空间。

　　下面通过几个例子说明 new 与 delete 进行动态内存的分配与释放过程与方法。

例 7-5　用 new 与 delete 动态分配和释放单个数据的存储区。

```
//7-5.cpp
#include < iostream >
using namespace std;
int main(){
    int *p; p =new int;
    if(p ==NULL){
        cout << "Allocation failure!\n";
    }else{
        *p =15;
        cout << *p;
        delete p;
    }
    system("pause");
    return 0;
}
```

例 7-6 动态分配和释放数组空间。

```cpp
//7-6.cpp
#include<iostream>
using namespace std;
int main(){
const int NUM=100;
int i, *p;
p = new int[NUM];
if(p==NULL){
    cout << "Allocation failure!\n";
}else{
    for(i=0;i < NUM;i++)
        p[i] = i+1;
    for(i=0;i < NUM;i++)
        cout <<p[i]<< ' ';
    delete []p;
}
system("pause");
return 0;
}
```

参考答案

视频讲解

课堂练习题

1. 编写程序输出如图 7-5 所示的菱形图案。

图 7-5　菱形图案

视频讲解

2. 以下是一个评分统计程序,共有 8 个评委打分。统计时,去掉一个最高分和一个最低分,其余 6 个分数的平均分即是最后得分,要求显示最后得分,显示精度为 1 位整数、2 位小数。程序如下,请将程序补充完整。

```cpp
float x[8] =    (1)    ;
    float aver(0),max    (2)    ,min   (3)      ;
    for(int i = 0; i < 8; ++i)
    {
        cin >> x[i];
        if(x[i] > max)    (4)    ;
        if(         (5)                    )min = x[i];
        aver += x[i];
        cout << x[i] << endl;
    }
    aver =                  (6)              ;
    cout << aver << endl;
```

3. 在 M 行 N 列的二维数组中,找出每一行上的最大值,显示最大值的行号、列号和值。程序如下,请将程序补充完整。

```
(1)
int x[M][N] = {1,5,6,4,2,7,4,3,8,2,3,1};
for(     (2)         ; i < M; i ++)
{
    int t = 0;
    for(     (3)            ; j < N; j ++)
        if(        (4)          )          (5)            ;
    cout << i +1 << "," << t +1 << " = " <<x[i][t] << endl;
}
```

4. 读程序写结果。

```
const int PI = 3.14;
const int * Fun(void)
{
    const int a = 5;
    const int *p = &a;
    cout << "Value of local const varaibale a:" <<a <<endl;
    cout << "Address of local const variable a:" <<&a <<endl;
    cout << "Vlue of local const pointer p:" <<p <<endl;
    cout << "Value of local const variable a:" << *p <<endl;
    return p;
}

int main()
{  const int * q;
   q = Fun();
   cout << "Main():" <<endl;
   cout << "Value of local const pointer q:" <<q <<endl;
   cout << "The return calue of the function Func()" << *q <<endl;
   const char * str = "123ABC";
   cout << "Address of string const variable" << (void *)str <<endl;
   cout << "Value of string const variable str" <<str <<endl;
   cout << "Address of gloval const variable PI:" <<&PI <<endl;
   cout << "Address of the function Fun()" <<Fun <<endl;
   return 0;
}
```

5. 函数 expand(char ＊s,char ＊t)在将字符串 s 复制到字符串 t 时,将其中的换行符和制表符转换为可见的转义字符,即用“\n”表示换行符,用“\t”表示制表符。请填空:

```
void expand(char * s,char * t)
{
    int i,j;
    for(i =0,j =0;s[i]! ='\0';i + +)
    {
    switch(s[i])
     {
            case '\n':
                t[(1)] ='\';t[(2)] ='n';
                 (3);
            case '\t':
                t[(4)] ='\';t[(5)] ='t';
```

```
                   break;
              default:
          t[(6)] = s[i];
                   break;
        }
      }
    t[j] = (7);
  }
```

视频讲解

6. 编写一个简易好记星,功能如下:将若干组容易混淆的英语单词(英文单词存放在文件中)循环显示,每个单词有英文和中文释义,每组相近的单词在同一行显示作为对比,每屏显示若干行。每屏信息的停留时间按照学习程度而定,按键盘任意键更换显示下一组信息,按键盘字母 q,则退出程序。

视频讲解

小　结

1. C++ 的输入输出操作是通过系统中的预定义流对象 cin 和 cout 分别处理键盘输入与屏幕输出。通过输入流运算符 >> 将键盘的按键数据输入到变量当中;通过输出流运算符 << 把变量中存储的数据输出到屏幕。

2. 除了 C 语言的基本类型和构造类型,C++ 还增加了逻辑类型、引用类型和类类型。逻辑类型 bool 只有真和假两种值。

3. C++ 通过 new 和 delete 进行动态内存的分配与释放。和 C 语言的 malloc,calloc 不同,new 不需要程序员计算需要分配的空间大小,就能够自动根据数据类型分配合适的空间大小,避免了复杂数据类型,比如,类类型的空间计算。语句 type ＊p = new type;则是分配 1 个 type 类型的空间,delete p 释放分配的这个空间。type ＊q = new type[n];则是分配 n 个 type 类型的连续存储空间,delete[]q 释放分配的多个连续空间。new 和 delete 要配对出现。

4. C++ 的函数重载,可以让相同功能的不同参数的函数取同名函数,通过参数区分到底调用的是哪一个函数。参数个数不同、参数数据类型不同都可以区分函数,但返回值不同不能参与函数重载。函数可以有默认参数,但默认参数的右边不能再有非默认参数。

5. 函数名称前面加上 inline 就是内联函数,内联函数只适合简单函数,如果函数体内有循环、switch 等语句,则自动转换为非内联函数。内联函数不用进行函数调用,直接用函数体替换函数调用,节约了参数传递等时间和空间开销。内联函数和宏定义非常类似,但内联函数会在进行函数替换之前先进行参数检查和参数计算,避免了宏定义的许多问题。

6. C++ 的常量用 const,且可以用 const 常量定义数组长度。

7. C++ 增加的引用类型在做函数参数的时候,既具有指针传递的双向传递特性,又可以在函数内部如普通变量一样地使用,避免使用指针容易出错的问题。

习　题

1. 编写程序。按下列公式求圆周率,精确到最后一项绝对值小于 1e － 8:π/4 = 1 － 1/3 + 1/5 － 1/7 + ...

输出格式。首先输出满足要求时经过的计算步数(例如上例中计算到 1/7 经历了 4

步),然后输出 π 的值,PI 之前有一个空格和前面隔开输出的 PI 值精确到小数点后 5 位。

例如:steps = 100 PI = 3.14。

2. 实现函数 void Matrix_Mul(int a[3][2],int b[2][4]),计算 2 个矩阵的乘积。

3. 编程。根据下面公式求圆周率,精确到最后一项绝对值小于 1e − 8:

$$pi = (1 - 1/3 + 1/5 - 1/7 + ...) * 4$$

4. 编写一个程序,接受 2 个任意大的整数,返回这 2 个大整数的差值。

提示 大整数用字符串表示。

知识补充与扩展

文件操作

在程序设计中,数据输入/输出(I/O)操作是必不可少的,C++语言的数据输入/输出操作是通过 I/O 流库来实现的。C++中把数据之间的传输操作称为流,流既可以表示数据从内存传送到某个载体或设备中(即输出流),也可以表示数据从某个载体或设备传送到内存缓冲区变量中(即输入流)。

C++流涉及以下概念。

① 标准 I/O 流:内存与标准输入输出设备之间信息的传递。

② 文件 I/O 流:内存与外部文件之间信息的传递。

③ 字符串 I/O 流:内存变量与表示字符串流的字符数组之间信息的传递。

C++的文件操作是通过文件流实现的,其中,ofstream 是输出流文件,ifstream 是输入流文件,fstream 是可以同时进行输入与输出操作的流文件。

* ofstream:写操作(输出)的文件类(由 ostream 引申而来)。
* ifstream:读操作(输入)的文件类(由 istream 引申而来)。
* fstream:可同时读写操作的文件类(由 iostream 引申而来)。

定义了流对象之后,就需要打开指定文件名称的文件,然后进行读写操作。下面分别对各种常用的文件操作做一个简单介绍。

1. 打开文件 open

```
void open (const char * filename, openmode mode);
```

其中,filename 是待打开的文件名称,如果是绝对路径,则打开指定路径下的同名文件;如果是相对路径,则打开程序所在文件夹里面的同名文件。

(1) mode 是打开模式,如下所示。

① ios::in——为输入(读)而打开文件。

② ios::out——为输出(写)而打开文件。

③ ios::ate——初始位置:文件尾。

④ ios::app——所有输出附加在文件末尾。

⑤ ios::trunc——如果文件已存在,则先删除该文件。

⑥ ios::binary——二进制方式。

(2)如果不显示说明,则默认打开的方式分别如下所示。

① ofstream ios::out |ios::trunc
② ifstream ios::in
③ fstream ios::in |ios::out

2. 检查文件是否已经打开 is_open

```
bool is_open();
```

根据函数的返回值判断文件是否成功打开。

3. 关闭文件

```
void close ();
```

如果文件操作结束,则需要关闭已经打开的文件。

4. 读写文件

文件流对象和<< , >>结合起来进行具体的读写操作。

比如,打开 1. txt 文件并写一些数据,参考程序如下所示。

```
#include < iostream >
#include < fstream >
usingnamespace std;
int main()
{
    char * name1 = "1.txt";
    char buf[100] = "test test test!";
    ofstream file1 (name1);/* 等价于 ofstream file1; file1.open (name1,"
ios::out"); * /
    file1 << buf;//将 buf 的数据写入 file1 文件中
    file1.close();
    return 0;
}
```

运行程序时,可以看到程序所在文件夹多了一个名字为 1. txt 的文件,打开 1. txt 文件,里面的内容是:"test test test!"。

除了和<< , >>等运算符一起进行文件的输入输出,流对象还有专门的读写文件的函数,下面我们分别了解一下:get,getline,put,read,write。

① get 与 put。

C ++ 的 get 函数有以下 6 种重载的函数。

```
a. int get();
```

这种形式是从流中返回一个字符,如果到达文件尾,返回 EOF,例如,x = file2. get( );就是从文件流中读取一个字符,将结果通过返回值赋值给 x。

```
b. istream& get ( char& c );
```

这是 put 对应的函数,功能是从文件流中读取一个字符,结果保存在引用的 c 中;如果到达文件尾,则返回空字符。例如,file. get(x);表示从文件中读取一个字符,并把读取的字符保存在 x 中。

```
c. istream& get ( char * s, streamsize n );
```

这种形式把读入的字符存入 s 指向的数组,直到读入了 n 个字符或遇到了换行符'\ n'。

　　d. istream& get (char * s, streamsize n, char delim);

这种形式把读入的字符存入 s 指向的数组,直到读入了 n 个字符或遇到了由 delim 指定的字符。如果没使用 delim 这个参数,则将使用默认值换行符'\ n'。

```
e. istream& get ( streambuf& sb );
f. istream& get ( streambuf& sb, char delim );
```

最后 2 个 get 函数都是从流中读取字符到缓冲区流类 sb 中,直到遇到 delim 或者默认的'\ n'才停止读入。

② getline。

```
istream& getline (char * s, streamsize n );
istream& getline (char * s, streamsize n, char delim );
```

按行或者遇到分割符才停止从流当中获取字符串。函数 getline 当遇到分隔符后,停止获取,但会将分隔符从输入流中取出。所以使用 get 函数的时候,需要手动跳过分隔符,而getline 则不需要。

③ read 与 write。

```
istream& read ( char * buffer, streamsize size );
```

按照二进制形式读写数据,将文件流中的数据读取 size 个字符到 buffer 当中。

```
ostream&write ( char *buffer, streamsize size);
```

按照二进制形式读写数据,将 buffer 中的 size 个字符数据写入到文件中。

5. 判断文件是否结束

```
bool eof();
```

6. 获取文件流指针位置:pos_type　tellg( ) 和 pos_type　tellp( )

tellg 获取输出流文件指针位置,tellp 获取输入流文件指针位置。

7. 修改文件指针位置

① seekg (pos_type position);
② seekp (pos_type position);
③ seekg (off_type offset, seekdir direction);
④ seekp (off_type offset, seekdir direction);

seekg 是修改输出流文件指针,seekp 是修改输入流文件指针。参数 pos_type position 将文件指针定位到 position 位置;参数 off_type offset, seekdir direction 将文件指针定位到距离当前指针的偏移量为 offset 的位置,direction 为正表示偏移量为正数,否则为负数。

下面我们实现一个读写文件操作例子。"1. txt"是一个已经存在的文件,我们在里面写入了"hello, everyone!"字符串;文件"2. txt"可能没有,也可能有。参考程序如下所示。

```
#include < iostream >
#include < fstream >
using namespace std;
int main()
{
    char * name1 = "1.txt", * name2 = "2.txt";
    char buf[100] = "test test test!";
```

```
ifstream file1(name1);
ofstream file2(name2);

int i = 0;
while (!file1.eof())
{

    file2.put(buf[i]);
    buf[i] = file1.get();

    ++i;
}
cout << buf << " " << i << endl;
file1.close();
file2.close();
return 0;
}
```

运行该程序之后，文件"2.txt"里面存放的是 buf 原始数据：test test test!；而屏幕输出 buf 的数据是从文件"1.txt"中读出，写入到 buf 的数据：hello，everyone! 17。也就是说，文件"1.txt"里面有 17 个字符。

第 8 章
类与对象

基础理论

小明率领开发团队为单位开发员工管理系统,他先是采用 C 语言的模块化设计方法进行开发,时间过半,管理系统还存在很大问题。比如,发奖金这个模块,关键字是姓名,功能是到员工数据库中查找这个员工,然后将奖金数量加入奖金栏。一个简单的功能,可是编的程序有时却出现发错奖金的情况。经过多方排查,才发现因为员工数据与操作是独立的,程序员合作开发不同功能的时候,出现参数错误导致程序出错。于是,小明命令团队采用面向对象技术,将数据与操作结合在一起,这样就避免了这个问题的出现,按时完成了任务。

C++ 与 C 最大的不同在于,C++ 增加了面向对象的概念。C++ 允许用户定义新的抽象数据类型——类类型,它将一组数据和与这些数据相关的操作封装在一起,实现了面向对象技术中的核心概念——数据封装。

抽象定义了一个事物的本质特征,那么从软件设计的角度又如何对抽象出来的结果进行描述呢?封装可以实现抽象。封装就是将数据和操作这些数据的函数进行有机地结合。C++ 的解决方案,即用类来实现封装机制。

8.1 类类型的定义

视频讲解

抽象是对具体对象(问题)进行概括,提炼出这一类对象的公共性质并加以描述的过程。通常,我们按照下面三步完成对具体问题的抽象。

- 首先,注意问题的本质及描述;其次,是实现过程或细节。
- 数据抽象:描述某类对象(事物)共有的属性或状态。
- 行为抽象:描述某类对象(事物)共有的行为特征或具有的功能。

1. 抽象

下面我们举例说明抽象的过程。

(1)比如时钟。

① 我们分析时钟,有不同的形状与颜色,有许多的功能,进一步考虑最核心的是时间,而时间又分成显示时间与设置时间。我们针对分析,进一步分成数据抽象和行为抽象两部分。

② 数据抽象。具有表明当前时间的时、分、秒。

③ 行为抽象。具有设置时间和显示时间两个最基本的功能。

（2）又如人。

① 人很复杂,要考虑与抽象的方面很多,我们仍然从数据与行为抽象两个方面考虑。

② 数据抽象。包括:姓名、年龄、性别等。

③ 行为抽象。包括:

a. 生物属性。吃饭、穿衣、睡觉、行走等行为。

b. 社会属性。工作、学习等行为。

在研究问题时,侧重点不同,可能会产生不同的抽象结果;解决同一问题时要求不同,也会产生不同的抽象结果。如果开发一个人事管理软件,那么关心的是员工的姓名、性别、工龄、工资、工作部门等相关信息;如果开发学籍管理软件,那么关心的是学生的姓名、性别、年龄、籍贯、所在学院等相关信息。因此,抽象是相对的,而非绝对的。

2. 类的声明

对要处理的问题进行抽象后,下一步将抽象出的数据与行为封装成为类,类是 C++ 的特有的构造性的数据类型,用 class 关键字声明。

一个类类型由数据和操作两种成员组成。在 C++ 中称它们为数据成员和函数成员。前面分析问题,抽象出的数据抽象与行为抽象,就分别用类的数据成员和函数成员表示。其中的关键字 public、protected、private 称为段约束符,用于控制对成员的访问权限。因此,成员又可以分为公有成员、保护成员以及私有成员。

类是一种抽象数据类型,声明形式如下:

```
class ClassName{
    public:
        公有成员 (外部接口)
    protected:
        保护型成员
    private:
        私有成员
};
```

比如,时钟类,前面分析数据抽象为时分秒,行为抽象为显示时间与设置时间。其中时、分、秒可以用 3 个整型变量表示;显示时间用不带参数,没有返回值的函数实现输出成员时、分、秒的功能;设置时间没有返回值,但是需要有 3 个参数,分别用这 3 个参数更新数据成员时、分、秒。比如,我们下面就对时钟类进行了声明。

```
class  Clock{
    int Hour, Minute, Second;//数据抽象
    void SetTime( int h, int m, int s );//行为抽象
    void ShowTime();//行为抽象
};
```

3. 类的实现

实现一个类,就是要去实现类中的每一个成员函数。

在实现成员函数时,可以在类内实现;也可以在类内只给出成员函数的原型,然后在类外实现成员函数。在成员函数内部,无需显式指明访问的数据是哪个对象的,成员函数能够"知道"它正在操作的数据属于激活该函数的那个对象。

以时钟为例,在类内实现类定义的函数代码如下。

```
class  Clock{
    int Hour, Minute, Second;
    void SetTime( int h, int m, int s ){  Hour = h; Minute = m;  Second = s;  }
    void ShowTime(){
        cout << "Current Time:"
        cout << Hour << ":" << Minute << ":" << Second << endl;
    }
};
```

在类外实现函数代码如下:

```
class Clock{
    int Hour, Minute, Second;
    void SetTime( int h, int m, int s );//给出函数原型
    void ShowTime(); //给出函数原型
};
void Clock::SetTime( int h, int m, int s ){  Hour = h; Minute = m;  Second
= s;}
void Clock::ShowTime(){
    cout << "Current Time:"
    cout << Hour << ":" << Minute << ":" << Second << endl;
}
```

在类的外部实现成员函数,要通过类的作用域分辨符::说明这个函数属于哪一个类的。比如,上面程序里的 SetTime 函数就是属于 Clock 类的。

8.2　类成员的访问控制

数据封装的目的就是信息隐蔽。为了达到信息隐蔽,在 C++ 类中,并非所有的成员都是对外可见的;或者说,不是都可以在类外被访问的。

1. 什么是"类内"和"类外"

(1)在类声明之内称为类内。

(2)在类声明之外称为类外。

如果所有的成员在类外都不能被访问,那么类的成员就不能在类外部被使用,类封装就没有使用价值。但如果所有的成员都能够被类外访问,封装和实际情况也不相符合,因此,C++ 通过设置成员的访问控制属性来实现对类成员的访问控制。这些控制属性有 public、protected、private,如图 8-1 所示。

图 8-1　类成员的访问控制属性

公有成员在关键字 public 后面声明,它们是类与外部的接口,任何类内、类外函数都可以访问公有的成员数据和成员函数。这是类内部与类外部沟通的桥梁。

私有成员在关键字 private 后面声明,只允许本类中的成员函数访问,而类外的任何函数都不能访问。如果紧跟在类名称的后面声明私有成员,则关键字 private 可以省略。

保护成员在关键字 protected 后面声明,与 private 类似,其差别表现在继承与派生时对派生类的影响不同。关于继承与派生的相关内容我们在第 9 章学习。

我们同样用时钟类为例,时、分、秒这些数据属性我们并不希望在类外访问,而是希望通过我们给出的设置时间与显示时间这些功能访问。因此,我们设置数据成员时、分、秒是私有属性,而设置时间与显示时间的行为是公有属性,进一步修订时钟类声明的代码如下:

```
class  Clock{
    public:
        void SetTime( int h, int m, int s );
        void ShowTime();
    private:
        int Hour, Minute, Second;
    };
```

2. 对于访问控制属性的说明

(1) 在声明类时,具有不同访问属性的成员可以按任意顺序出现。比如,我们的时钟类,除了如前面一样先声明公有属性,再声明私有属性,也可以如下面代码一样,先声明私有属性,再声明公有属性。

```
class  Clock{
  private:
      int Hour, Minute, Second;
  public:
      void SetTime( int h, int m, int s );
      void ShowTime();
  protected:
      ……
};
```

(2) 修饰访问属性关键字可以多次出现。比如,我们的时钟类的公有属性可以写在一起,也可以分开写,只要正确地放置在对应的访问控制属性下面。

```
class  Clock{
  public:
      void SetTime( int h, int m, int s );
  private:
      int Hour, Minute, Second;
  public:
      void ShowTime();
};
```

(3) 一个成员只能具有一种访问属性,否则会出现歧义。比如,我们修改了时钟类,程序如下所示。函数成员 ShowTime( ) 既在 public 属性中,又在 private 属性中,那么它到底是可以在类外被访问,还是不能被类外访问? 就会出现二义性,这样是不允许的。

```
class  Clock{
  public:
      void SetTime( int h, int m, int s );
      void ShowTime();
```

```
    private:
        void ShowTime();
        int Hour, Minute, Second;
    };
```

数据封装是一个相对类外而言的概念。而对于类内部而言,所有的成员都是相互可见的。

8.3 类类型的使用

分析具体问题进行数据与行为抽象之后,首先,要通过 class 关键字声明类;其次,实现所有的成员函数;最后,我们就可以用自定义的这个类类型定义类对象并使用类对象。具体的定义和使用类的基本过程如下。

第一步:进行抽象。

第二步:声明类。

第三步:实现类。

第四步:使用类。

类是一种数据类型,一般把类的变量称作类的实例,或对象。因此,类与对象的关系就类似于 int 类型与 int 变量的关系。每个对象各自包含了类中定义的各个数据成员的存储空间,也就是说,一个类的数据成员将拥有独立复制,但它们共享类中定义的函数成员。

定义对象的一般形式是:

```
    类名  对象名;
    例如: Clock  aclock;
```

通过对象来访问成员:

```
    对象名.公有成员函数名(实参列表);
    对象名.公有数据成员;
```

通过对象指针来访问成员:

```
    指向对象的指针 –> 公有成员函数名(实参列表);
    指向对象的指针 –> 公有数据成员;
```

例 8-1 定义一个时钟类,具有设置时间、显示时间、加时、加分、加秒等功能。而且测试时钟类的功能是否正确。

```cpp
//8-1.cpp
class  Clock{
private:
    int Hour, Minute, Second;
public:
    void SetTime( int h, int m, int s);
    void addHour(int h);
    void addMinute(int m);
    void addSecond(int s);
    void ShowTime();
};
//类的类外定义
```

```
void Clock::SetTime( int h, int m, int s ){
    Hour = h; Minute = m;   Second = s;
}
void Clock::addHour( int h ){ Hour + = h; Hour% = 24 ;}
void Clock::addMinute( int m ){ Minute + = m; if(Minute >= 60){ Minute % = 60; ad-
dHour (1) ;}}
void Clock::addSecond( int s ){ Second + = s; if(Second >= 60){ Second % = 60; ad-
dMinute (1) ;}}
void Clock::ShowTime(){
    cout << "Current Time:";
    cout << Hour << ":" << Minute << ":" << Second << endl;
}
//类的使用
int main(){
    Clock   clock_1, clock_2; //用 Clock 类型定义 2 个对象(变量) clock_1, clock_2
    clock_1.SetTime(9, 5, 25); //用类对象 clock_1 调用公有成员函数,设置时间
    clock_2.SetTime(15, 16, 45); //用类对象 clock_2 调用公有成员函数,设置时间
    clock_1.addHour(3);
    clock_2.addMinute(8);
    clock_1.ShowTime();
    clock_2.ShowTime();
    system("pause");
    return 0;
}
```

程序的运行结果为:

```
Current Time:12:5:25
Current Time:15:24:45
```

注意 对于类,我们可以定义多个类对象,每个对象各自包含了类中定义的各个数据成员的存储空间,但它们共享类中定义的成员函数。

下面我们再通过设计与使用一个自定义的、简单的用于保存字符串的 CString 类来理解定义与使用类的 4 步骤。

1. 进行抽象

我们分别考虑数据抽象与行为抽象。

(1) 数据抽象要考虑以下两点。

① 保存字符串的内存空间地址。

② 保存字符串的内存空间大小。

(2) 行为抽象要考虑以下两点。

① 能够保存字符串。

② 能够获取字符串。

2. 声明类

根据前面对问题的抽象,我们的数据属性应该是私有的,分成两部分:连续存储空间的首地址及大小。行为抽象的两个功能用两个成员函数来表示。

| 例 8-2 | 声明字符串是 CString。

```
//8-2.cpp
class CString{
    char *buf;
    int size;
public:
    bool copy(char *str);
    char *get();
};
```

3. 实现类

实现类的所有成员函数,我们在类的外部实现类 CString 的成员函数。

```
bool CString::copy(char *str){
    if(str ==NULL)//如果要复制的字符串指针为空
        return false;
    if((strlen(str) +1) > size)//如果内存空间不够大
        return false;
    strcpy_s(buf,strlen(str),str);
    return true;
}
        char *CString::get(){ return buf;}
```

4. 使用类

我们在主函数中定义了 CString 类的对象 aStr,然后调用其公有成员函数测试各个功能是否正常。

```
int main(){
    CString aStr;
    aStr.copy("hello");
    char *p = aStr.get();
    if(p ==NULL)
        cout << "str is NULL" << endl;
    else
        cout << "str is:" << p << endl;
    system("pause");
    return 0;
}
```

运行程序后发现程序输出结果为:str is NULL,这是因为我们没有为 aStr 对象分配保存字符串的内存空间(即成员 buf 为空,size 为 0),所以当我们调用 aStr. copy("hello")时,并未完成字符串"hello"的复制。

为此,我们应该增加一个分配保存字符串的内存空间的初始化函数。修改类定义如下:

```
class CString{
    char *buf;
    int size;
public:
    void init();
    void deinit();
    bool copy(char *str);
    char *get();
};
```

其中,初始化函数 init 定义如下:

```
const int DEFAULT_BUF_SIZE = 64;
bool CString::init(){
    size = DEFAULT_BUF_SIZE;
    buf = new char[size];
}
```

由于在 init 函数中通过 new 动态创建了一个 char 数组,因此,需要设计一个反初始化函数 deinit 函数来释放该内存,deinit 函数定义如下:

```
void CString::deinit(){
    if(buf!=NULL)
        delete []buf;
}
```

使用的时候,一定要先调用 init 函数,在 main 函数结束前调用 deinit 函数;否则,程序运行结果会出错。修改后的 main 函数如下所示。

```
int main(){
    CString aStr;
    aStr.init();
    aStr.copy("hello");
    char *p = aStr.get();
    if(p == NULL)
        cout << "str is NULL" << endl;
    else
        cout << "str is:" << p << endl;
    aStr.deinit();
    system("pause");
    return 0;
}
```

程序运行结果

```
str is:hello
```

视频讲解

8.4 构造函数的引入

在示例 8-2 中,我们为 CString 类增加成员函数 init 来实现类对象的初始化,以保证 CString 类能正常工作。这样做虽然可行,但是也存在以下问题。

(1)不能保证程序员在使用 CString 类对象时都记得调用 init 函数,一旦忘记调用该函数,则会出现例 8-2 所示的出错情况,而且这种错误是比较隐晦的,很容易造成程序的逻辑错误。

(2)即便程序员记得调用 init 函数,如果程序比较复杂,有许多地方都要创建和使用 CString 对象,那么在这些地方都要一一调用 init 函数,这是一件非常烦琐的事情,而且使得代码的可维护性变得很差。

那么怎么办呢?实际上,我们更希望这个初始化工作能够自动进行,构造函数提供了这种自动化功能。

例8-3 在例8-2的基础上,为 CString 类增加构造函数,用构造函数来替代 init
函数。

```cpp
//8-3.cpp
const int DEFAULT_BUF_SIZE = 64;
class CString{
……
public:
    CString();//用构造函数代替 init 函数
};
CString::CString(){
    size = DEFAULT_BUF_SIZE;
    buf = new char[size];
}
……
int main(){
    CString aStr;//生成类对象的时候自动调用构造函数
    aStr.copy("hello");
    char *p = aStr.get();
    if(p == NULL)
        cout << "str is NULL" << endl;
    else
        cout << "str is:" << p << endl;
    aStr.deinit();
    system("pause");
    return 0;
}
```

构造函数是类的一种特殊成员,函数名和类名相同,没有返回类型,可以有参数。当创
建类的一个新对象时,构造函数被自动调用,完成对象的初始化工作。

正如在 main 函数所看到的那样,去掉了 aStr.init();语句,编译器在翻译 CString aStr;这
条语句时,按如下方式来理解:

① 创建一个名为 aStr 的对象;

② 通过 aStr 去调用构造函数,即 aStr.CString();。

可以看出,构造函数的调用是由编译器隐含加上的,对于程序员来说,需要做的事情仅
仅是在定义对象时设置传递给构造函数的参数(本例中构造函数没有参数,因此无需设置参
数,后续内容可以看到需要为构造函数设置参数的示例)。这样一来,我们不再为是否调用
init 函数而烦恼了。

如果我们在定义一个类时,没有显式地为其定义构造函数,那么编译器将会自动为该类
生成一个没有参数的构造函数,该函数不做任何工作(即函数体为空)。例如,如果没有为
CString 类定义构造函数,那么编译器会为其添加一个默认的构造函数,形如:

```cpp
CString::CString(){}
```

8.5　析构函数的引入

正如示例8-3所示,构造函数避免了类的使用者忘记初始化造成的问题。有时我们在销

视频讲解

215

毁对象的时候,可能需要做一些收尾工作,例如示例 8-3 的 main 函数中调用了 aStr.deinit();
语句来释放对象所拥有的内存资源(即 buf 指针所指向的动态内存区),但如果程序员忘记
写上 deinit 函数的调用语句,会发生什么情况呢?

我们把示例 8-3 的 main 函数稍加修改,去掉 aStr.deinit();语句,如下所示:

```
int main(){
    CString aStr;//调用构造函数
    aStr.copy("hello");
    char *p = aStr.get();
    if(p == NULL)
        cout << "str is NULL" << endl;
    else
        cout << "str is:" << p << endl;
    //aStr.deinit();屏蔽掉 deinit 函数调用语句
    system("pause");
    return 0;
}
```

aStr 是 main 中的局部对象,当 main 函数调用结束时 aStr 对象会被销毁(即 aStr 对象自
身数据成员所占的内存会被回收),但 aStr 对象的 buf 成员所指向的动态内存并没有被释
放,这块内存也就没有归还给系统,也不能再被访问了,从而造成内存泄露。内存泄露很难
被发现,一般需等待应用程序运行一段时间后,内存逐步被耗尽,电脑变得越来越慢时才会
显露出来。

即便程序员记得调用 deinit 函数,但如果程序逻辑比较复杂,需要创建大量的 CString 对
象,那就意味着程序员需要花上大量的精力、写上复杂的代码来管理这些对象何时需要调用
deinit 函数,这无形中也会削弱程序的可维护性,使得程序变得更加复杂。

那么,有什么办法既能保证不会出现内存泄露,又能减轻程序员的工作量,让程序员专
注于业务逻辑的开发上呢? C++ 中的析构函数能够帮助我们达成这一目标。对于程序员
来说,需要做的事情只是为类添加一个析构函数,在函数中写上释放系统资源(例如,内存、
网络端口等)的代码。为此,我们可以为 CString 类添加析构函数。

例 8-4 在例 8-3 的基础上,增加析构函数的程序如下所示。

```
//8-4.cpp
class CString{
……
public:
    ~CString();//用析构函数来代替 deinit 函数
};
CString::~CString(){
    if(buf! = NULL)
        delete []buf;
}
……
int main(){
    CString aStr;//调用构造函数
    aStr.copy("hello");
    char *p = aStr.get();
    if(p == NULL)
```

```
        cout << "str is NULL" << endl;
    else
        cout << "str is:" << p << endl;
    //main 函数调用返回之前不再需要调用 deinit 函数
    system("pause");
    return 0;
}
```

可以看出,析构函数没有返回类型,没有参数,函数名是在类名前加 ～ 。当 aStr 对象被销毁时,首先是析构函数会被自动调用,从而释放 buf 所指向的动态内存。

由于是要在某个 CString 对象被销毁或者说不再使用某个 CString 对象时,需要释放 buf 成员指向的动态内存,因此 CString 类析构函数的程序逻辑与此前定义的 deinit 函数是一样的,但二者有着本质的不同。

① 调用析构函数的语句是由编译器在编译程序时隐含加上的,对于程序员来说完全透明,因此不用关心对象何时会被释放。

② 程序员需要关心何时调用 deinit 函数,因此需要关心对象何时不会再被使用。

我们在定义一个类时,如果没有显式地定义析构函数,那么编译器会为其生成一个默认的不做任何事的析构函数。例如,如果没有为 CString 类定义析构函数,那么编译器会为其添加一个默认的析构函数,形如:

```
    CString::～CString(){}
```

8.6　重载构造函数的引入

但有的时候,我们初始化的需求是不同的,这时我们可以利用 C++ 的函数重载,定义多个构造函数。重载的目的是为了满足不同的初始化需要。

在示例 8-3 中,我们为 CString 类定义了一个无参数的构造函数,该构造函数动态分配一个固定大小(即 DEFAULT_BUF_SIZE)的内存空间,可以看出这种方式不灵活,有一定的局限性:如果字符串的长度超过 DEFAULT_BUF_SIZE-1 的话,那么 CString 类对象将无法保存这样的字符串。我们来看一下如下需求:

① 在定义 CString 对象时由程序员主动设置保存字符串的内存空间的最大容量。

② 用一个字符串来初始化 CString 对象。

> **例 8-5**　在例 8-4 的基础上,为 CString 类再添加两个构造函数以满足以上两个需求。

```
//8-5.cpp
class CString{
……
public: //新增加的构造函数
    CString(int n);
    CString(char *str);
};
……
CString::CString(int n){
    if(n>0){
        size=n;
```

```
            buf = new char[size];
        }
    }
    CString::CString(char * str){
        if(str! = NULL){
            size = strlen(str) + 1;//加1,目的是要考虑字符串的结束符' \0'要占一个字节
            buf = new char[size];
            strcpy_s(buf,size,str);
        }
    }
    int main(){
        CString str1;//此时调用的是 CString()构造函数
        str1.copy("Welcome");
        CString str2(16);//此时调用的是 CString(int n)构造函数
        str2.copy("to");
        CString str3("Uestc");//此时调用的是 CString(char * )构造函数
        char *p = str1.get();
        if(p == NULL)
            cout << "str1 is NULL" << endl;
        else
            cout << "str1 is:"<<p<<endl;
        p = str2.get();
        if(p == NULL)
            cout << "str2 is NULL" << endl;
        else
            cout << "str2 is:"<<p<<endl;
        p = str3.get();
        if(p == NULL)
            cout << "str3 is NULL" << endl;
        else
            cout << "str3 is:"<<p<<endl;
        system("pause");
        return 0;
    }
```

在第 7 章中我们提到,C++允许定义多个同名函数(即函数重载),函数调用匹配取决于所传递的实参列表。在一个类中定义多个构造函数,我们称为构造函数的重载,本质上也属于函数重载的范畴,因此在初始化对象时应该调用哪个构造函数就取决于在定义对象时传递的参数。对于上述代码中的三个对象定义语句,分析如下。

① 对于 CString str1;语句,调用无参的构造函数,即 CString()构造函数。

② 对于 CString str2(16);语句,当创建完 str2 对象后,会通过 str2 去调用构造函数,即 str2. CString(16),不难看出,调用的是 CString(int)构造函数。

③ 对于 CString str3("Uestc");语句,当创建完 str3 对象后,会通过 str3 去调用构造函数,即 str3. CString("Uestc")。因此调用的是 CString(char *)构造函数。

如果我们希望用 8 个字符'A'去构造一个 CString 对象,如下面的语句所示,会发生什么情况呢?

```
    CString str4(8,'A');
```

从上述分析不难看出,编译器会认为最后应该要调用原型为 CString(int, char)这样的构造函数,即 str4. CString(8,'A');。但事实上,由于我们并没有为 CString 类定义该构造函

数,因此编译器编译这条对象定义语句时会报编译错误。

8.7 复制构造函数的引入

有的时候我们会有这样的需求,能不能用一个已经存在对象去构造另一个一模一样的新对象呢? 例如下面的代码:

视频讲解

```
int main(){
    CString str1("hello");//此时调用的是 CString(char *)构造函数
    CString str2 = str1;//此时调用的是 CString(CString&)构造函数
    char *p = str1.get();
    if(p == NULL)
        cout << "str1 is NULL" << endl;
    else
        cout << "str1 is:" << p << endl;
    p = str2.get();
    if(p == NULL)
        cout << "str2 is NULL" << endl;
    else
        cout << "str2 is:" << p << endl;
    system("pause");
    return 0;
}
```

当我们运行该代码时,控制台上显示如下信息:

```
str1 is:hello
str2 is:hello
```

程序运行结果似乎符合我们的期望,即 str2 保存的字符串与 str1 一样。但事实上,显示完上述信息后,程序会发生错误,为什么呢? 下面来分析一下原因。

对于 CString str2 = str1;语句,从形式上来看,就是希望用一个已经创建好的对象 str1 去构建一个新对象 str2。编译器在翻译这条语句时,按如下方式来理解。

(1)创建一个名为 str2 的对象。

(2)通过 str2 去调用一个特殊的构造函数,即 str2. CString(str1)。

这个特殊的构造函数我们称为复制构造函数(又称拷贝构造函数),其特殊性就在于,它是以同类对象的引用作为参数。对于 CString 类,其复制构造函数的原型为: CString(CString &oldStr);

然而我们并没有为 CString 类定义复制构造函数,为什么在编译 CString str2 = str1;语句时没有发生编译错误? 事实上,当我们没有显式地为一个类定义复制构造函数时,编译器会为这个类生成一个默认的复制构造函数,并使用位拷贝的方式来完成对象到对象的数据复制。

因此对于 str2 来说,它被初始化时使用的是 CString 类默认的复制构造函数。最后的结果是: str2 的成员 size 和 buf 的值与 str1 完全一样(如图 8-2 所示),此时 str2 和 str1 的 buf 都指向同一块动态内存区。

当 main 函数调用结束时,str1 和 str2 会被销毁,由于 str1 和 str2 的 buf 都指向同一块动态内存区,当析构函数被调用时这块内存空间会被释放两次。而对于同一块动态内存空间来说,一次分配是不允许被多次释放的;否则,会造成意想不到的程序运行错误。这就是上述程序运行出错的原因。

图 8-2　默认的复制构造函数采用位复制方式

那么如何解决这个问题呢？既然默认的复制构造函数有时表现得不尽人意，那么我们就需要显式地为 CString 类定义复制构造函数，通过准确地复制并按需操作数据来避免发生这样的错误。

例 8-6　修改例 8-5，显式定义复制构造函数。

```
//8-6.cpp
class CString{
……
public:
    CString(CString &oldStr);
};
CString::CString(CString &oldStr){
    size = oldStr.size;
    buf = new char[ size ];
    strcpy_s(buf,size,oldStr.buf);
}
```

在 CString 类的复制构造函数中为新创建对象的 buf 成员分配一块新的内存空间，并将参数 oldStr 的 buf 成员所指向的内存空间的数据复制到该新的内存空间中（由于 buf 成员所指向的内存空间保存的是字符串，因此，是通过调用 strcpy 函数来完成数据的复制）。

8.8　对象数组

视频讲解

与任何其他数据类型一样，可以创建对象数组。以 CString 类为例，CString 对象数组的声明语句如下：

```
    CString  stringArray[8];
```

数组中的每个元素都代表一个 CString 对象，因此可以通过下标的方式访问每一个对象元素，进而访问该对象的公有成员。例如：

```
    stringArray[index].copy(str);     (其中：0≤index<8,str 指向一个字符串)
```

定义数组必然涉及数组元素初始化问题，对象数组也不例外。对象数组的初始化过程，实际上就是调用构造函数对每一个数组元素进行初始化的过程，至于调用哪个构造函数则取决于在声明数组时所给出的数组元素的初始值。

例 8-7　用例 8-6 定义的 CString 字符串类，作为数组元素操作，参考程序如下。

```
//8-7.cpp
int main(){
    const int NUM = 3;
```

```
CString strArray[NUM] = {CString(),CString(10),CString("chengdu")};
strArray[0].copy("Welcome");
strArray[1].copy("to");
for(int i = 0;i < NUM;i ++){
    char *p = strArray[i].get();
    cout << p << " ";
}
return 0;
}
```

main 中,在定义 CString 对象数组的同时对每个对象元素进行初始化,在初始化这 3 个元素时分别调用 CString( )、CString(int)、CString(char ＊)3 个构造函数。

如果在定义对象数组的同时,未进行显示初始化,则需要该类有不带参数或者具有默认参数的构造函数,这样定义对象数组的时候,每个数组元素都调用不带参数或默认参数的构造函数。但如果类只有带参数的构造函数,定义对象数组的时候会因为没有匹配的构造函数而造成编译错误。

8.9　对象指针

视频讲解

与 C 语言类似,可以使用指向对象的指针变量来访问对象以及对象的公有成员。以 CString 类为例,CString 对象指针的定义和用法示例如下。

```
CString *pstr; //定义了对象指针 pstr
CString str(10); /*定义了参数为 10 的 CString 对象 str,调用 CString(int)的构
造函数 */
pstr = &str; //对象指针变量的初始化
pstr -> copy("hello"); //通过对象指针变量访问公有成员函数 copy
char *p = pstr -> get(); //通过对象指针变量访问公有成员函数 get
cout << "str:" << p << endl;
```

上述代码中,pstr 指向 str 对象,pstr 也就代表了 str 对象,因此通过 pstr 可以调用 CString 类中定义的公有函数 copy 和 get。

> **注意**　当定义指向对象的指针变量时,例如 CString ＊pstr;,由于没有创建 CString 对象,所以不会调用构造函数。

对象指针还可以指向通过 new 方式动态创建的对象。例如:

```
CString *pstr;
pstr = new CString(16); /*用 new 动态创建对象的地址去初始化指针变量 pstr */
if(pstr){
        pstr -> copy("hello");
        char *p = pstr -> get();
        cout << "str:" << p << endl;
        delete pstr;
}
```

上述代码中,通过 new 动态创建一个 CString 对象,如果创建成功,则 pstr 指向该对象。当不再需要使用该动态对象时,需要通过 delete 方式来释放该对象。

除了可以通过下标的方式访问对象数组外,也可以通过对象指针的方式来访问,例如,

我们将示例 8-7 改造为使用 CString 指针来访问对象数组。程序如下所示：

```
int main(){
    const int NUM = 3;
    CString strArray[NUM] = {CString(),CString(10),CString("chengdu")};
    strArray[0].copy("Welcome");
    strArray[1].copy("to");
    CString * pArray = strArray;
    for(int i = 0;i < NUM;i ++){
        char * p = pArray ->get();
        cout << p << " ";
        pArray ++;
        }
    + system("pause");
    return 0;
}
```

8.10 this 指针

对于某个类来说，该类的每个对象都有自己独立的内存空间（该内存空间由数据成员构成），但是所有的对象却共享该类的成员函数（如无特别说明，本书中提到的成员函数均指非静态成员函数）。那么当通过某个对象调用某个成员函数时，该成员函数是如何准确地操作该对象的数据成员而不会误操作其他对象？例如：

```
CString str1(10), str2(16);
str1.copy("hello");
str2.copy("world");
```

str1 和 str2 对象的 buf 成员各自指向不同的动态内存区，当通过 str1 调用 copy 函数时，字符串“hello”是存储到 str1 的 buf 成员所指向的内存区，而不会存储到 str2 的 buf 成员所指向的内存区；同样道理，调用 str2. copy（“world”）;语句时，字符串“world”也不会存储到 str1 的 buf 成员所指向的内存区。看起来 copy 函数似乎很聪明，它“知道”是哪个对象在调用它，因此它也知道操作那个对象的 buf 成员所指向的内存区。copy 函数是如何做到这一点的呢？

事实上，C++ 为每个非静态成员函数提供一个 this 指针。this 指针是系统预定义的特殊指针，表示当前对象的地址。this 指针是一个隐含的指针，它指向了正在被成员函数操作的那个对象。例如，CString 类的 copy 函数我们也可以写成如下形式：

```
bool CString::copy(char * str){
    if(str == NULL)//如果要复制的字符串指针为空
        return false;
    if((strlen(str) +1) > this ->size)//如果内存空间不够大
        return false;
    strcpy_s(this ->buf,size,str);
    return true;
}
```

这里的 this 指针就代表调用 copy 函数的对象，即如果通过 str1 调用 copy 函数，this 就指向 str1，从而通过 this -> size 和 this -> buf 就能访问 str1 的 size 和 buf 成员，str2 也是同理。

那么这个 this 指针是从哪里来的呢？事实上，编译器在编译 C++ 代码时都会为非静态成员函数隐含加上一个名为 this 的形参,任何调用非静态成员函数的地方,都会将相应对象的地址传递给 this 形参。以 CString 类的 copy 函数为例,编译器为其隐含加上 this 形参后的函数原型为:

```
bool copy(CString *this, char *str);
```

编译器在处理 str1. copy("hello");和 str2. copy("world");这两条 copy 函数调用语句时,都做如下处理:

```
str1.copy("hello");  等价于 copy(&str1, "hello");
str2.copy("world");  等价于 copy(&str2, "world");
```

也就是说,当通过 str1 调用 copy 函数时,编译器就将 str1 的地址(即 &str1)作为第一个实参隐含传递给 copy 函数的第一个形参(即 this 指针),str2 也是同理。因此,非静态的成员函数就能够通过 this 指针找到调用它的对象的空间地址并对数据成员进行读写操作。

> **注意** 由于 this 指针是编译器在编译阶段隐含加上的形参,因此对于程序员来说,在编写非静态成员函数时不能显式声明名为 this 的形参,也不能修改 this 指针,而只能通过 this 指针去访问相应对象的数据成员。

8.11　类类型作为参数类型的三种形式

从前面的例子我们可以看到,当函数参数的类型是类类型时,会涉及复制构造函数的调用,类对象的生成与初始化是很花时间和空间的,所以我们有必要探讨一下对象做函数参数的情况,以便我们在自己定义函数时采用最合适的参数传递方式。类类型作为参数类型通常有 3 种方式:对象本身作为参数、对象指针作为函数参数和对象引用作为参数。

视频讲解

1. 对象本身作为参数

和 C 语言一样,C++也采用传值的方式传递参数。因此使用对象作为参数时,形参是实参的复制,系统会以实参对象作为参数来调用复制构造函数,以便创建和初始化形参对象。在这种情况下,最好显式地为类定义一个复制构造函数,以免出现不容易发现的错误。下面来看一下,如果使用对象作为参数时会发生什么情况。

```
void changeString_1(CString oldstr){
    oldstr.copy("Hello World"); /*形参 oldstr 通过 copy 成员函数修改 buf 中的字符串 */
}
int main(){
    CString str(32);
    char *p;
    str.copy("Hello China");
    p = str.get();
    cout << "before change:" << p << endl;
    changeString_1(str);
    p = str.get();
    cout << "after   change:" << p << endl;
    system("pause");
    return 0;
}
```

changeString_1 函数是以 CString 类的对象作为参数,在进行参数传递时调用了 CString 类的复制构造函数,以实参 str 来初始化形参 oldstr。

程序的运行结果为:

```
before change:Hello China
after   change:Hello China
```

可以看出,changeString_1 函数虽然改变了形参 oldstr 对象的字符串为"Hello World",但并未改变实参 str 对象所保存的字符串,这是因为该函数是以 CString 对象作为参数,形参 oldstr 是实参 str 的复制,它们代表的是两个不同的对象空间。因此,在 changeString_1 函数中,对形参 oldstr 进行的任何操作均不会影响到实参 str。

而且调用复制构造函数生成 oldstr 对象,需要分配新的空间,并将实参值复制到形参空间中,时间和空间开销都极大。因此,通常不建议将类对象作为函数参数进行数据传递。

2. 对象指针作为参数

如果以对象指针作为参数,那么在进行函数调用时需要传递对象的地址。此时,在函数内部通过该对象指针能够间接访问它所指向的对象(即实参对象),进而读取或修改该对象的数据成员。下面增加 changeString_2 函数,该函数以 CString 类的指针作为参数,如下所示。

```cpp
void changeString_2(CString *pstr){
    pstr->copy("Hello World"); /*通过对象指针 pstr 调用成员函数,修改 buf 中的字符串为"Hello World."*/
}
int main(){
    CString str(32); //str 对象的 size 值为 32
    char *p;
    str.copy("Hello China"); //str 对象的字符串为"Hello China"
    p = str.get();
    cout << "before change:" << p << endl;
    changeString_2(&str); /* str 对象地址传递给形参,通过形参 pstr 修改 str 对象的字符串为"Hello World" */
    p = str.get();
    cout << "after   change:" << p << endl;
    system("pause");
    return 0;
}
```

程序的运行结果为:

```
before change:Hello China
after   change:Hello World
```

可以看出,由于调用 changeString_2 函数时传递的实参是 str 的地址,因此形参 pstr 指向实参对象 str,当通过 pstr 调用 copy 成员函数,就会将 Hello World 复制到实参 str 对象的 buf 成员所指向的内存空间中。因此,changeString_2 函数调用完毕后,实参 str 存储的数据发生了改变。

对象指针做参数,仅传递一个整数(地址值),时间和空间效率都很高。

3. 对象引用作为参数

当以对象引用作为参数时,形参是实参的别名,形参和实参都代表同一个对象,因此,在函数中对形参的任何操作,本质上就是对实参进行的操作。下面再增加 changeString_3 函数,该函数以 CString 类的引用作为参数,如下所示。

```
void changeString_3(CString &refStr){
    refStr.copy("Hello World");
}
int main(){
    CString str(32);
    char *p;
    str.copy("Hello China");
    p = str.get();
    cout << "before change:" << p << endl;
    changeString_3(str);
    p = str.get();
    cout << "after   change:" << p << endl;
    system("pause");
    return 0;
}
```

程序的运行结果为：

```
before change:Hello China
after   change:Hello World
```

可以看出，changeString_3 函数以对象引用作为参数，在 changeString_3 函数中形参 refStr 代表的就是实参 str。因此，通过 refStr 调用 copy 函数，本质上就是通过实参 str 调用 copy 函数。因此，changeString_3 函数调用结束后 str 对象存储的数据也发生了变化。

对象的引用作为函数参数，仅将形参与实参空间进行了绑定，不用重新分配整个对象空间，也不要需要将实参数据拷贝到形参空间，因此参数传递效率也非常高。

从上述三种方式不难看出，对象作为参数的方式不会因为对形参的操作而影响到实参，后两种方式能够通过形参去改变实参对象。对象指针作为参数的方式是一种可以间接修改实参对象的方式，这种方式和 C 语言的做法是一样的。而相比于对象指针作为参数，对象引用作为参数的方式更要容易理解和使用，同时没有任何的副作用。

8.12　静态成员

用关键字 static 说明一个类成员时，该成员称为静态成员。静态成员分为静态数据成员和静态成员函数。

1. 静态数据成员

静态数据成员的声明是在普通数据成员声明的前面加 static 关键字，如 ABCD 类中的 s_value。

类的所有对象共享静态数据成员，因此无论建立多少个该类的对象，静态数据成员只有一份副本。静态数据成员属于类，而不属于具体的对象。

例如，A、B、C、D 4 个对象共享静态数据成员 s_value，但各自拥有 value 数据成员，如图 8-3 所示。

```
class ABCD{
    int value;
public:
    static int s_value;
};
```

```
int  ABCD::s_value = 6;
int main()
{
    ABCD A,B,C,D;
    system("pause");
    return 0;
}
```

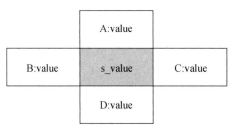

图 8-3　对象中的静态和非静态数据成员

注意 在类内只是声明静态数据成员,而需要在类外定义及初始化静态数据成员。

定义静态数据成员的一般形式是:

类型类名::静态数据成员

例如:

```
int      ABCD::s_value;
```

在定义静态数据成员的时候可以对其进行初始化,方式如下:

类型类名::静态数据成员 = 初始化值

例如:

```
int      ABCD::s_value = 6;
```

静态数据成员也有 public、private 及 protected 之分,由于静态数据成员是属于类的,因此,在类内可以直接访问所有属性的静态数据成员;而在类外按"类名::静态数据成员"的方式访问 public 属性的静态数据成员。例如:ABCD::s_value ++;语句就是对 ABCD 类的公有静态成员数据做自增操作。当然,也可以通过类对象或类对象指针访问公有的静态数据成员。特别地,当类对象不存在时,也可以按此方式访问类的静态数据成员。

2. 静态成员函数

静态成员函数的定义就是在普通的成员函数前面增加 static 关键字,静态成员函数也可以被声明为 public、private 及 protected 等属性。

```
class ABCD{
……
public:
    static void show_staticvalue(){……}
……
};
```

下面回顾一下 this 指针,this 指针用于标识成员函数所操作的对象。和静态数据成员一样,静态成员函数只属于一个类,因而没有 this 指针。因此,可通过类名::静态函数(实参表)的方式调用。类对象或类对象指针也可以访问公有的静态成员函数,但并不意味着静态成员函数属于该类对象。如果要在静态成员函数中访问非静态成员,必须明确地指明该静态成员函数到底是作用在哪个对象上。具体的做法就是,在定义静态成员函数时,要有一个形参是对象的引用或指针,而在调用静态成员函数时传递对象的引用或指针给那个静态成员函数。因此,一般使用静态成员函数来访问静态数据成员或其他的静态成员函数。

在前面的各种例子中,当定义构造函数时,都是将其声明为 public 属性。现在我们提出一个问题:能否将构造函数声明为非 public 属性吗? 如果能,则将会出现什么情况? 例如,将 CString 类的构造函数声明为 private 属性,在主程序中,当我们定义对象 aStr 时,会出现什么情况呢?

```
class CString{
private:
    CString(int n){……};
    ……
};
int main(){
    CString aStr(16);
    aStr.copy("hello");
    ……
    return 0;
}
```

我们会看到编译代码时会在 Cstring aStr(16);所在语句报告编译错误,这是为什么呢? 当编译 CString aStr(16);语句时,编译器会按照如下两个步骤来理解这条语句。

① 创建一个名为 aStr 的对象,并为其分配内存空间。

② 调用构造函数去初始化该对象,这一过程等价于调用 aStr. CString(16)。

可以看出,当在 main 中定义对象时会涉及构造函数的调用,由于是在类外调用构造函数的,这就要求构造函数必须是 public 属性。但如果将构造函数声明为 private 属性,必然无法在类外(即 main 函数中)被调用,因此会出现编译错误。

如果将构造函数声明为 public 属性,则可以生成任意多个对象(比如,在 main 函数中定义任意多个 CString 对象);但如果将构造函数声明为非 public 属性,正如上述所看到的编译错误一样,又无法在类外生成对象。那么是否有办法能够控制对象生成的个数呢?

下面来看一个例子,希望在程序运行中仅创建一个 MyClass 的实例。

```
class MyClass{
    private:
        static MyClass * instance; //私有的静态成员数据
        MyClass(){} /*私有的构造函数,不能在类外生成 MyClass 类对象*/
    public:
        static MyClass * getInstance(){ //定义公有的静态成员函数
            if(instance == NULL)
                instance = new MyClass(); /*仅第一次通过 new 生成 MyClass 类对象*/
            return instance;
        }
};
```

```
MyClass *MyClass::instance = NULL; //类外定义并初始化静态成员数据
int main(){
    MyClass *pobj1, *pobj2;
    pobj1 = MyClass::getInstance(); /*公有静态成员函数第一次调用,生成 MyCla-
ss 对象 */
    pobj2 = MyClass::getInstance();/*公有成员函数第二次调用,直接返回已经存在
的 instance 指针指向的 MyClass 对象 */
    return 0;
}
```

将 MyClass 的构造函数声明为 private 属性,这就防止了在类外(比如,在 main 函数中)定义 MyClass 的对象,而是在静态成员函数 getInstance 中通过 new 的方式动态创建 MyClass 的对象。此时,虽然也会调用构造函数来初始化该对象,但由于 getInstance 是 MyClass 类的成员函数,类内可以调用任何访问属性的成员函数,因此也可调用 private 属性的构造函数,在编译时不会发生编译错误。

在 main 函数中,当第一次调用 getInstance 函数时,由于静态数据成员 instance 的初值为 NULL,因此会调用 instance = new MyClass();来创建一个 MyClass 实例,并且 instance 指针指向该实例;第二次再调用 getInstance 函数时,由于 instance 指针不为 NULL 了,因此该函数直接返回 instance 所指向的 MyClass 实例。我们不难推断,后续即便再有任意多次 getInstance 函数的调用,该函数所返回的对象指针均指向第一次调用 getInstance 函数时所创建的 MyClass 实例,而且该实例是唯一的。MyClass 实例是控制对象只能生成一个,但如果需要控制对象生成是有限个的话(例如,100 个),则可以通过对象池的方式来实现。

业界对这种控制对象只能生成一个的方式称为“单件模式”。单件模式属于设计模式的内容范畴,有兴趣的读者可以参看有关设计模式的书籍进一步学习相关知识。

视频讲解

8.13　友元机制

封装的目的就是为了实现信息隐蔽,但有的时候我们在类的外部需要方便快速地操作一些私有成员,其中一种解决方案是通过提供的对这些私有成员进行操作的公有函数进行处理,但函数调用效率比较低且便利性不够。C++ 提供的友元机制能够打破这种私有化的界限。

1. 友元函数

下面来看一个例子,比如定义了 Point 类,类的定义如下所示。现在要计算两点间的距离,该如何做呢?

```
class Point{
    float x, y;
public:
    Point( float xx = 0, float yy = 0){x = xx;y = yy;}
    float GetX(){return x;}
    float GetY(){return y;}
};
```

(1)第一种解决方案——将计算两点距离的函数设计为普通函数。

```
float Distance(Point a, Point b){
    float x1,x2,y1,y2,dx,dy;
```

```
        x1 = a.GetX(); y1 = a.GetY();
        x2 = b.GetX(); y2 = b.GetY();
        dx = x1 - x2;   dy = y1 - y2;
        return sqrt(dx * dx + dy * dy);//sqrt 是求开平方的数学库函数
    }
    int main(){
        Point p1(3.0, 5.0), p2(4.0, 6.0);
        float d = Distance(p1, p2);
        cout << "The distance is :" << d << endl;
        system("pause");
        return 0;
    }
```

程序的运行结果为：

```
The distance is 1.1421
```

因为 Distance 是普通函数，它不能直接访问 Point 类对象中的私有成员，因此该函数必须调用 GetX 和 GetY 公有成员函数先获取"点"的坐标，然后再计算两点距离。可以看出，因涉及到 GetX 和 GetY 公有成员函数的调用，因此这种方式是不太方便的。

（2）第二种解决方案——将计算两点距离的函数设计为 Point 类的成员函数。

```
    class Point{
        ……
    public:
        float Distance(Point a){{
            float x1,y1,dx,dy;
            x1 = a.GetX(); y1 = a.GetY();
            dx = x1 - this ->x;   dy = y1 - this ->y;
            return sqrt(dx * dx + dy * dy);//sqrt 是求开平方的数学库函数
        }
    };
    int main(){
        Point p1(3.0, 5.0),
        Point p2(4.0, 6.0);
        float d = p1.Distance(p2);
        cout << "The distance is :" << d << endl;
        system("pause");
        return 0;
    }
```

类的成员函数要表达的是这个类所具有的功能特性，而距离反映的是两点之间的关系，这种关系既不属于每一个单独的点，也不属于 Point 类所具有的功能。因此，虽然从语法和功能的角度来看，将 Distance 函数设计为 Point 类的成员函数能够满足需求，但是与面向对象设计思想不一致，理解起来会有问题。

（3）第三种解决方案——设计为友元函数。

我们对第一种方式的代码进行一些小小的修改，如下所示。首先，在 Point 类中加上一条 Distance 函数原型声明的语句，并在原型前面用 friend 关键字进行修饰，这样做的目的是为了将该函数声明为 Point 类的友元函数；其次，在 Distance 函数的实现中直接引用对象的数据成员（例如，通过 a. x 来获得 a 对象的 x 坐标）。

```
class Point{
    ……
    friend float Distance(Point a, Point b);
};
float Distance(Point a, Point b){
    float dx,dy;
    dx = a.x - b.x;
    dy = a.y - b.y;
    return sqrt(dx * dx + dy * dy);
}
int main(){
    Point p1(3.0, 5.0);
    Point p2(4.0, 6.0);
    float d = Distance(p1, p2);
    cout << "The distance is :" << d << endl;
    system("pause");
    return 0;
}
```

Distance 是普通函数，按理说不能直接引用对象的非 public 成员。但一旦把其声明为 Point 类的友元函数，这种限制就打破了，允许在 Distance 函数中直接引用包括 private 在内的任何访问控制属性的成员。正如我们所看到的那样，Distance 函数中无须再调用 GetX 和 GetY 公有成员函数来获取"点"的坐标。

友元函数本身不属于类的成员函数，因此友元函数没有 this 指针。友元函数的调用方式和普通函数是一样的。

2. 友元类

除了将一个普通函数声明为一个类的友元函数外，也可以将一个类 Y 声明为另一个类 X 的友元类，那么，类 Y 中的所有成员函数都成为类 X 的友元函数，都能访问类 X 中包括 private 在内的所有访问属性的成员。

以下面的 X、Y 类为例，在 X 中声明 Y 是 X 的友元类（因为 Y 的定义在 X 的后面，因此需要在 X 前面对 Y 进行前向声明，以便能够编译通过），然后 Y 定义中的所有成员函数都可以直接操作 X 的所有访问属性的成员。

```
class Y;//前向声明
class X{
    int x;
    friend class Y;//将类 Y 声明为类 X 的友元类
public:
    void show(){cout << x;}
};
class Y{
    public:
        void SetX( X &obj, int v){
            obj.x = v;//可以直接操作 obj 对象的 private 属性的数据成员 x
        }
};
int main(){
    X xobj;
    Y yobj;
    yobj.SetX(xobj,5);
```

```
        xobj.show();
        system("pause");
        return 0;
    }//输出:5
```

当然了,我们也可以把一个类的某几个成员函数说明为另外一个类的友元函数。比如,在
类 Y 中有 SetX 和 func 两个成员函数,我们只想将 SetX 声明为 X 的友元函数,那么只需要在 X
中将该函数进行友元声明。此时,Y 中只有这个 SetX 成员函数可以访问 X 的私有成员,而 Y
的 func 函数是不能直接访问 X 的私有成员的,而只能通过 X 提供的公有成员函数间接访问。

```
class X;//前向声明
class Y{
    public:
        void SetX( X &obj,int v);
        void func(X &obj ){……};
};
class X{
    ……
    friend void Y::SetX( X &obj,int v);//只将类 Y 的 SetX 声明为类 X 的友元函数
};
void Y::SetX( X &obj,int v){
    obj.x = v;//可以直接操作 obj 对象的 private 属性的数据成员 x
}
int main(){
    X xobj;
    Y yobj;
    yobj.SetX(xobj,5);
    xobj.show();
    return 0;
}//输出:5
```

从上述例子可以看出,无论是友元函数还是友元类,本质上都是希望一个类外函数能够
直接访问该类中非 public 属性的成员,这种方式为数据成员的访问提供了一种便利的途径。
但由于数据封装的目的是,希望在类外只能通过调用公有成员函数来访问类中的数据成员,
友元机制又与数据封装的宗旨相违背。因此,在实际应用中,在遵循数据封装这一宗旨的大
前提下,综合考虑效率和便捷性,根据实际情况来使用友元。

友元具有如下的性质。

① 类的友元可以直接访问它的所有成员。
② 友元的声明必须放在类的内部,但放在哪个段没有区别。
③ 友元关系不具备对称性,即 X 是 Y 的友元,但 Y 不一定是 X 的友元。
④ 友元关系不具备传递性,即 X 是 Y 的友元,Y 是 Z 的友元,但 X 不一定是 Z 的友元。

8.14 类的组合

如果一个类的对象作为另一个类的成员,这种情况称作类的组合。类的组合建立的是
一种 has-a 关系,它体现了整体和部分的关系(即对象的包含关系),这个作为成员的对象被
称为子对象。

例如,要实现 Circle 类,可以先设计 Point 类,然后把圆心和半径结合起来实现 Circle 类。

```
class Point{
    float x, y;
public:
    Point( float xx, float yy){  x = xx;y = yy;}
    float GetX(){return x;}
    float GetY(){return y;}
    void moveto(float xx,float yy){  x = xx; y = yy;}
};
class Circle{
    Point center; //子对象,也称为成员对象
    float radius;
public:
    Circle(float x,float y,float r):center(x,y) {radius = r;   } /* 列表方式
初始化子对象 */
    void moveto(float xx,float yy){  center.moveto(xx,yy);   } /* 移动的是圆
心 */
}
int main(){
    Circle acircle(0,0,5);
    acircle.moveto(5,8);
    system("pause");
    return 0;
}
```

若子对象对应的类的构造函数有参数,那么包含该子对象的类必须使用成员初始化列表的方式先初始化子对象。例如,数据成员 center 是子对象,其构造函数需要参数,因此,在Circle 的构造函数后面通过成员初始化列表 center(x,y) 的方式来初始化 center 子对象。构造函数的调用顺序是:先调用子对象所属类的构造函数(即 Point 类的构造函数),再调用组合类的构造函数(即 Circle 类的构造函数)。析构函数的调用顺序刚好相反。

8.15 数据成员的初始化和释放顺序

8.14 节中列举的 Circle 类示例,需要通过初始化列表的方式对子对象 center 进行初始化,事实上,除了子对象以外,也可以通过初始化列表的方式对基本数据类型的成员进行初始化。如果一个类定义了多个子对象,它们的初始化顺序如何呢?当初始化列表中包含多个项目(也就是对多个数据成员进行初始化)时,不论是子对象还是基本数据成员,应该按照它们在类中的定义顺序进行初始化,而不是按照它们在初始化列表中的声明顺序。仍以Circle 类为例,假设其构造函数如下:

```
Circle(float x,float y,float r):radius(r), center(x,y) {}
```

由于 center 的定义先于 radius,因此即使初始化列表中 radius 在前而 center 在后,center 仍首先被初始化。对于这个例子,center 和 radius 的初始化顺序并不重要,因为两者无关联。但如果一个成员(暂且称为 a)的值作为初始化另一个成员(暂且称为 b)所需的数据时,初始化顺序就尤为重要了,此时应该将 a 声明在前,b 声明在后,以便 a 优先于 b 初始化。

对象成员释放的顺序与初始化顺序是相反的,对于一个类中定义有多个子对象,例如:

```
class DemoClass{
    DemoClass_1  obj1;
    ……
    DemoClass_n  objn;
};
```

依次定义了子对象 obj1、obj2……直到子对象 objn,当一个 DemoClass 类的对象被释放时,这些子对象也会被释放。此时,按照这些子对象定义顺序的逆序依次调用所属类的析构函数,即先调用 objn 子对象类的析构函数,最后调用 obj1 子对象的析构函数。

8.16　常对象与常成员

视频讲解

在第 2 章中提到,当使用 const 来修饰一个变量时,该变量具有"只读"约束,只能对该变量进行"读"操作而不能进行"写"操作。在一些应用场景中,当某些对象被初始化完毕后,就不允许对这些对象进行修改,我们可以将这些对象声明为常对象。此外,如果我们只希望不允许修改对象的某些数据成员,也可以将这些数据成员声明为常数据成员。我们可以用 const 关键字来对这些对象或数据成员进行修饰,从而对它们加上"只读"约束。

1. 常对象

常对象的定义方法如下,const 放到类类型前面和后面都具有约束"只读"属性:

> const 类类型　对象名;或者　类类型 const 对象名;

我们还可以用 const 限定类的成员函数,程序中定义常对象,目的就是要保证对象的数据成员在对象的生命周期内不能被修改,这就意味着,我们只能通过成员函数读取而不能修改常对象中的数据(这些数据就是由数据成员来表示)。但编译器怎么知道哪个成员函数可以修改数据成员呢? 又怎么知道哪些成员函数对于常对象来说是"安全"的呢? 因此,必须要有一种手段能够让编译器加以区分。

如果用 const 声明一个成员函数为常成员函数,就等于告诉编译器这个函数对于常对象来说是"安全"的,是可以被常对象所调用的。而一个没有被 const 所声明的成员函数,则被编译器认为是将要修改对象数据成员的函数,不允许常对象调用这个函数。通过这样的机制,能够在编译阶段排除潜在错误,当常对象调用了非常成员函数时,就会发出编译错误。

2. 常成员

(1)常成员函数。

常成员函数的定义方式如下:

> 返回类型　成员函数名(参数表) const;

必须将 const 关键字放在函数原型的后面,如果将 const 放在函数原型的前面,意味着函数的返回值是一个常量,语义和常成员函数完全不同。

下面的代码可以帮助我们了解常对象定义与使用方式,以及常见的错误及原因。

```
int main(){
    const CString  str1("hello");//定义常对象 str1
    CString  str2("world");
    char *p;
    str1 = str2;         //编译错误!str1 为常对象, 不能被赋值
```

C 与 C++ 程序设计

```
        p = str1.get();//编译错误,因为 get 不是常成员函数,不能被常对象 str1 调用
        cout << "str1:" << p << endl;
        system("pause");
        return 0;
    }
```

由于 str1 是常对象,str1 = str2;语句意图修改常对象 str1,因此会发生编译错误。

对于常对象,只能调用常成员函数,由于 get 不是常成员函数,因此 p = str1.get();语句会发生编译错误。如果想让常对象 str1 调用 get 函数,可增加 get 常成员函数,如下所示:

```
    class CString{
        ……
        char *get() const;//在函数原型后面加上 const,声明为常成员函数
    };
    char *CString::get() const{return buf;}/*类外实现常成员函数,函数名称后面也
    要加 const */
```

常成员函数可参与普通成员函数的重载,因此常对象调用的是常成员函数 get,普通对象和对象指针调用的是普通成员函数 get。

(2)常成员数据。

下面用一个简单的例子来分析如何定义和使用常成员数据。

```
    class Employee{
        const unsigned int id;//工号,常成员数据,不能被修改
        float salary;//工资
    public:
        Employee(unsigned newID,float newSalary):id(newID){
        // id = newID;/*因为 id 是常数据成员,因此不能以赋值语句形式对 id 进行初始
    化.只能用初始化列表方式进行初始化 */
            salary = newSalary;
        }
        unsigned int getID()const{return id;} /*常成员函数访问常成员数据 */
        float getSalary(){return salary;}
        void setSalary(float newSalary){salary = newSalary;}
    };
    int main(){
        Employee employee(45,3000);
        cout << "employee Info:" << endl;
        cout << "id:" << employee.getID() << endl;
        cout << "salary:" << employee.getSalary() << endl;
        system("pause");
        return 0;
    }
```

Employee 类用来描述一个公司的员工,当新员工入职时就会为其分配一个工号,而且在员工就职期间是不会改变的,因此我们用 const 将数据成员 id 声明为常成员数据。由于 id 是常成员数据 id,因此只能在构造函数的成员初始化列表中对其初始化(例如 id(newID)),并且设计了一个 getID 函数来获取其值。

由于 salary 成员不是常成员数据,因此既可以在初始化列表中对其初始化,也可以在构造函数的函数体内以赋值语句的形式(即 salary = newSalary;)初始化,并且设计了 getSalary 和 setSalary 函数来获取和修改 salary 成员。

常对象和常成员明确规定了程序中各种对象的变与不变的界线,在程序中灵活地使用

234

它们能够增强 C++ 程序的安全性和可控性，从而避免潜在的错误。

课堂练习题

1. 分析程序，写出运行结果。

(1)
```
class MyClass
{
public:
      int number;
      void set(int i);
};
int number = 3;
void MyClass::set(int i)
{
    number = i;
}
int main()
{
      MyClass my1;
      int number = 10;
      my1.set(5);
      cout << my1.number << endl;
      my1.set(number);
      cout << my1.number << endl;
      my1.set(::number);
      cout << my1.number;
}
```

(2)
```
class Location
{
public:
      int x,y;
      void init(int initX,int initY)
      {
          x = initX;
          y = initY;
      }
      int GetX(){return x;}
      int GetY(){return y;}
};
void display(Location &rL)
{
    cout << rL.GetX() << " " << rL.GetY() << endl;
}
void main()
{
      Location A[5] = {{0,0},{1,1},{2,2},{3,3},{4,4}};
      Location * rA = A;
      A[3].init(5,3);
      rA -> init(7,8);
      for(int i = 0;i < 5; ++i)
      display(* (rA++));
}
```

```
(3) class Test
    {
    private:
        static int val;
        int a;
    public:
        static int func();
        void sfunc(Test &r);
    };
    int Test::val=200;
    int Test::func()
    {
         return val++;
    }
    void Test::sfunc(Test &r)
    {
        r.a=125;
        cout<<"Result3 = "<<r.a;
    }
    void main()
    {
        cout<<"Result = "<<Test::func()<<endl;
        Test a;
        cout<<"Result2 = "<<a.func();
        a.sfunc(a);
    }
```

2. 改正下面程序中的错误。

```
(1) class A
    {
        int a(0),b(0);
    public:
        A(int aa,int bb){a=aa;b=bb;}
    };
    A x(2,3),y(4);
```

```
(2) class Test
    {
    public:
        static int x;
    };
    int x=20;
    void main()
    {
        cout<<Test::x;
    }
```

```
(3) class Location
    {
    private:
        int x,y;
    public:
        void init(int initX,int initY)
        {
            x=initX;
            y=initY;
        }
```

```
            int sumXY()
            {
             return x +y;
            }
        };
    void main()
    {
            Location A1;
            int x,y;
            A1.init(5,3);
            x = A1.x;  y = A1.y;
            cout < <x +y < < " " < <A1.sumXY() < <endl;
    }
(4) class ConstFun
    {
    public:
            void ConstFun(){}
            const int f5()const{return 5;}
            int obj(){return 45;}
            int val;
            int f8();
        };
    int ConstFun::f8(){return val;}
    void main()
    {
            const ConstFun s;
            int i = s.f5();
            cout < < "value = " < <i < <endl;
    }
```

3. 求三角形的周长和面积。实现一个三角形类 Ctriangle 该类有一个 GetPerimeter 方法返回三角形的周长;GetArea 方法返回三角形的面积;该类还提供一个 display 方法显示三角形的三边长度;最终在 main 函数中生成该类,输入三条边的长度(不用考虑三条边不能构成三角形的情况);展示三角形的三边长度以及周长和。

4. 修改时钟程序,能够指定时间生成新时钟,也可以用已知的时钟生成新的完全一样的时钟,并提示这是另外一个新时钟。增加 1 秒功能,在循环语句中调用加 1 秒功能,模拟这两个时钟的运行过程。

5. 工厂批量生产 1000 个椭圆时钟,2000 个矩形时钟,这批时钟还具有设置与显示时区的功能,能够自动根据电脑时间初始化好时钟。各种形状通过 ACLLib 的绘图函数进行绘制。请编程实现该工厂需求,并随机显示某个形状的某个时钟的形状与时间,以便检测正确性。

第 3 题视频   第 4 题视频   第 5 题视频

6. 假设电影院用自动控制系统来统计每场入场人数。例如,当有人从入口进场时,光电传感器(或其他传感器)就感应一次,并传递一个信号给计算机,使计数单元加 1;当入场完毕,该计算单元的数字就是总入场人数。请用 C ++ 语言编写程序实现此功能,即设计一个电影院入场人数的类,可以随时查看本场看电影人数和总的看电影人数。

上机实验

运用 ACLLib 库,做一个精灵小游戏。具体要求如下。

(1)找一个白色背景的动物图片,我们称之为控制精灵。用鼠标或者键盘控制该精灵的移动。

(2)另外找一个白色背景的不同的动物图片,我们称之为自动精灵,让这个精灵可以随着时间在某个方向移动,如果遇到墙壁则反弹。

(3)再生成一种自动精灵,生成位置随机,按照一定速率和方向运行。

(4)要求每隔一段时间,比如 50 ms,生成一个自动精灵。

(5)用户控制精灵撞击自动精灵,如果发生碰撞,则自动精灵消失,用户得分。

为了能够完成这些功能,我们先给出其中部分功能的实现代码。

1. 用一个图片生成自动精灵,在某个位置直线运动

首先,实现主程序。假设自动精灵图片名称是"1-cat. jpg",生成 Win32 空工程,将 ACLLib 的头文件和 CPP 文件都拷贝到项目所在的文件夹中并加载到工程后,再把图片"1-cat. jpg"拷贝到项目所在文件夹中并加载到工程中。后面,不特别说明,均指将相关文件先拷贝到项目所在文件夹中,再添加到项目工程中。其次,实现 Setup 函数。函数先调用 initWindow 函数初始化对话框,然后调用 loadImage 函数将图片加载到 autoImage 变量中,通过 registerTimerEvent 函数注册了名称为 timerEvent 的定时器函数,调用 startTimer 函数启动定时器,要求移动精灵的移动定时器 id 设置为 0,每隔 50 ms 调用定时器函数一次。

```
//主程序
int Setup()
{
    initWindow("auto sprite",0,0,640,480); /*初始化对话框,对话框的名字是"auto sprite",左上角位置是(0,0),长款分别是 640,480 */
    loadImage("1-cat.jpg", &autoImage); /*加载 1-cat.jpg 图片数据到 autoImage 结构变量中*/
    registerTimerEvent(timerEvent); /*注册定时器处理函数 timerEvent */
    startTimer(0,50); /*启动定时器,这个定时器 id = 0,每隔 50ms 调用 timerEvent 函数一次*/
    return 0;
}
```

下面看一下如何在定时器函数中移动自动精灵。

```
//定时器处理函数:精灵每 50ms 移动一下,造成自动移动效果
void timerEvent(int id)
{
    switch (id) /*在每个定时器处理函数中,可根据 startTimer 设置的 id 不同,处理不同的操作.*/
    {
    case 0: autoSpriteMove(); /* id = 0 的时候,调用 autoSpriteMove 函数移动精灵图片 */
            break;
    default:break;
    }
}
```

首先,在 timerEvent 函数中,根据参数 id 决定是哪一个定时器在工作,我们这里是第 0

个定时器工作,要求每 50ms 自动精灵按照直线移动。其次,在自定义的 autoSpriteMove 函数中,按照 x 值递增 d 距离,且到达对话框边界的时候,运行方向反向。最后,在新的位置(x, y)处显示这个自动精灵图片,达到自动精灵直线移动效果。

```
void autoSpriteMove ()
{
    x += d; /*d是初始化为50的一个全局变量,可根据游戏效果调整该值 */
    if (x >= 640 ‖ x<0)d * = -1; /* 移动到左右边界,修改移动方向 */
    beginPaint ();/* 下面 4 行代码实现移动图片的具体操作 */
    clearDevice ();/清屏
    putImage (&autoImage, x, y);/* 在新的 (x,y)位置绘制图片 */
    endPaint ();/*结束绘图操作 */
}
```

当然,我们的变量 x,y,d 及自定义函数需要先定义,且由于在其他函数当中要使用,定义成为全局变量。

```
//定义全局变量
#include"acllib.h"
ACL_Image autoImage;
int x = 0, y = 50, d = 50;;
void autoSpriteMove();
```

2.　用一个图片生成一个精灵,用键盘控制移动

注释掉定时器注册函数,现在还是这个"1-cat. jpg"图片,但是,这个精灵不会动。现在我们要通过键盘控制猫精灵的移动,我们称为控制精灵。在生成一个新的 Win32 的空的工程后,把 ACLLib 的头文件及 CPP 文件添加到项目里面,再把"1-cat. jpg"图片添加到项目中。下面,我们生成新文件,完成主程序 Setup 函数,代码如下所示。

```
//随机位置加载一个图片
int Setup()
{
    srand((unsigned)time(NULL)); /*初始化随机数种子 */
    initWindow("controlled sprite", 0, 0, width, height); /*初始化窗口 */
    registerKeyboardEvent(keyEvent); /*用 keyEvent 函数为参数,注册键盘控制
函数 */
    loadImage("1-cat.jpg", &cImage);
    x = rand() % width; /*生成在窗口范围内的随机数,作为精灵显示的初始位置 */
    y = rand() % height;
    paint();
    return 0;
}
```

上面的程序中没有注册定时器函数,而是通过 registerKeyboardEvent 注册键盘处理函数 keyEvent。下面是键盘处理函数 keyEvent 函数定义。

```
void keyEvent(int key, int event) /*参数 key 是具体按键名称,event 是键盘按下
还是弹起的事件 */
{
    if (event != KEY_DOWN) return; /*不是键盘被按下事件发生,则退出该函数 */
    switch (key)
    {
        case VK_UP: /*键盘上的向上方向键被按下 */
            y -= d; //y 坐标减 d,使得精灵上移.
            if (y < 0)y = 0; //当已经到达窗口最上面,不能再移动,因此 y 始终为 0
            break;
```

```
        case VK_DOWN: /*向下的方向键被按下,精灵下移*/
            y + = d;
            if (y >= height-h)y = height-h; /*精灵下移到窗口下边界,则保持 y
            值不动,为 y = height - h;这里 height 是窗口高度,h 是精灵图片高度*/
            break;
        case VK_LEFT: /*左方向键被按下,精灵左移*/
            x - = d;
            if (x < 0)x = 0;
            break;
        case VK_RIGHT:
            if (x > width-w)x = width-w; /*右方向键被按下,精灵右移*/
            x + = d;
            break;
    }
    paint();
}
```

首先,判断是不是有按键按下,通过 if (event != KEY_DOWN) return;语句完成判断。
如果没有按键按下,则函数返回;如果有按键按下,则判断是不是方向键。根据方向键当前
的 x,y 的值进行相应的处理。比如,如果是右方向键,则 x + = d,向右移动 d 的距离;但是如
果已经到达右边界,则无法继续移动。其他方向也是类似的处理。移动到新的位置之后,需
要将精灵在新位置绘制出来,通过 paint 函数实现这个功能。

```
void paint()
{
    beginPaint();
    clearDevice();
    putImageScale(&cImage, x, y, w, h);
    endPaint();
}
```

同样,需要先定义一些全局变量。例如,精灵大小、所在位置、长宽高等。

```
ACL_Image cImage;
int x = 0, y = 0,d =30,w =100,h =100;
const int width = 800, height = 600;
```

3. 生成多个自动精灵

每个自动精灵都有加载图片,显示位置、大小、运行轨迹等属性,可以自定义精灵类。分
析精灵类的数据抽象有 img,当前位置(x,y),移动位置(dx,dy),显示的长宽(heigh,width),
精灵名字等;行为抽象有移动,在某位置按照某大小绘制精灵。其中,构造函数可能有多种
初始化方式,得到类的声明如下。

```
class cautoSprite
{
private:
    ACL_Image img; //用精灵图像地址可以节约内存
    int x, y;
    int dx, dy;
    int width, height;
    char name[50]; //名字不是必须的
public:
    cautoSprite();
```

```
    cautoSprite(cautoSprite &);
    cautoSprite(char *name,int w,int h);
    ~cautoSprite();
    void Move();
    void drawImageScale(int w,int h);
};
```

接下来,实现类的所有成员函数。

```
cautoSprite::cautoSprite(cautoSprite &a)
{
    width = a.width;
    height = a.height;
    x = a.x;
    y = a.y;
    dx = a.dx;
    dy = a.dy;
    strcpy_s(name, a.name);
    loadImage(name, &img);
}
cautoSprite::cautoSprite(char *name,int w,int h)
{
    strcpy_s(this->name, name);
    loadImage(name, &img);
    width = w;
    height = h;
    x = rand() % w;
    y = rand() % h;
    dx = rand() % 30 + 10;
    dy = rand() % 30 + 10;
}

void cautoSprite::Move()
{
    x += dx;
    y += dy;
    if (x < 0 || x > width - 100)dx *= -1;
    if (y < 0 || y > height - 100)dy *= -1;
}
void cautoSprite::drawImageScale(int w, int h)
{
    putImageScale(&img, x, y, w, h); /*用指定的宽高显示精灵图片*/
}
```

　　然后实现主程序,需要设置 2 个定时器;每 500ms 生成 1 个自动精灵,这里假设最多 10 个自动精灵;每 50ms 每个精灵移动一个距离。第一个定时器的 id 设置为 0,第二个定时器的 id 设置为 1。

```
int Setup()
{
    initWindow("auto sprites", 0, 0, w, h);
    registerTimerEvent(timerEvent);
    startTimer(0, 500);
    startTimer(1, 50);
    return 0;
}
```

定时器处理函数中,id 为 0 的功能是只要生成的精灵数量小于 10,则生成一个新的精灵对象;id 为 1 的功能是将所有的精灵进行移动和在新的位置显示。程序代码如下。

```
void timerEvent(int id){
    switch (id){
    case 0:
        if (d >= 10)return;
        sprites[d] = new cautoSprite("1 - cat.jpg", w, h);
        ++d;
        break;
    case 1:
        beginPaint();
        clearDevice();
        for (int i = 0;i < d;++i){
            sprites[i]->Move();
            sprites[i]->drawImageScale(50, 50);
        }
        endPaint();
        break;
    }
}
```

由于要生成多个精灵对象,我们用对象数组,且每一个对象要动态生成,因此定义指针对象数组。

```
//全局变量
const int w = 800, h = 600;
cautoSprite * sprites[10];
int d = 0; /*已生成的精灵对象的计数器*/
```

4. 碰撞检测

如图 8-4 所示的 2 个矩形就发生了碰撞,对于 2 个矩形,我们通过判断它们的 x,y 关系,就能够判断是否发生碰撞。那么精灵呢? 可以通过精灵的外包框矩形,也就是左上角与右下角的坐标构成的矩形,用矩形是否碰撞的方法进行判断。判断 2 个精灵外包围框矩形是否发生碰撞的各种情况如图 8-5 所示,对应的函数定义如下。

```
int collision(rect r1, rect r2){
    int c = 1; /*c =1 表示有碰撞,c = 0 表示无碰撞*/
    if (r1.x < r2.x && r1.x + r1.w >r2.x ){
        if (r1.y > r2.y && r1.y <r2.y + r2.h )return c;
        if (r1.y <r2.y && r1.y + r1.h >r2.y)return c;
    }
    else if (r1.x > r2.x && r2.x + r2.w > r1.x)
    {
        if (r1.y > r2.y && r1.y <r2.y + r2.h)return c;
        if (r1.y <r2.y && r1.y + r1.h >r2.y)return c;
    }
    c = 0;
    return c;
}
```

图 8-4　发生碰撞的 2 个矩形

第一种情况(第一行)：r1.x>r2.x
第二种情况（第二行）：r1.x<r2.x
每种情况又根据y值关系确定是否碰撞

图 8-5　发生碰撞的两种情况

注：浅色矩形表示 r1，深色矩形表示 r2

如果检测发生碰撞，可以实现如下功能：如声音报警，用户控制精灵分数增加。参考步骤如下。

（1）碰撞发生时的声音报警

① 添加声音文件到项目所在文件夹。

② 初始化：loadSound（"tada. wav"，&sound）。

③ 检测到碰撞，则声音报警：playSound（sound，0）。

（2）显示分数

① 定义并初始化全局变量：int score = 0。

② 设置字体颜色，大小等（在 beginPaint 和 endPaint 之间）。

③ 发生碰撞检测，则 score + = 5，然后左上角显示 score 的值。显示分数需要把整数转换为字符串，再用写字函数绘制在指定位置，程序代码如下所示。

```
char s[20];
sprintf_s(s, "%d", score);
paintText(10, 10, s);
```

把上面的 5 个功能都自己独立实现并运行起来，再完成要求的精灵游戏就不困难了。

视频 1　　　　视频 2　　　　视频 3

小　结

1．定义和使用类类型的过程。

（1）抽象。对事物进行抽象。

（2）声明类。根据抽象的结果定义类的特性。

（3）实现类。实现类中成员函数的逻辑。

（4）使用类。在程序中定义类的实例，使用类的公有成员。

类与对象之间的关联如图 8-5 所示。

图 8-5　类与对象之间的关联

2. 根据需求定义类的重载的构造函数,构造函数和类名完全相同,不同的参数满足不同的类对象生成需求。其中,默认的复制构造实现精确复制,如果需要实现精确复制之外的其他功能,需要显示定义并实现自己的复制构造函数。

3. 析构函数实现释放类对象需要的操作。析构函数没有返回值,函数名称是在类名前加上 ~,没有参数。

4. 类对象有一个默认的 this 指针,指明类对象在内存地址,可以用来区分同名局部变量和数据成员。

5. 类的成员有数据成员和函数成员,通过访问属性决定是否能够在类外被访问。private,protected 只能在类内部被访问,public 是类的接口,可以被类外部访问。

6. 对象数组在定义时候就生成多个类对象,因此需要有没有参数的构造函数同时生成多个类对象。如果没有默认构造函数,也没有无参数的构造函数,则只能定义指针数组,用循环语句逐个生成有参数的类对象。

7. 友元打破类的封装,使得声明为友元的函数或者类可以方便地使用类的私有和保护成员。

8. 常成员只能被常对象访问,且不能被修改。常成员可以用于区分重载的成员函数。

9. 一个类可以由多个类对象构成,这是类的组合关系,通常描述为 A 包含有 B。所以一个复杂的类可能由多个相对简单的类组合而成。

习　题

1. 实现一个根据算法移动的自动精灵类,一个用键盘或者鼠标控制移动的用户精灵类。

2. 生成多个自动精灵对象,用户精灵如果与自动精灵发生碰撞(没有键盘或者鼠标操作也能够判断),则自动精灵炸消失,用户精灵得分。

3. 生成不同的自动精灵对象,用户精灵与不同的自动精灵发生碰撞,产生不同的声音效果,得分也不同。

第9章
继承、派生与多态

视频讲解

9.1 派生类的概念

类描述的是群体的共性,通过创建类的不同对象,我们实现了代码重用。然而这种重用是不充分的,设想一个汽车类,如下所示:

```
Class Car{
public:
    int seats;
    void accelerate(){cout << "加速到50迈" << endl;} //加速
    void brake(){…} //刹车
};
```

当 Car 类的功能需要进行扩展为变形金刚类 Transformer 时,需要增加"变形"的功能。一种直观的做法是:创建一个新类 Transformer,在其中除了完全复制 Car 类的代码外,再添加一个体现变形的新功能 void transform( ),如下所示:

```
Class Transformer{
public:
    int seats;
    void accelerate(){cout << "加速到50迈" << endl;} //加速
    void brake(){…} //刹车
    void transform(){…}//变形
};
```

这样,新的 Transformer 类就实现了功能的扩展,然而这种做法并不"优雅"。因为如果 Car 类的代码有所改变,例如,Car 类增加停车 void stop( )功能,或者增加换挡 void shift( )功能,那么为了保持代码的一致性,我们除了要更改 Car 类的代码外,还需要更改 Transformer 类的代码。

一种"优雅"的解决方案为:我们声明 Transformer 类"使用"了 Car 类的特性,那么不需要复制 Car 类的代码,Transformer 类就自动具有 Car 类所有的特性。更好的一点是,任何时候 Car 类进行修改,Transformer 类都能应用这种修改。这种解决方案就是继承与派生。

继承与派生是同一过程中从不同的角度来看的结果:保持已有类的特性而构造新类的

过程称为继承,在上面的例子中,Transformer 类继承了 Car 类的所有特性。在已有类的基础上扩充特性,产生新类的过程称为派生。在我们的例子中,Car 类为了扩展为变形金刚类,派生出了 Transformer 类。

视频讲解

　　自然界中继承的概念非常普遍。例如,猫、狗都属于哺乳动物,具备胎生、哺乳、恒温等特征,但又具有各自的特性。在这个例子中,猫继承了哺乳动物的特征。哺乳动物派生出了具体的猫,如图 9-1 所示。

图 9-1　哺乳动物的派生

　　再看一个现实世界的例子,如图 9-2 所示。四边形是一个基本概念,矩形、正方形、菱形和平行四边形都属于四边形,它们继承了四边形的所有属性,但又扩充了各自的特性。

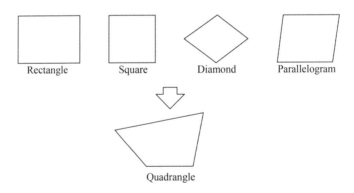

图 9-2　四边形的继承

　　从以上例子可以看出:一旦指定了某种事物父代的本质特征,那么它的子代将会自动具有这些性质,这种"继承"特性就是一种朴素的功能"重用"的概念。然而子代除了具有从父代那里"继承"下来的特性外,还可以拥有父代没有的特性,这就是功能"扩充"的概念。

　　从软件设计的角度来看,继承的目的就是为了实现代码的重用,当新的问题出现,而原有程序无法解决时,需要对原有程序进行扩展,这就是派生的目的。

　　在 Car-Transformer 的继承体系中,实际上是在一个已经存在的 Car 类的基础上建立另一个新的 Transformer 类。已存在的类称为基类或父类,例子中的 Car 类是基类。新建立的类称为派生类或子类,例子中的 Transformer 类是子类。继承关系可以用"类图"进行表示,如图 9-3 所示,继承关系用箭头从派生类指向基类。

图 9-3　继承关系

C++语言中的继承又分为单继承和多继承,如果派生类只有一个直接基类,则为单继承;如果有多个直接基类,则为多继承,如图9-4 所示。

视频讲解

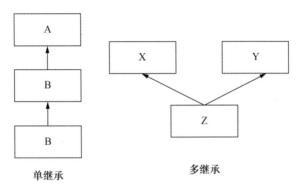

单继承　　　　　　　　多继承

图 9-4　单继承与多继承

派生类本质上仍然是一个类,因此在第 8 章中与定义类的相关的各种要求均适用于定义派生类。除此以外,在定义派生类时还需要体现出"继承"这一特性,即需要体现出是继承于哪个基类。

定义单继承派生类的语法格式为:

```
class 派生类名 : <继承方式>基类名
{
    ……//定义派生类新添加的成员
};
```

定义多继承派生类的语法形式为:

```
class 派生类名 : <继承方式>基类名 1,……,<继承方式>基类名 n
{
    ……//定义派生类新添加的成员
};
```

如果是单继承,因为直接基类只有一个,因此在"派生类名"之后加上":"冒号,然后写上该基类名,并描述是哪种继承方式;如果是多继承,因为直接基类有多个,因此需要罗列出这些基类,并针对每一个直接基类描述是哪种继承方式。

C++语言中有三种继承方式:公有继承、保护继承和私有继承,分别使用 public、private、protected 来描述。公有继承是最常用的方式,它建立的是一种 is-a 关系,即派生类对象也是一个基类对象,对基类对象进行的任何操作,也可以对派生类对象执行。例如,Car 类对象能够进行加速和刹车动作,那么 Transformer 派生类对象同样也可以进行这两个动作。因此,公有继承体现了真正意义上的继承关系。对于私有继承,它建立的是 has-a 关系,而保护继承则是私有继承的变体,在后续章节中会对这两种继承方式做进一步描述。

派生类的功能主要通过以下方式来体现。

① 吸收基类成员。即继承了基类的所有数据成员和函数成员。例如,Transformer 类具有 Car 类的一切功能。

② 改造基类成员。例如,Transformer 类可以重新定义从 Car 类继承过来的函数成员。

③ 添加新成员。例如,Transformer 类增加了体现变形的新功能 transform。

从编码的角度来看,派生类从基类中以较低的代价换来了较大的灵活性:派生类可以对从基类继承过来的功能进行扩展、限制或改变;一旦产生了可靠的基类,只需要调试派生类中所做的修改即可。

为便于理解,下面我们先给出 Transformer 类的定义:

```
Class Transformer: public Car{
public:
    //覆盖 Car 类的方法,覆盖后 Transformer 的 accelerate()变成了新定义的函数
    void acclerate(){ cout << "加速到 100 迈" << endl;} //加速
    void transform() {…}//变形
};
```

Transformer 类公有继承于 Car 类,并且是单继承方式。在 Transformer 类中,除了增加新的"变形"(即 transform 函数)功能外,还复写了基类的"加速"(即 accelerate 函数)功能。此时,我们赋予 Transformer 类 accelerate 功能新的语义。

9.2 公有继承

现在考虑一下商场的购物卡,分为普通的不记名购物卡和会员购物卡。不记名购物卡最基本的属性就是卡号及卡上金额,能够进行的基本操作就是消费;对于会员购物卡,除了具有不记名购物卡的特性外,还拥有与会员身份相关的属性,例如,身份证号、姓名、电话等。

1. 不记名购物卡的功能属性

(1) 数据属性:卡号、剩余金额。

(2) 行为属性:获取卡号、获取当前余额以及消费。

2. 会员购物卡的功能属性

(1) 数据属性:身份证号、姓名、电话号码。

(2) 行为属性:获取/修改身份证号、姓名、电话号码等信息。

针对这两种类型的购物卡,分别设计出 ShoppingCard 和 MemberCard 两个类,不难理解,MemberCard 是公有继承于 ShoppingCard 的。例 9-1 是这两个类的实现示例(为简化示例,MemberCard 中去掉姓名和电话号码信息,只保留身份证号信息)。

例 9-1 定义不记名购物卡和会员购物卡。

```
//9-1.cpp
class ShoppingCard{
    char cardID[16];//卡号
    float remainMoney;//剩余金额
public:
```

```
    ShoppingCard(char * id,float money){//构造函数
        strcpy_s(this ->cardID,15,id);
        remainMoney = money;
    }
    void getID(char * buf){ strcpy_s(buf,15,cardID);}//获取卡号
    float getRemainMoney(){ return remainMoney; }//获取剩余金额
    bool consume(float money){//消费
        if(money <= remainMoney){
            remainMoney - = money;
            return true;
        }else
            return false;
    }
};
class MemberCard:public ShoppingCard{
        char identity[19];//身份证号
public:
    MemberCard(char * identity,char * cardid,float money):ShoppingCard(cardid,
money){
        strcpy_s(this ->identity,18,identity);
    }
    void getIdentity(char * buf){ strcpy_s(buf,18,identity);}
    void setIdentity(char * newIdentity){strcpy_s(identity,18,newIdentity);}
};
int main(){
    char str[32];
    MemberCard aCard("452601198204290310", "00001", 100);
    aCard.consume(20);
    float remainMoney = aCard.getRemainMoney();
    cout << "MemberCard Info:" << endl;
    cout << "remain money:" << remainMoney << endl;
    aCard.getID(str);
    cout << "card ID:" << str << endl;
    aCard.getIdentity(str);
    cout << "identity:" << str << endl;
    system("pause");
    return 0;
}
```

在 MemberCard 类中,增加了用于标识会员身份信息的身份证号,并围绕该信息增加了 setIdentity 和 getIdentity 两个操作。

在 main 函数中,定义了派生类的对象 aCard,该对象由派生类的构造函数初始化(关于派生类的构造函数,请参看 9.3 节),通过该对象既调用派生类自定义的公有函数 getIdentity,还调用从基类继承过来的函数 getID 和 getRemainMoney。

对于公有继承来说,派生类对象包含了基类对象,基类的公有成员将成为派生类的公有成员,基类的的私有成员也将成为派生类的一部分,但只能通过基类的公有和保护函数访问(后续将介绍保护成员)。

9.3　派生类的构造和析构

在上述代码中,MemberCard 从基类 ShoppingCard 中继承了 cardID 和 remainMoney 数据

视频讲解

成员,并且还自定义了新的数据成员 identity,也就是说,一个 MemberCard 类的对象拥有 cardID、remainMoney 以及 identity 3 个成员。当 MemberCard 类的对象被创建时,这 3 个成员的初值是多少呢? 事实上,在第 8 章中我们学习的构造函数的作用就是对数据成员进行初始化,因此不难发现,上述代码中派生类 MemberCard 还缺少一个构造函数,那么如何设计这个构造函数呢?

1. 派生类 MemberCard 构造函数的实现(主要从两方面重点关注该构造函数)

```
MemberCard(char * identity,char * cardid,float money):ShoppingCard(car-
did,money){
        strcpy_s(this ->identity,18,identity);
}
```

(1)构造函数必须给从基类继承的成员及新成员(如果有的话)提供初始化数据。由于 MemberCard 类拥有 cardID、remainMoney 及 identity 3 个成员,因此其构造函数需要为初始化这些成员提供数据,这些数据由构造函数的 identity、cardid、money 这 3 个形参来体现。

(2)基类私有成员访问权限的考虑。由于 cardID 和 remainMoney 是基类 ShoppingCard 的私有成员,派生类 MemberCard 不能直接访问它们,因此派生类 MemberCard 的构造函数不能直接对 cardID 和 remainMoney 进行初始化设置,而必须使用基类的公有成员函数来访问。具体来说,就是派生类构造函数必须使用基类的构造函数。当创建派生类对象时,程序首先创建基类对象,这意味着基类对象在程序进入派生类的构造函数之前就应当被创建。C++语言使用成员初始化列表的方式来完成这项工作。

例如,派生类 MemberCard 的构造函数名":"冒号后面的 ShoppingCard(cardid,money)就是成员初始化列表,它是可执行的代码,调用的是基类 ShoppingCard 的构造函数。基类构造函数的调用优先于派生类构造函数的调用,也就是说,当基类 ShoppingCard 的构造函数调用完毕,完成 cardID 和 remainMoney 成员的初始化后,派生类 MemberCard 的构造函数才会被调用,即 strcpy_s(this ->identity,18,identity);才会被执行。

如果省略成员初始化列表,情况会变成什么样呢?

```
MemberCard(char * identity,char * cardid,float money) {
    strcpy_s(this ->identity,18,identity);
}
```

由于必须首先创建基类对象,因此如果不需要传递数据给基类构造函数来初始化基类数据成员,那么程序要么使用基类默认的构造函数(这种情况下要求基类没有定义任何构造函数),要么使用基类中不带任何参数的构造函数。上述代码与下面的代码等效:

```
MemberCard(char * identity,char * cardid,float money):ShoppingCard(){
    strcpy_s(this ->identity,18,identity);
}
```

回顾一下 8.14 节中的例子,圆心 center 是 Circle 类的子对象,对该子对象的初始化也是通过成员初始化列表的方式进行的。下面给出定义派生类构造函数的一般形式:

```
派生类构造函数(参数列表):基类名(参数表),
对象成员 1(参数表 1),……,对象成员 n(参数表 n)
{
    ……//初始化自定义数据成员
}
```

如果基类使用的是默认的构造函数或不带参数的构造函数,那么在成员初始化列表中可以省略"基类名(参数表)"这一项。如果没有对象成员,那么在初始化列表中可以省略"对象成员(参数表)"这一项。

2. 有关派生类构造函数的要点

(1) 在创建派生类对象时,首先应创建基类对象,此时派生类构造函数通过成员初始化列表的方式将数据传递给基类的构造函数,以便初始化从基类继承过来的数据成员。

(2) 如果派生类有对象成员,那么再调用对象成员所属类的构造函数来进行初始化;如果有多个对象成员,那么初始化按照它们在类中的定义顺序进行。

(3) 派生类自身的构造函数最后被调用,用于初始化派生类新增的数据成员。

我们知道,当对象生命周期结束时,会调用析构函数,释放对象的顺序与创建对象的顺序是相反的。因此,当派生类对象被释放时,析构函数的调用顺序如下。

① 先调用派生类的析构函数。

② 如果派生类有对象成员,再调用对象成员所属类的析构函数;如果有多个对象成员,那么析构顺序按照它们在类中的定义顺序的逆序进行。

③ 最后调用基类的析构函数。

9.4　保护成员的引入

到目前为止,本书所举示例已经使用了 public 和 private 关键字来控制成员的访问,此外还有第三种访问控制属性,即使用 protected 关键字来表示。protected 和 private 访问控制的特点很相似,在类外只能通过公有的成员函数访问 protected 属性的成员,但二者的区别只有在派生类中才会表现出来,派生类的成员可以直接访问基类的保护成员,但不能直接访问基类的私有成员。

例 9-2　仍以购物卡为例,对于会员购物卡,我们为其增加"充值"功能(即添加 recharge 成员函数)。

```
//9-2.cpp
class MemberCard:public ShoppingCard
{
……
public:
    bool recharge(float amount){
        if(amount >0){
            remainMoney + = amount;
            return true;
        }else
            return false;
    }
};
```

"充值"功能的语义就是在剩余金额基础上加上充值金额,因此在 recharge 函数中有 remainMoney + = amount;这样一条语句。由于 remainMoney 成员是从基类继承过来的私有成员,不能被派生类 MemberCard 的 recharge 函数直接访问。如何解决这个问题呢?我们可以将基类的 remainMoney 成员从 private 调整为 protected 访问属性,这样 recharge 函数就可以直接访问它,而无须使用 ShoppingCard 类提供的能够修改 remainMoney 的公有函数。修改后的 ShoppingCard 类如下所示:

```
class ShoppingCard
{
……
protected:
    float remainMoney;//剩余金额
}
```

因此,从外部世界来看,保护成员的特性与私有成员相似:类外不可见。但从派生类的角度来看,保护成员特性与公有成员相似:基类保护成员在派生类中可见可用。

9.5 改造基类的成员函数

C++允许派生类可以重新定义基类的成员,此时称派生类的成员覆盖了基类的同名成员。

我们仍以购物卡为例,为了体现会员的"特权",会员使用会员购物卡购物时一般会有折扣。基类 ShoppingCard 中的 consume 函数体现的是按原价购买的"消费"功能(也就是无折扣),那么对于派生类 MemberCard 来说,从基类继承过来的 consume 函数无法满足购物有折扣的应用需求,因此需要为其重新定义能够体现"折扣"语义的 consume 函数,代码如例 9-3 所示。

例9-3 在例 9-2 基础上,实现有折扣的消费功能。

```
//9-3.cpp
class MemberCard:public ShoppingCard
{
    ……
    private:
        float discount;//折扣
    public:
        bool consume(float money){//能够有折扣的消费
            float tmp = money * discount;
            if((tmp <= remainMoney)&&(tmp > 0)){
                remainMoney - = tmp;
                return true;
            }else
                return false;
        }
        bool setDiscount(float newDiscount){//设置折扣
            if((newDiscount > 0)&&(newDiscount <=1)){
                discount = newDiscount;
                return true;
            }else
                return false;
        }
        float getDiscount(){return discount;}//获取折扣
};
```

对于会员来说,能够得到的折扣率并非一成不变的。例如,会员升级等都有可能改变折扣率,因此我们为派生类 MemberCard 增加了新的数据成员 discount,用于存储会员应得的折扣率。相应地,也提供了 setDiscount 函数来设置折扣率,以及 getDiscount 函数来获取折扣率信息。

很显然,派生类 MemberCard 重定义的 consume 函数覆盖了从基类继承过来的 consume 函数,此时,如果通过派生类对象来调用 consume 函数(如下面的代码所示),那么这个 consume 函数必定是派生类重定义的,而非从基类继承过来的。

```
MemberCard aCard("4526011198204290310", "00001", 100);
aCard.setDiscount(0.8);
aCard.consume(50); /*调用的是派生类重定义的 consume 函数.实际消费有 0.8 折扣*/
```

9.6　派生类与基类同名成员的访问方式

视频讲解

在 9.5 节,我们看到派生类改造基类同名成员函数,通过派生类对象或派生类对象指针访问同名的派生类成员函数。

然而在某些场景下,比如购买某些特价商品,会员也不一定有折扣。此时,如果使用派生类 MemberCard 重定义的 consume 函数显然就不合适了,而使用基类的 consume 函数会更好一些。

C++语言规定,在派生类中或通过派生类对象来使用基类的同名成员,则需要显式地使用类名限定符"::",方式如下:

```
基类名::成员
```

例如,以下代码调用的是基类的 consume 函数:

```
MemberCard aCard("4526011198204290310", "00001", 100);
aCard.ShoppingCard::consume(168);
```

9.7　私有继承和保护继承

在第 8 章中讲过,类的组合建立的是 has-a 关系,此外,C++语言中的私有继承是另一种实现 has-a 关系的途径。对于私有继承,基类中的公有成员和保护成员被派生类继承后都将成为派生类的私有成员,这意味着基类中的所有成员函数将不会成为派生类对外的接口。因此,通过派生类对象不能直接访问它们,但可以在派生类自定义的成员函数中被使用。

接下来,我们将以 ShoppingCard 类为例,将其改造成类组合方式和私有继承方式,比较一下这两种建立 has-a 关系的方式有何异同。

在 ShoppingCard 类中,我们用成员 cardID 来表示购物卡的卡号,它是一个字符串,在目前的版本中,我们用一个 16 字节的字符数组来表示,但这将限制卡号的长度,缺乏灵活性。当然,我们也可以使用 char 指针和动态内存分配方式,但这将要求实现大量的支撑代码(这种方式是将 cardID 定义成 char 指针类型,在构造函数中根据参数 id 所表示的字符串的实际长度为 cardID 动态分配内存,并将 id 字符串复制到该内存中。除此之外,还需要考虑复制构造函数、析构函数等函数的实现,类似示例可参看第 8 章中自定义的 CString 类)。一种更好的办法是,使用他人开发好的类的对象来表示 cardID。事实上,C++类库提供了标准的字符串类 string,该类能够进行常见的字符串处理。

例9-4 将 Shopping Card 类改造成类组合,并且使用标准字符串类 string 存储卡号。

```
//9-4.cpp
class ShoppingCard{
    ……
    string cardID;//卡号
public:
    ShoppingCard(char *id,float money):cardID(id){
        remainMoney = money;
    }
    const string& getID(){ return cardID;}//获取卡号
};
```

我们把 cardID 声明为 string 类的对象,它是 ShoppingCard 类的对象成员,因此在构造函数中以初始化列表的方式来初始化 cardID。我们还设计了一个获取卡号的成员函数 getID,该函数的返回值是 string 类型的引用,即返回子对象 cardID 的引用(返回引用的目的是避免对象复制)。由于返回的是引用,为避免对 cardID 进行修改,我们加上了 const 限定,即返回常引用。

要进行私有继承,需使用 private 关键字来定义派生类。事实上,private 是派生方式的默认值,因此如果省略对派生方式的说明则表明是私有继承。例 9-5 使用私有继承来重新设计 ShoppingCard 类,由于是从 string 类派生而来的,因此在声明中要体现出基类 string。

例9-5 用私有继承重新设计会员卡类。

```
//9-5.cpp
class ShoppingCard: private string
{
    ……
    public:
    ShoppingCard(char *id,float money):string(id){
        remainMoney = money;
    }
    const string& getID(){ return (const string &)* this;}//获取卡号
};
```

使用私有继承,派生类将继承基类的实现。在 ShoppingCard 类中有一个 string 类组件,即我们常说的基类对象。可以看出,ShoppingCard 类中不需要再定义私有的数据成员来表示卡号,因为基类对象可以用于保存卡号信息。对于 ShoppingCard 类的构造函数,使用成员初始化列表的方式来初始化基类对象,但要使用基类名(即 string)而不是成员名来标识构造函数(可参见 9.3 节中派生类构造函数的成员初始化列表的编写方式)。

由于基类对象(即 string 对象)保存了卡号信息,因此要想获取卡号需要访问基类对象,那么应该采取怎样的访问方式呢? 在 ShoppingCard 的类组合版本中,由于使用的是 string 类对象 cardID 来表示卡号,因此其 getID 函数可直接返回 cardID 的引用。但使用私有继承时,该 string 类对象是没有名称的,那么在 ShoppingCard 中如何访问内部的这个 string 对象呢? 答案是使用强制类型转换。由于 ShoppingCard 是从 string 派生而来,因此可以通过强制类型转换将 ShoppingCard 对象转换为 string 对象,从而就得到保存卡号信息的基类对象。我们可以看到,在上述 getID 函数的实现中,this 指针指向的是调用该函数的对象,那么＊this 就代表调用该函数的对象,该对象就是 ShoppingCard 对象,为了避免新创建一个基类对象,在使用(const string &)＊进行强制类型转换时得到的是基类对象的引用(加上 const 限定是防止对基类对象进行修改)。

1. 类组合与私有继承方式的主要区别

由 ShoppingCard 类的改造过程,可见类组合方式和私有继承方式在实现上的主要区别有:

(1)类组合方式需要提供被显式命名的对象成员(例如,string 类型的 cardID 成员);而私有继承方式由于已经被派生类所继承,因此提供的是无名称的基类对象。

(2)在编写派生类构造函数的成员初始化列表时,类组合方式使用的是对象成员调用公有构造函数(例如,cardID(id)),而私有继承方式则使用的是基类名(例如,string(id))。

无论是哪种方式实现的 ShoppingCard 类,它们的公有接口是完全相同的,因此 Shopping-Card 类的使用方法上是一样的。例如,下面的代码创建了一个 ShoppingCard 类对象,可以调用 getID 函数获得卡号信息。

```
ShoppingCard  aCard((char * )"000001",100);
string  id = aCard.getID();
```

那么在实际应用中究竟是使用类组合方式还是私有继承方式来建立 has-a 关系呢? 大部分 C++程序员倾向于使用类组合方式。理由如下:

① 类组合方式易于理解。由于在采用该方式时,类声明中定义的对象成员是有名称的,因此其他成员函数可以通过名称直接使用对象成员。而使用私有继承方式时,基类对象是无名称的,因此在访问基类对象时会比较麻烦。

② 类组合方式可以定义多个同类的对象成员,只要这些对象成员的名称不同即可;而使用私有继承时,则只能使用一个这样的对象(因为对象没有名称,因此难以区分不同的对象)。

但并非使用类组合方式就一定比私有继承方式好,有时候采用私有继承可以得到类组合方式所无法提供的特性。例如,某个类(暂且称为类 A)包含保护成员,那么 A 的派生类是可以使用这些保护成员的;但如果采用类组合方式,当在类 B 中定义有类 A 的对象时,类 B 的其他成员也只能使用类 A 对象所提供的公有接口。

另一种需要采用私有继承方式的场景是派生类可以重定义基类的虚函数,而采用类组合方式却无法达到这一点。(关于虚函数,请参看 9.12 节)。

综上所述,通常情况下应使用类组合的方式来建立 has-a 关系,但如果新定义的类中需要访问基类的保护成员或者重定义基类的虚函数,那么应采用私有继承方式。

对于保护继承,在定义派生类时使用的是 protected 关键字来描述继承方式。保护继承实际上是私有继承的变体,使用保护继承时,基类中的公有成员和保护成员被派生类继承后都将变成保护成员。我们也可以将 ShoppingCard 类保护继承于 string 类,如下所示:

```
class ShoppingCard: protected string{……}
```

2. 保护继承和私有继承的异同点

(1)和私有继承一样,保护继承中基类的接口(即公有成员)在派生类中仍然可用,但在继承层次之外却是不可用的,这是因为基类的接口在派生类中变成了保护属性,保护属性的成员在类外不可访问。

（2）当从派生类（暂且称为第二代类）再派生出另一个类（暂且称为第三代类）时，对于私有继承，由于基类的接口在第二代类中变成了私有属性，因此在第三代类将无法使用基类的接口；而对于保护继承，第三代类仍然可以使用基类的接口，这是因为基类的接口在第二代类中变成的是保护属性。

到目前为止，我们介绍了各种继承方式，只有公有继承方式建立的是 is-a 关系，而私有和保护继承方式建立的是 has-a 关系。表 9-1 总结了在不同继承方式基类成员被派生类继承后访问控制属性的变化。

表 9-1　各种继承方式

派生方式	基　　类		
	公有成员	私有成员	保护成员
公有派生类	公有成员	只能通过基类接口访问	保护成员
保护派生类	保护成员	只能通过基类接口访问	保护成员
私有派生类	私有成员	只能通过基类接口访问	私有成员

视频讲解

9.8　多继承

我们回顾一下什么是多继承（Multiple Inheritance，MI），MI 描述的是派生类有多个直接基类的继承方式，定义多继承派生类的语法形式如下：

```
class 派生类名：<继承方式>基类名1,……,<继承方式>基类名n
{
    ……//派生类新添加的成员
};
```

对于 MI 派生类，其构造函数的定义方式和单继承相似，只是在成员初始化列表中需要罗列出所有的直接基类名来，如下所示：

```
派生类名(参数表):基类名1(参数表1),……,基类名n(参数表n),
对象成员1(参数表1),……,对象成员n(参数表n)
{
    ……//初始化自定义数据成员
}
```

如果基类使用的是默认的构造函数或不带参数的构造函数，那么在成员初始化列表中可以省略"基类名(参数表)"这一项。如果没有对象成员或成员对象有默认的构造函数或不带参数的构造函数，那么在初始化列表中可以省略"对象成员(参数表)"这一项。

1. 当派生类对象被创建时，构造函数的调用顺序

① 首先，执行所有基类的构造函数来初始化基类对象，由于有多个直接基类，因此按照这些基类在初始化列表中的声明顺序依次执行基类1，直到基类n的构造函数。

② 其次，执行对象成员所属类的构造函数来初始化对象成员。如果有多个对象成员，按照它们在类中的定义顺序调用构造函数。

③ 最后，执行派生类本身的构造函数来初始化新增的数据成员。

2. 当派生类对象被释放时,析构函数的调用顺序

① 先调用派生类的析构函数。

② 如果派生类有对象成员,再调用对象成员所属类的析构函数;如果有多个对象成员,那么析构顺序按照它们在类中的定义顺序的逆序进行。

③ 最后按照基类在初始化列表中的声明顺序的逆序依次调用各个基类的析构函数,即先调用基类 n 的析构函数,直到调用基类 1 的析构函数。

与单继承一样,公有的 MI 也表示 is-a 关系,但必须注意必须使用 public 关键字来限定每一个直接基类。正如本章前面所描述的,私有的 MI 和保护的 MI 可以表示 has-a 关系,本节后续内容将重点讲述公有的 MI。

9.8.1　多继承中的二义性问题

在多继承中,一个类不可以重复成为另一个类的直接基类,但可以多次成为间接基类。此时派生类访问基类成员时可能出现以下二义性问题。

① 访问不同基类的同名成员时可能出现的二义性。

② 访问共同基类的成员时可能出现的二义性。

下面用轿车举例来介绍这些二义性问题及相应的解决办法。

随着生活水平的提高,轿车也进入了千家万户。根据操作方式,轿车又分为手动挡和自动挡两种,此外还有些轿车是手自一体模式。我们用 Car、MCar(即 Manual-Car)、ACar(Auto-Car)以及 AMCar(Auto-Manual-Car)这 4 个类分别表示轿车、手动挡轿车、自动挡轿车以及手自一体轿车,它们的继承层次结构如图 9-5 所示。

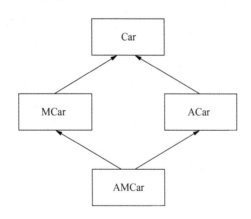

图 9-5　Car、MCar、ACar 以及 AMCar 继承层次结构

下面给出这 4 个类的定义,为便于简化问题,我们只列出一些关键成员的定义(CEngine 类用于描述发动机,由于不影响问题的描述,因此本例中不给出其定义)。

```
class Car{
……
    CEngine engine;//发动机
public:
    void brake(){…} //刹车
};
```

```
class MCar : public Car{
……
public:
    void accelerate(){
        cout << "手动挡加速" << endl;
    }
};
```

```
class ACar : public Car{                    class AMCar : public MCar, public ACar {
……                                          ……
public:                                          int mode;//手动或自动操作模式
    void accelerate(){                      public:
        cout <<"自动挡加速"<<endl;               void accelerate(){……}
    }                                       };
};
```

（1）手动挡轿车。加速时是踩离合换挡,然后踩油门。

（2）自动挡轿车。加速时无需踩离合换挡,而是直接踩油门。我们在 MCar 和 ACar 的 accelerate 函数中用 cout 语句打印不同的信息来表示手动挡和自动挡的加速动作。

（3）手自一体轿车。可在自动和手动模式之间进行切换,在不同模式下加速操作会不相同。那么我们如何实现 AMCar 的 accelerate 函数呢? 我们可以根据操作模式(用数据成员 mode 来表示)的不同来调用 Mcar 或 ACar 的 accelerate 函数。由于 AMCar 是从 MCar 和 ACar 派生出来的,因此 AMCar 同时继承了 MCar 和 ACar 同名的 accelerate 函数,此时"访问不同基类的同名成员时可能出现的二义性"问题就显现了: 到底调用的是 MCar 的 accelerate 还是调用 ACar 的 accelerate? 解决办法是使用类限定符加以限定。AMCar 的 accelerate 函数的实现如下所示:

```
void AMCar::accelerate()
{//mode 为 0 时表示自动,为 1 时表示手动
    if(mode ==0)
        ACar:: accelerate();
    else
        MCar:: accelerate();
}
```

接下来,我们再看看刹车功能。假设 main 函数中有如下代码:

```
AMCar   aCar;aCar. brake();
```

此时会发生编译错误,这是因为 aCar. brake( );语句引起了"访问共同基类的成员时可能出现的二义性"问题,但为什么会这样呢? 图 9-5 是我们所期望的继承层次结构,但事实上,图 9-6 才是编译器所理解的继承层次结构。

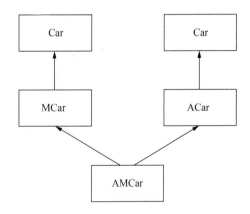

图 9-6　编译器理解的 Car、MCar、ACar 以及 AMCar 继承层次结构

不难看出,类 Car 是派生类 AMCar 在两条继承路径上的一个公共基类,因此编译器无法判断 aCar. brake();语句中所调用的 brake 函数到底是从哪条继承路径继承过来的,即便是按照 aCar. Car::brake()也存在这样的问题。一种解决办法是通过类限定符限定在 ACar 或 MCar 上,例如:

```
aCar.ACar::brake();  或者  aCar.MCar::brake();
```

虽然这种办法可以避免二义性,但问题的关键在于:公共基类 Car 会在派生类 AMCar 的对象中产生两个 Car 类子对象,从概念上理解就是手自一体轿车会有"两个发动机",这会让人觉得很怪异。为此,C++语言引入虚基类技术,能够解决在多继承方式下在派生类对象中存在多个基类对象复制的问题。

9.8.2　虚基类

引进虚基类的目的是为了解决二义性问题,使得从多个类(它们有共同的基类)派生出来的对象中只产生一个基类子对象。方式是使用关键字 virtual 把公共基类声明为虚基类(virtual 和 public 的次序无关紧要)。例如,将 Car 作为 MCar 和 ACar 的虚基类,如下所示:

```
class MCar : virtual public Car{……};
class ACar : public virtual Car{……};
```

然后 AMCar 的定义如下:

```
class AMCar : public MCar, public ACar {……};
```

这样一来,才能达到我们所期望的继承层次结构(如图 9-5 所示)。此时,虚基类子对象被合并成一个子对象,这种合并作用,使得可能出现的二义性被消除。例如,调用 aCar. brake();将不会出现二义性,因为访问的是唯一的基类 Car 的 brake 函数,而且派生类对象 aCar 中也只会有"一个发动机"。

但我们仍然会有这样的疑惑,到底这个虚基类子对象是从哪条继承路径继承过来的,MCar 还是 ACar? 在声明 AMCar,可以有如下两种次序罗列出直接基类 MCar 和 ACar,相应的继承层次结构分别如图 9-7 和图 9-8 所示。

(1)第一种情况。class AMCar : public MCar, public ACar {……};
(2)第二种情况。class AMCar : public ACar, public MCar {……};

图9-7　第一种情况的继承关系

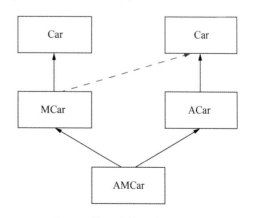

图9-8　第二种情况的继承关系

第一种情况,对类 AMCar 而言,类 Car 是类 MCar 的"真"基类,是类 ACar 的"假"基类。第二种情况,对类 AMCar 而言,类 Car 是类 ACar 的"真"基类,是类 MCar 的"假"基类。因此,实际上 ACar 和 MCar 都是有基类 Car 的,只是根据说明顺序不同,后面说明的是虚基类。因此,虚基类只是一个相对的概念。

在引入虚基类后,继承层次结构上各构造函数的调用顺序会比较复杂。

① 虚基类的构造函数在非虚基类之前调用。

② 若在同一层次中包含多个虚基类,那么虚基类构造函数按它们说明的次序调用。

③ 若虚基类由非虚基类派生,则遵守先调用基类构造函数,再调用派生类构造函数的规则。

例如有如下类的定义:

```
class base{…};
class bas2{…};
class level1 : public base2, vitrual public base{…};
class level2 : public base2, vitrual public base{…};
class toplevel : public level1, vitrual public level2{…};
```

当声明 toplevel 类的对象时,构造函数的调用次序为:

```
base base2 level2 base2 level1 toplevel
```

视频讲解

9.9 多态

在许多情况下,我们希望同一个函数的行为随调用的上下文而有所不同,这种情况称为多态。在 C++语言中,根据"调用的上下文"是在程序编译阶段还是在程序运行阶段才能够确定,我们又将多态分为静态多态和动态多态。

9.9.1 静态绑定与静态多态

在程序编译阶段,编译器的一个很重要的工作就是要解释函数调用语句,确定该语句调用的是哪个可执行代码块,这一过程被称为函数名绑定(Binding)。由于 C 语言不允许定义同名函数,一个函数名就对应一个不同的函数,因此绑定过程会很简单。但在 C++语言中,由于允许函数重载,绑定过程会更复杂。下面先回顾一下重载成员函数的两种方式。

1. 在同一个类中重载

这种方式的函数重载是以参数特征进行区分的,编译器通过查看函数调用语句传递的实参列表、函数名来确定使用哪个同名函数。重载构造函数就是一个典型的情况,例如,第 8 章中 CString 类定义了多个构造函数,然后可以按不同方式初始化对象,如下所示:

```
CString str1, str2(16), str3("hello");
```

2. 派生类重载基类的成员函数

由于重载函数处在不同的类中,因此它们的原型可以完全相同,此时派生类定义的同名函数覆盖了基类的同名函数。编译器可以通过查看调用函数的对象来确定调用的是基类的同名函数还是派生类的。例如,在 9.5 节中,MemberCard 类重新定义了 consume 消费函数,当通过不同类型的对象调用 consume 函数时,该函数的行为会有所不同。例如,有如下对象的定义:

```
ShoppingCard card_1("00001", 100);
MemberCard   card_2("4526011982042903 10", "00002", 200);
card_1.consume(15);
card_2.consume(8);
```

对于 card_1. consume(15);语句,调用的是基类的消费无折扣的 consume 函数;对于 card_2. consume(8);语句,调用的是派生类的消费有折扣的 consume 函数。

对于上述两种重载,编译器可以在编译程序的过程中完成函数调用的匹配,称为静态绑定。由于在编译阶段就已经能够根据函数名、实参列表或者调用函数的对象来明确函数的行为(也就是能够明确函数调用的匹配),因此函数重载是静态多态的一种体现形式。

在 C++语言中,运算符重载是指在原来预定义的运算符含义的基础上,重新给作用在类类型对象之上的运算符定义新的含义。当运算符作用在类对象时,本质上是运算符重载函数的调用,编译器在编译程序的过程中会根据运算符所作用的对象来确定运算符重载函数调用的匹配。因此,运算符重载也是另一种形式的静态多态。后续我们会对运算符重载机制进行更加详细的描述。

9.9.2　动态绑定与动态多态

在 C++语言中,虚函数体现的是动态多态。一般来说,虚函数的调用主要是通过基类指针或引用进行的,具体来讲就是,将基类指针或引用指向派生类对象,通过该指针或引用去调用虚函数。由于在编译阶段编译器无法知道用户将选择哪种类型的对象(基类对象还是派生类对象),也就无法完成函数调用的匹配,而只能在程序运行期间进行匹配,这种方式被称为动态绑定(Dynamic Binding)。由于基类指针或引用指向的对象不同,被调用的虚函数也不同,因此虚函数是一种动态多态。9.12 节我们会对虚函数机制进行更加详细的描述。

9.10　运算符重载

视频讲解

9.10.1　运算符重载的概念

前面的章节中我们学习了基本数据类型,一般情况下,基本数据类型的运算都是用运算符来表达的,这很直观,语义也简单。例如, 我们很容易理解 int a,b,c; a = b + c;语句是两个整形数据相加并赋值给第 3 个变量。对于基本数据类型,就隐含着运算符重载的概念。在下面的例子中:

视频讲解

```
//int a,b,c;  c = a +b;          //float a,b,c;  c = a +b;
mov  eax,dword ptr [ebp-4]       fld   dword ptr [ebp-4]
add  eax,dword ptr [ebp-8]       fadd  dword ptr [ebp-8]
mov  dword ptr [ebp-0Ch],eax     fstp  dword ptr [ebp-0Ch]
```

左边是 int a,b,c; c = a + b;语句对应的汇编代码,右边是 float a,b,c; c = a + b;语句对应的汇编代码,可以明显地看出这两部分汇编代码明显不同。事实上,由于 int 和 float 是 C/C++语言预定义的数据类型,语言本身就规定了 +、= 运算符作用在这两种数据类型之上应该体现的语义,而编译器也必须根据这样的规定翻译出相应的汇编代码。同样是 +、= 运算符,由于 int 和 float 是不同的数据类型,因此这些运算符作用在 int 和 float 类型数据之上而编译出来的汇编代码也就不同。

对于类类型的对象,如果运算符作用在其之上又会发生什么呢? 例如,用 Complex 类来描述数学中的复数,c1 和 c2 是 Complex 类对象,我们能够实现 c1 + c2 吗? 就目前我们所学到的知识,要实现两个复数对象相加,一种可行的解决办法就是为 Complex 类定义一个体现"相加"语义的成员函数 add。

例 9-6 定义复数类,要求实部和虚部用实数表示,加法操作用 add 成员函数。

```cpp
//9-6.cpp
class Complex{
    double re, im;//re 和 im 分别代表复数的实部和虚部
public:
    Complex(double r = 0.0, double i = 0.0): re(r), im(i){ }
    Complex add(Complex c){
        Complex t;   t.re = re + c.re; t.im = im + c.im;
        return t;
    }
};
int main(){
    Complex c1(1, 2), c2(3, 4);
    Complex c3 = c1.add(c2);
    system("pause");
    return 0;
}
```

可以看出,c3 = c1.add(c2);这种方式虽然能够满足要求,但用法上并不直观,我们更希望是 c3 = c1 + c2;这样的形式。事实上,由于 Complex 是我们自定义的类类型,和基本数据类型所不同的是,语言本身并未规定 + 运算符作用在 Complex 类型数据之上应该体现出怎样的语义,因此编译器并"不认识"表达式"c1 + c2"中的 + 运算符。这时需要一种特别的机制来重新定义作用在用户定义类型上的运算符的含义。

在原来预定义的运算符含义的基础上,重新定义运算符作用在类类型对象之上新的含义,这种机制就是运算符重载。将上述 Complex 类稍作修改,将 add 函数名改为 operator +,就将 c1.add(c2)改为 c1 + c2。

例 9-7 用运算符重载实现复数类的加法操作。

```cpp
//9-7.cpp
class Complex{
    double re, im;
public:
    Complex(double r = 0.0, double i = 0.0): re(r), im(i){ }
    Complex operator + (Complex c){
        Complex t;   t.re = re + c.re; t.im = im + c.im;
        return t;
    }
};
int main(){
    Complex c1(1, 2), c2(3, 4);
    Complex c3 = c1 + c2;
    system("pause");
    return 0;
}
```

当编译器遇到 c1 + c2 表达式时,试图将其理解为 c1. operator + (c2),又因为 Complex 类定义了一个名为 operator + 的函数,因此编译器能够正确理解 c1 + c2 表达式的含义。我们称 operator + (…)这个名称很特殊的函数为运算符重载函数,它以成员函数的形式在 Complex 类中被重载,在进行运算符重载时,使用了关键字 operator。由于 c1 + c2 被编译器理解为 c1. operator + (c2),因此 c1 + c2 被称作 + 运算符重载函数的隐式调用。在 main 函数中,也可以直接写出 c1. operator + (c2)这样的代码,此时称作 + 运算符重载函数的显式调用。

对任意二元运算符@,将其作为成员函数重载时的定义为:

```
type className::operator@ (className param);
```

假设有两个 class Name 对象进行@ 操作,调用方式有:

```
className obj1,obj2;
obj1@ obj2;
```

type 是@ 运算符重载函数的返回值,className 是要为其添加@ 运算符重载函数的类名(例如,Complex 类),operator@ 是运算符重载函数的函数名(例如,operator +)。二元运算符需要两个操作数,由于是重载为成员函数形式,因此@ 运算符所需的第一个操作数是通过 this 指针隐含传递,第二个操作数通过参数 param 来提供。因此不难理解,将二元运算符重载为成员函数形式时,运算符重载函数的参数只有一个。

仍以 Complex 类为例,从数学运算的角度来看,c1 + 27 和 27 + c1 均成立(可以将 27 理解为虚部为 0 的复数,即 27 + 0i)。对于 c1 + 27,编译器将其理解为 c1. operator + (Complex (27)),通过类型转换将整数 27 转换为一个 Complex 对象,并将该对象作为参数传递给运算符重载函数 operator +。而对于 27 + c1,编译器理解为无意义的 27. operator + (c1),这是因为 27 是整数,不是 Complex 类的对象,因此 27 无运算符重载函数 operator +。如何解决这样的问题呢?此时可以将 + 运算符重载为友元函数形式,修改后的 Complex 类如例 9-8 所示。

例 9-8 用友元函数重载 Complex 类 + 运算符。

```
//9-8.cpp
class Complex{
    double re, im;
public:
    Complex(double r =0.0, double i =0.0): re(r), im(i){ }
    friend Complex operator + (Complex c1, Complex c2); /*Complex 类的友元函数 */
};
Complex operator + (Complex c1, Complex c2){ /*普通函数,非成员函数 */
    Complex t;  t.re = c1.re + c2.re; t.im = c1.im + c2.im;
    return t;
}
int main(){
    Complex c1(1,2);
    c1 = c1 + 27;
    c1 =27 + c1;
    system("pause");
    return 0;
}
```

对于 c1 + 27,编译器理解为 operator + (c1, Complex(27)),而对于 27 + c1,编译器则理

解为 operator + (Complex(27) , c1)。

对任意二元运算符 @, 将其重载为友元函数形式时运算符重载函数的定义及调用方式为:

```
type operator@ (className param1,className param2);
className obj1,obj2;
obj1 @  obj2;
```

由于友元函数没有 this 指针, 此时运算符重载函数 operator@ 所需的两个操作数均通过参数提供。因此不难理解, 将二元运算符重载为友元函数形式时, 运算符重载函数的参数为两个。

如果要输入输出复数对象, 则可以为 Complex 类重载 " >> " 和 " << " 运算符, 并且只能重载为友元函数形式, 这是什么原因呢? 下面来看一条语句:

```
cout << c1;
```

其中, cout 是输出流对象, 其类型是 ostream, c1 是 Complex 类对象。如果将 " << " 重载为成员函数形式, 由于 cout 是第一个操作数, 那么编译器只能将该语句理解为 cout. operator << (c1), 这种形式实际上是为 ostream 类重载 << 运算符, 这与我们为 Complex 类将 " << " 重载为成员函数的要求不一致; 否则, 需要将 c1 作为第一个操作数, 这意味着必须像 c1 << cout 这样使用 " << ", 虽然编译器可以理解为 c1. operator << (cout), 但这种用法会令人感到迷惑。因此, 只能重载为友元函数, 那么编译器可将语句 cout << c1 理解为 operator << (cout, c1)。例 9-9 是完整的 " << " 运算符重载函数的相关代码。

例 9-9 用友元函数重载输出流 << 运算符。

```
//9-9.cpp
#include <iostream>
using namespace std;
class Complex{
    ……
public:
    friend ostream & operator << (ostream & out, Complex & obj);
};
ostream & operator << (ostream & out, Complex & obj){
    out << obj.re << " + " << obj.im << "i";
    return out;
}
int main(){
    Complex obj(3,4);
    cout << obj << endl;
    system("pause");
    return 0;
};
```

首先, 来看参数 out 和 obj, 它们均是引用类型, 这使得 out 和 obj 分别是实参 cout 和 obj 的别名, 采用引用形式减少了对象的复制, 在内存使用和时间消耗上都比传递对象要少。其次, 再来看函数返回值, 由于 << 能够嵌套输出, 比如实现 cout << obj1 << obj2 << endl; 所以 << 运算符重载函数的返回值是 ostream&, 这使得返回的输出流对象可以作为下一个 << 运算符重载函数的第一个参数。

9.10.2 重载 ++ 、-- 运算符

对任意一元运算符@ ,将其作为成员函数重载时的定义及调用方式为:

```
type className::operator@ ();
className obj;
@ obj 或 obj@
```

一般来说,不采用 obj. operator@ ( ) 这种显式的调用方式。此时,运算符重载函数 operator@ 的参数表为空,因为所需的一个操作数通过 this 指针隐含传递。

如果将一元运算符@ 作为友元函数重载时,其定义及调用方式为:

```
type operator@ (one_parameter)
className obj;
@ obj 或 obj@
```

一般来说,不采用 operator@ (obj) 这种方式进行显示调用。此时,运算符重载函数 operator@ 所需的一个操作数通过参数传递。

下面我们继续为 Complex 类重载 ++ 、-- 运算符,重载为成员函数形式。

例 9-10 重载 Complex 类的 ++ 、-- 运算符。

```cpp
//9-10.cpp
#include <iostream>
using namespace std;
class Complex{
….
public:
    void operator ++ (){ re ++ ; im ++ ;};
    void operator -- (){ re -- ; im -- ;};
};
int main(){
    Complex data(3,4);
    cout << data << endl;
     ++ data;
    cout << data << endl;
     -- data;
    cout << data << endl;
    system("pause");
    return 0;
};
```

事实上,运算符 ++ 和 -- 有前缀和后缀用法,例如,在例 9-10 中 main 函数中也可以写出如下语句:

```
data ++ ;data -- ;
```

因此,在重载这两个运算符时,应该考虑到这两种方式的差别。二者的差别在于,后缀用法时运算符重载函数的参数会多一个 int 类型的占位参数,而这样的占位参数只是为了给编译器来识别这两种方式,因此在调用运算符重载函数时不会给该占位参数传递实参,运算符重载函数体中也不会使用该参数。

对于前缀方式的 ++ 、-- ,以成员函数重载运算符的形式如下:

```
type className::operator ++ ();
type className::operator -- ();
```

对于后缀方式的 ++、--，以成员函数重载运算符的形式如下：

```
type className::operator ++ (int);
type className::operator -- (int);
```

后续内容我们重点介绍前缀和后缀在运算符重载函数的实现上有何不同，因此我们只以 ++ 运算符为例。

我们知道，前缀和后缀用法的基本语义都是进行"在原值之上加 1"的操作，但是如果还需要赋值给另一个变量的话，语义就有区别了。例如：

```
Complex data1 (3,4);
Complex data2 = ++ data1;
Complex data3 = data2 ++;
```

对于 data2，我们期望其成员 re 和 im 的值分别为 4 和 5，这是因为 ++ data1 是前缀用法，因此先对 data1 的 re 和 im 进行加 1 操作，然后再以 data1 去初始化 data2。

而对于 data3，我们期望其成员 re 和 im 的值分别为 4 和 5，这是因为 data2 ++ 是后缀用法，因此先以 data2 去初始化 data3（此时 data2 的 re 和 im 的值分别为 4 和 5，因此 data3 被初始化后其 re 和 im 的值也分别为 4 和 5），然后再对 data2 的 re 和 im 进行加 1 操作，最后 re 和 im 分别为 5 和 6。因此，在为 Complex 重载 ++ 运算符时，需要体现出前缀和后缀不同的语义。

此外，由于需要赋值给另一个变量，因此要重新考虑重载函数的返回值，那么返回值是什么类型呢？例如，对于 Complex data2 = ++ data1;，相当于调用以下语句：

```
Complex data2 = data1.operator ++ ();
```

不难看出，运算符重载函数的返回值应该设置为 Complex 类型。

例 9-11 成员函数重载 Complex 类的 ++ 运算符。

```cpp
//9-11.cpp
#include <iostream>
using namespace std;
class Complex{
……
public:
    Complex operator ++ (){          //前缀 ++
        re ++; im ++;
        return *this;
    };
    Complex operator ++ (int){      //后缀 ++
        Complex tmp = *this;
        re ++; im ++;
        return tmp;
    }
};
int main(){
    Complex data1 (3,4);
    Complex data2 = ++data1;
    cout << "data1:" << data1 << endl;
```

```
        cout << "data2:" << data2 << endl;
        Complex data3 = data2 ++;
        cout << "data2:" << data2 << endl;
        cout << "data3:" << data3 << endl;
        system("pause");
        return 0;
};
```

也可以通过友元函数的形式对 ++ 运算符进行重载,此时需要重点考虑函数的参数类型。由于 ++ 操作是要改变自身的值,因此需要传递引用,而不是对象。

例 9-12　用友元函数重载 Complex 类的 ++ 运算符。

```
//9-12.cpp
class Complex{
……
public:
    friend Complex operator ++ (Complex &obj);          //前缀 ++
    friend Complex operator ++ (Complex &obj,int);      //后缀 ++
};
Complex operator ++ (Complex &obj){
    obj.re ++; obj.im ++;
    return obj;
}
Complex operator ++ (Complex &obj,int){
    Complex tmp = obj;
    obj.re ++; obj.im ++;
    return tmp;
}
```

9.10.3　重载赋值运算符

对于“ = ”运算符,在不同场景下使用时,体现出的含义是不同的。例如:

```
    Complex data1(3,4);
    Complex data2 = data1;
```

第二条语句形式上是将 data1 赋值给 data2,但实际上编译器认为是用一个已经创建好的对象 data1 去初始化新创建的对象 data2,此时调用的是复制构造函数。由于我们没有为 Complex 类定义复制构造函数,因此编译器会生成一个默认的复制构造函数,该构造函数采用位复制方式进行数据复制,因此 data2 创建好它的 re 和 im 与 data1 相同。

如果有如下语句:

```
    Complex data1(3,4), data2(5,6);
    data2 = data1;
```

上述第二条语句体现出的才是通常意义上的赋值操作,因此该语句相当于调用 = 赋值运算符重载函数,如下所示:

```
    data2.operator = (data1);
```

由于没有为 Complex 类重载赋值运算符,编译器会生成一个默认的赋值运算符重载函数,该函数采用位复制方式进行数据复制,因此 data2 的 re 和 im 被赋值为 data1 的 re 和 im,

分别为 3 和 4。

可以看出,赋值运算符重载函数与复制构造函数有以下异同点。

(1)相同点。都是为了将一个对象的数据成员复制到另一个对象中。

(2)不同点。复制构造函数是要初始化一个新对象,而赋值运算符函数是要改变一个已经存在的对象。

默认的赋值运算符重载函数也存在与默认复制构造函数类似的问题(相关问题请参见 8.7 节有关复制构造函数的内容),示例代码如下所示。

```
int main(){
    CString  str1(64), str2(32);
    str1.copy("hello world");
    CString str3 = str1;
    str2 = str3;
    char *p = str1.get();
    cout << "str1:" << p << endl;
    p = str2.get();
    cout << "str2:" << p << endl;
    p = str3.get();
    cout << "str3:" << p << endl;
    system("pause");
    return 0;
}
```

在 main 函数中,当执行 str2 = str3;时,str2 的 buf 成员原先指向的 32 字节内存区将会丢失,str2 和 str3 的 buf 指向同一块内存区。当 main 调用结束,str2 和 str3 被释放时,它们的 buf 所指向的同一块内存区会被释放两次,这将导致程序错误。解决办法就是为 CString 类重载赋值运算符,示例代码如下所示。

```
class CString{
    ……
public:
    ……
    CString operator = (CString& from){
    if(this == &from)
        return *this;//避免自己给自己赋值
    delete []buf;
    size = from.size;
    buf = new char[ size ];
    strcpy_s( buf,size,from.buf );
    return *this;
    }
};
```

在赋值运算符重载函数中,首先释放 buf 成员所指向的动态内存空间,然后再新分配一块与参数 from 所代表的字符串一样大小的内存块,最后再完成字符串的赋值。

9.10.4 小结

1. 重载运算符需要注意的事项

(1)大多数预定义的运算符可以被重载,重载后的优先级、结合性以及所需的操作数都不变。

(2)在 C++语言中,类型转换函数也被认为是一种特殊的运算符,所以也能被重载。

（3）但少数的 C++语言中的运算符不能重载：例如，::、#、?:、.、.*、*等。

（4）不能重载非运算符的符号，例如，;分号。

（5）C++语言不允许重载不存在的运算符,例如，$ 、** 等。

（6）当运算符被重载时,它是被绑定在一个特定的类类型之上的;当此运算符不作用在特定类类型上时,它将保持原有的含义。

（7）当重载运算符时,不能创造新的运算符符号,例如,不能用 ** 来表示求幂运算符。

（8）应当尽可能保持重载运算符原有的语义。试想,如果在某个程序中用 + 表示减,* 表示除,那么这个程序读起来将会非常别扭。

多数情况下,运算符可以重载为类的成员函数,也可以重载为友元函数。

2. 两种重载的各自特点

（1）一般情况下,单目运算符重载为类的成员函数;双目元素重载为类的友元函数。

（2）有些双目运算符不能重载为类的友元函数,例如, = 、( ) 、[ ] 、-> 。

（3）类型转换函数只能定义为类的成员函数,而不能定义为友元函数

（4）若一个运算符的操作需要修改对象的状态,则重载为成员函数比较好。

（5）若运算符所需要的操作数(尤其是第一个操作数)希望有隐式类型转换,则只能选择友元函数。

（6）若运算符是成员函数,则最左边的操作数必须是运算符类的类对象(或者类对象的引用)。若左边操作数必须是一个不同类的对象,或者是基本数据类型,则必须重载为友元函数。

（7）当需要重载运算符的元素具有交换性时,重载为友元函数。

9.11　赋值兼容规则

视频讲解

C++语言不允许将一种类型的指针指向另一种类型的地址,也不允许一种类型的引用指向另一种类型。例如:

```
float value =5.0;
int * p = &value;//编译错误
int &r = value;//编译错误
```

但可以通过类型转换来实现。例如:

```
int * p = (int * )&value;
```

对于类类型来说,由于继承关系的存在,特别是公有继承建立的是 is-a 关系,因此不受这样的约束,但必须遵循一定的规则。这个规则被称为赋值兼容规则,它规定了 C++语言对象的类型转换要求。

1. 赋值兼容规则

在公有派生方式下,派生类对象作为基类对象来使用的具体方式

（1）派生类的对象可以直接赋值给基类的对象。

（2）基类对象的引用可以引用一个派生类对象。

（3）基类对象的指针可以指向一个派生类对象。

例如,可以允许下面的初始化。

```
MemberCard  aCard("4526011982304290310","00001",100);
ShoppingCard *p =&aCard;
ShoppingCard &r =aCard;
```

派生类对象的引用或指针可以转换为基类引用或指针,而不必进行显示的类型转换,这种方式被称作向上强制转换(Upcasting),该规则是公有继承方式下 is-a 关系的一部分。与向上强制转换相反的过程,就是向下强制转换(Downcasting),即将基类的引用或指针转换为派生类的引用或指针。如果不使用显示类型转换,则向下强制转换是不允许的,原因是 is-a 关系通常是不可逆的。例如,下面的代码是不允许的:

```
ShoppingCard aCard("00001",100);
MemberCard  *p =&aCard;//编译错误
```

如果使用显示类型转换,虽然解决了编译错误,但会存在许多问题。例如:

```
MemberCard  *p =(MemberCard  *)&aCard;
p –> recharge(50);//存在语义问题
```

基类 ShoppingCard 中没有 recharge 充值功能,但是由于通过了强制类型转换后可以通过 p 去调用该函数进行充值,虽然不会引起错误,但语义上会让人觉得奇怪。更严重的问题是,如果调用了 setIdentity 函数会引起内存操作错误。例如:

```
p –> setIdentity ("4526011988311250310");//存在内存操作错误
```

setIdentity 是派生类 MemberCard 定义的函数,该函数操作的是派生类新增的数据成员 identity,而 aCard 是一个基类对象,没有成员 identity(也就是说基类对象 aCard 的内存空间就没有 identity 这一部分),但是由于通过了强制类型转换后可以通过 p 去调用 setIdentity 函数,此时必然会引起内存操作错误。

2. 赋值兼容规则分析

例如,可以允许下面的代码:

```
ShoppingCard card_1("00001",100);
MemberCard  card_2("4526011982304290310","00002",200);
card_1 = card_2;
```

首先,来看一下这两个对象的内存模型,如图 9-9 所示。

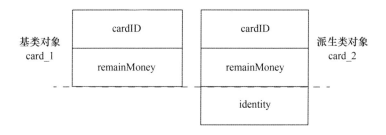

图 9-9 基类和派生类对象的内存模型

对象赋值实际上是对象之间的数据赋值,由于 card_2 是派生类对象,其包含了基类对象(也就是拥有从基类继承过来的所有数据成员),因此 card_1 = card_2;不是将派生类对象中所有数据赋值给基类对象,而是将 card_2 中的基类对象那一部分数据赋值给 card_1,这部分数据叫作派生类对象的"切片"(Sliced)。

但是,不允许如下的语句:

```
card_2 = card_1;
```

从概念上很容易理解,我们不可能将一张不记名购物卡当成一张会员购物卡来使用。事实上,如果上述赋值成立的话,那么 card_1 中的数据会复制到 card_2 中的基类子对象(即完成成员 cardID 和 remainMoney 的复制),但 card_2 中新增的成员 identity 应该赋值什么值呢? 因此,C++语言规定不允许将基类对象赋值给派生类对象。

3. 通过一个例子,进一步理解赋值兼容规则

例 9-13　基类 animal 代表动物,公有派生出 dog 类,不难理解,所有的狗都是动物,但并非所有的动物都是狗。

```
//9-13.cpp
class animal{
public:
    void eat() {   cout << "animal is eating" << endl;   }
};
class dog : public animal{
public:
    void eat(){   cout << "dog is eating" << endl;  }
};
int main(){
    animal a;
    dog d;
    d.eat(); //输出"dog is eating"
    a = d; //成功,因为"所有的狗都是动物"
    a.eat(); //输出"animal is eating";
    animal &ref_a = d;
    ref_a.eat();//输出"animal is eating";
    animal *pointer_a = &d;
    pointer_a -> eat();//输出"animal is eating";
    return 0;
}
```

作为对比,给出一组试图将动物对象转化为狗的非法操作,该尝试会遇到编译错误。

```
    int main(){
        animal a;
        dog d;
        d.eat();
        d = a; //编译错误,因为"不是所有动物都是狗"
    }
```

赋值兼容规则可以简单地总结为: 所有的狗都是动物,但不是所有的动物都是狗——所有的派生类对象都是基类的对象。

当通过基类指针或引用去指向派生类对象时,所能"看到"的是派生类对象中的基类对象,而看不到派生类对象中非基类部分。也就是说,只能访问基类中定义的成员。

例 9-14 查看用基类指针分别指向基类对象和派生类对象的成员函数的运算情况。

```cpp
//9-14.cpp
class Base{
public:
    void Print(){cout << "I am Base" <<endl; };
};
class Derived:public Base{
public:
    void Print(){cout << "I am Derived" <<endl;};
};
int  main(){
    Base base, *p;
    Derived   derived;
    p = &base;
    p -> Print(); //输出"I am base"
    p = &derived;
    p -> Print(); //输出"I am base"
    system("pause");
    return 0;
}
```

无论指针 p 指向基类对象 base 还是派生类对象 derived，语句 p –> Print( ) 调用的都是基类中的 Print 函数，而派生类的 Derived∷Print 对于基类指针 p 指针是不可见的，如图 9-10 所示。

图 9-10   基类指针访问派生类对象的成员

视频讲解

9.12　虚函数

9.12.1　虚函数的定义

虚函数机制使得函数调用与函数体的匹配在运行时才确定，但为什么要使用虚函数呢？

下面仍以购物卡为例。假设我们要同时管理不记名购物卡（ShoppingCard）和会员购物卡（MemberCard），如果能使用一个数组来保存 ShoppingCard 和 MemberCard 对象，那么对于程序的编写将会有很大的帮助，但事实上是不可能的。我们知道，数组中的元素必须是相同的数据类型，而 ShoppingCard 和 MemberCard 之间虽然存在派生关系，但仍然是两个不同的类型。然而，我们可以创建指向基类 ShoppingCard 的指针数组，这样每个数组元素的类型就相同了。但为什么要这样做呢？因为 MemberCard 是公有地继承于 ShoppingCard，根据赋值兼容规则,基类 ShoppingCard 指针既可以指向 ShoppingCard 对象,也可以指向 MemberCard 对象,因此可以使用一个数组(即 ShoppingCard 指针数组)来表示多种类型(即 ShoppingCard 和 MemberCard)的对象。

例 9-15　根据提示生成不记名卡或会员卡存储在数组中,并对数组中的数据进行操作。

```cpp
//9-15.cpp
const int MAX_CARD_NUMBER = 2;
int main(){
    ShoppingCard *pAllCards[MAX_CARD_NUMBER];
    int kind;//卡类型
    float discount;//折扣率
    char id[16],identity[18];
    int money;
    for(int i = 0;i < MAX_CARD_NUMBER;i ++){
        cout << "Enter 1 for ShoppingCard or 2 for MemberCard:";
        while(cin >> kind && (kind! = 1 && kind! = 2))
            cout << "Enter 1 or 2:";
            cout << "Enter card ID:";
            cin >> id;
            cout << "Enter money:";
            cin >> money;
        if(kind == 1){//创建 ShoppingCard
            pAllCards[i] = new ShoppingCard(id,money);
        }else{//创建 MemberCard
            MemberCard *p;
            cout << "Enter identity:";
            cin >> identity;
            p = new MemberCard(identity,id,money);
            cout << "Enter discount:";
            cin >> discount;
            p -> setDiscount(discount);
            pAllCards[i] = p;
        }
    }
    for(int i = 0;i < MAX_CARD_NUMBER;i ++){//消费
        pAllCards[i] -> consume(5);
    }
    for(int i = 0;i < MAX_CARD_NUMBER;i ++){//打印剩余金额
        cout << "remain money:" << pAllCards[i] -> getRemainMoney() << endl;
    }
    for(int i = 0;i < MAX_CARD_NUMBER;i ++){//释放对象
        delete pAllCards[i];
    }
    system("pause");
    return 0;
}
```

然而,上述代码的运行结果并非如我们所愿,我们所期望的是当基类 ShoppingCard 指针指向派生类 MemberCard 对象时,能够通过该指针调用派生类定义的 consume 函数。根本原因就是当通过基类 ShoppingCard 指针指向派生类 MemberCard 对象时,看不到派生类对象中非基类部分(即无法调用派生类定义的 consume 函数),而只能访问基类中定义的成员(即只能调用基类 ShoppingCard 定义的 consume 函数）。也就是说，consume 函数的调用匹配在编译阶段就已经完成了，此时函数的调用取决于指针类型（即 ShoppingCard 指针），与指针所指向的对象无关，编译器只会根据指针类型静态绑定基类 ShoppingCard 定义的 consume 函数。

那么如何解决这个问题呢？从上述代码我们看到，只有在程序运行时才能确定基类 ShoppingCard 指针所指向对象的类型，而只有在确定对象的类型后才能确定调用哪个 consume 函数。C++ 中的虚函数能够帮助我们达到这一目的。我们只需要对基类 Shopping-Card 中的 consume 函数稍加修改，用 virtual 关键字定义为虚函数，如下所示：

例 9-16 在例 1-15 的基础上，修改 consume 函数为虚函数。

```
//9-16.cpp
class ShoppingCard{
……
public:
    virtualbool consume(float money){…}
};
```

此时，consume 函数的调用匹配不取决于指针类型（即 ShoppingCard 指针），而取决于指针所指向的对象。由于指针所指向的对象在程序运行时才能确定，因此 consume 函数的调用匹配也只会在程序运行时进行，这一过程就是所谓的动态绑定。

下面，我们总结一下定义和使用虚函数的过程。

① 在基类中用 virtual 关键字将成员函数声明为虚函数。

② 在派生类中重定义基类的虚函数，但要求函数的原型（包括返回值类型、函数名、参数列表）必须完全相同。

③ 定义基类指针或引用，使其指向基类或派生类对象。当通过该指针或引用调用虚函数时，该函数将体现虚特性。

9.12.2 虚函数的工作原理

视频讲解

C++ 语言规范规定了虚函数的行为，但将实现方法（也就是如何才能达到动态绑定）留给了 C++ 语言的编译器设计者。对于程序员来说，虽然不需要知道虚函数的实现方法就可以使用虚函数，但是一旦了解虚函数的工作原理将有助于更好地设计 C++ 程序。

例 9-17 为便于描述，我们将例 9-14 改造成使用虚函数。

```
//9-17.cpp
#include <iostream>
using namespace std;
class Base{
public:
    virtual void Print(){cout << "I am Base\n";};
};
class Derived:public Base{
public:
    void Print(){cout << "I am Derived\n";};
};
int  main(){
    Base base, *p;
```

```
Derived   derived;
p = &base;
p -> Print();  // 调用基类的 Print,输出"I am base"
p = &derived;
p -> Print();  // 调用派生类的 Print,输出"I am derived"
system("pause");
return 0;
}
```

在程序编译阶段,编译器为定义了虚函数的类建立一张虚函数表 VTABLE(即函数指针数组),表中的每个元素保存的是每个虚函数的地址(即虚函数第一条指令的地址)。如果派生类重新定义了基类的虚函数,那么派生类的虚函数表将保存新函数的地址;否则,派生类的虚函数表将保存基类所定义的虚函数地址。同时,用一个虚函数表指针 VPTR 指向这张表的入口,如图 9-11 所示。

从前面的章节我们知道,一个对象的内存空间由数据成员构成,事实上,编译器为定义了虚函数的类的对象还添加了一个隐藏成员,该隐藏成员保存的是虚函数表指针 VPTR。当一个对象被创建时,在构造函数完成数据成员初始化后会初始化 VPTR,让 VPTR 指向该对象所属类的虚函数表(注:初始化 VPTR 的代码由编译器额外添加,对程序员来说完全透明)。以示例 9-17 为例,基类对象、派生类对象、虚函数表、VPTR 的关系如图 9-12 所示。

图 9-11　虚函数表结构图

图 9-12　具有虚函数的类的结构图

当基类指针 p 指向基类对象 Base(即执行了 p = &Base;语句)后,执行 p -> print( );语句进行虚函数调用的过程如下。

① 通过基类指针 p 找到其所指向的对象 Base。

② 因 Print 为虚函数,获取对象中的 VPTR,从而找到对象 Base 所属 Base 类的虚函数表。

③ 查找 Base 类的虚函数表,找到虚函数 Print 的入口地址。

④ 调用基类定义的虚函数 Print。

如果基类指针 p 指向的是派生类对象 Derived,则虚函数 Print 的调用流程是相似的,但由于通过对象中的 VPTR 找到的是派生类 Derived 的虚函数表,因此调用的是派生类定义的 Print 函数。

从上述流程可以看出,虚函数调用的匹配是动态完成的,只有当基类指针明确地指向某个对象后,调用虚函数才能够体现出虚特性。

而对于上述流程,完全是由编译器在编译 p -> Print( );语句时添加额外的支撑代码来实现的,对于程序员来说该过程完全透明。

9.12.3 虚析构函数

构造函数不能是虚函数。从虚函数的工作原理可以看出,虚函数表 VPTR 的初始化是在构造函数调用完成之后进行,只有在 VPTR 指向虚函数表后,虚函数的动态调用特性才能体现出来。如果能够将构造函数声明为虚函数,就意味着构造函数的调用也必须在 VPTR 指向虚函数表后才能进行,这样就会阐述"先有鸡还是先有蛋"的悖论。因此,将构造函数声明为虚函数没有什么意义。

但我们可以将析构函数声明为虚函数,因为在析构函数调用之前对象就已经被创建和初始化完毕,因此 VPTR 也已经指向了虚函数表。但在程序设计中是否就一定需要将析构函数声明为虚函数呢?

我们知道,当派生类对象被释放时,应该遵循先调用派生类析构函数再调用基类析构函数这一顺序。在例 9-15 中,由于是通过 new 的方式动态创建基类 ShoppingCard 对象或派生类 MemberCard 对象,因此需要通过 delete 的方式释放这些对象,代码如下所示:

```
delete pAllCards[i];
```

由于这些对象是由基类指针所指向的,如果基类指针指向的是派生类对象,那么当对象被释放时,只会调用基类 ShoppingCard 的析构函数,这是因为对于基类指针来说,"看不到"派生类 MemberCard 的成员,理所当然也就"看不到"派生类 MemberCard 的析构函数。但如果将析构函数声明为虚函数,则会先通过 VPTR 调用派生类 MemberCard 虚函数表中的析构函数,再自动调用基类 ShoppingCard 的析构函数。因此,使用虚析构函数可以保证析构函数按照正确的次序被调用。

虽然在例 9-15 中,并没有为 ShoppingCard 和 MemberCard 定义析构函数,用的是默认的析构函数,似乎这种按正确次序调用析构函数的行为显得并不那么重要。但如果一旦派生类 MemberCard 包含了执行某些操作(例如,释放动态内存或者关闭网络端口等)的析构函数,那么要保证正确的析构函数调用次序就显得尤为重要;否则,会导致程序错误,甚至系统错误。

因此,对于良好的程序设计来说,需要将基类的析构函数声明为虚函数是有必要的,即便该析构函数不执行任何操作。

9.12.4 纯虚函数及抽象类

基类往往表示一种抽象的概念。在很多时候,基类仅仅提供一些公共的接口,表示这类对象拥有的共同操作,而这些操作又是依赖于不同的派生类对象的。因此,在基类的定义中,这些公共接口只需要有说明而不需要有实现,这就是纯虚函数的概念。纯虚函数刻画了一系列派生类应该遵循的协议,这些协议的具体实现由派生类来决定。定义纯虚函数的语

法形式如下所示:

```
virtual type functionName(parameters)＝0;
```

即在函数原型前面加上关键字 virtual,在后面加上 ＝0,意味着虚函数是零,没有具体实现。
我们将拥有纯虚函数的类称为抽象类。抽象类不能被实例化,只能作为其他类的基类。特
别地,当抽象类的所有函数成员都是纯虚函数时,这个类被称为接口类。当抽象类的派生类
没有实现所有的纯虚函数时,该派生类仍然是抽象类,不能被实例化,只有再次被继承直到
所有纯虚函数都实现了函数体,才能够被实例化,定义类对象并使用相关的操作。

我们知道,图形是一块有轮廓边界的区域。对于一个图形来说,它有周长和面积。由于
"图形"本身是一个抽象的概念,因此要获知一个抽象图形的周长和面积是不可能的,除非明
确知道是哪种图形。例如,圆、长方形都是图形,能够根据相应的数学公式计算这两类图形
的周长和面积。此外,即便是不规则的图形,也可以通过数学方法来计算(例如,可以通过积
分计算面积)。

下面,用 Shape、Circle、Rectangle 3 个类来分别描述图形、圆以及长方形,不难看出,Circle
和 Rectangle 都是 Shape 的派生类,这 3 个类的继承关系如图 9-13 所示。

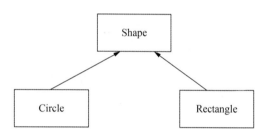

图 9-13　Shape、Circle、Rectangle 的继承关系

对于 Shape 类来说,该类中计算周长的函数(Perimeter)和计算面积的函数(Area)只能
声明为纯虚函数,因为我们没法写出如何计算周长和面积的代码,此时,Shape 类就是一个抽
象类,而且是接口类。而对于 Circle 和 Rectangle,需要实现这两个纯虚函数,因为可以根据
数学公式写出相应的计算代码。

例 9-18　根据图 9-13 的继承关系,写出各类的周长和面积成员函数,并测试各类的
功能。

```cpp
//9-18.cpp
const float pi＝3.14;
class Shape{
public:
    virtual float Perimeter()＝0;
    virtual float Area()＝0;
};
class Circle:public Shape{
float r;
public:
    Circle(float r){this－>r = r;}
    float Perimeter(){ return 2 * pi * r;  }
    float Area(){ return pi * r * r;}
```

```
};
class Rectangle:public Shape{
float l, h;
public:
    Rectangle(float l, float h){this ->l = l, this ->h = h;}
    float Perimeter(){ return 2 * (l + h);  }
    float Area(){ return l * h;}
};
int main(){
    Shape * p;
    Circle circle(5);
    Rectanglerectangle(3, 4);
    p = &circle;
    cout << "Perimeter :" << p -> Perimeter () << "," << "Area:" << p -> Area () <<
endl;
    p = & rectangle;
    cout << "Perimeter :" << p -> Perimeter () << "," << "Area:" << p -> Area () <<
    endl;
    system("pause");
    return 0;
};
```

一般来说,派生类需要实现抽象类中的纯虚函数,否则该派生类也是一个抽象类。例如,我们将图形分为由曲线围成的曲线图形(用 CurveShape 类表示)和由线段围成的多边形(用 Polygon 类表示),那么圆是一种曲线图形,而长方形是一种多边形。因此,可以将图9-13 的继承层次结构修改为图 9-14。

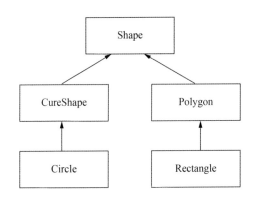

图 9-14　修改后的 **Shape**、**Circle**、**Rectangle** 的继承关系

对于 CurveShape 和 Polygon 来说,它们描述的仍然是抽象的图形,因此这两个类无须实现 Shape 定义的 Perimeter 和 Area 函数,因此它们仍然是抽象类。

9.12.5　小结

要体现出虚函数的虚特性,前提条件之一是,在派生类中函数原型一致的重定义基类的虚函数,否则该函数将丢失虚特性。例如,仅函数名相同,而参数列表不同,编译器认为这是一般的函数重载;仅返回类型不同,函数名和参数列表相同,编译器认为这种情况是不允许的,会发生编译错误。

虚函数体现虚特性的另一个前提条件是,使用基类指针或引用去指向基类或派生类对象,然后通过该指针调用虚函数。但如果不是通过基类指针,而是直接通过基类或派生类对象调用虚函数,编译器认为是普通函数的调用,对函数调用的匹配在编译阶段就完成静态绑定,此时虚函数也将丢失虚特性。

此外,对于虚函数的定义,还有以下一些要求。

① 虚函数必须是类的非静态成员函数。

② 不能将虚函数说明为全局函数。

③ 不能将虚函数说明为静态成员函数。

④ 不能将虚函数说明为友元函数。

虚函数的特性使得它成为许多 C++ 程序设计的关键,因为基类可以使用虚函数提供一个接口,这使该类的所有公有派生类都具有相同的接口,但派生类可以定义自己的实现版本,而且虚函数调用的解释依赖于它的对象类型。这实现了"一个接口,多种实现/语义"的概念,为软件的充分可重用提供了坚实的基础。因此,使用虚函数可以提升软件的重用性和提高软件架构的合理性。

课堂练习题

参考答案

1. 已知有 Class Point{int x,y;}类,请写出直线 Line 类(两点确定一条直线),说明 Point 类与 Line 类的关系。

2. 定义一个 Point 类,写出 Rectangle 类和 Circle 类与 Point 类的关系,计算各派生类对象的面积 Area( )。

3. 利用 Clock 类定义一个带"AM""PM"的新时钟类 NewClock。

4. 利用 Clock 类与 Date 类定义一个带日期的时钟类 ClockWithDate。对该类对象能够进行增加秒数的操作。

5. 读程序,写出运行结果。

(1)
```cpp
#include <iostream>
using namespace std;
class B1
{
public:
    B1(int i){cout << "constrcting B1 " << i << endl;}
    ~B1(){cout << "destructing B1 " << endl;}
};
class B2
{
public:
    B2(int i){cout << "constructing B2 " << i << endl;}
    ~B2(){cout << "destructing B2 " << endl;}
};
class B3
{
public:
    B3(){cout << "constructing B3  * " << endl;}
    ~B3(){cout << "destructing B3 " << endl;}
};
class C:public B2,public B1,public B3
```

```
    {
    public:
        C(int a,int b,int c,int d):B1(a),memberB2(d),memberB1(c),B2(d){}
        ~C(){cout << "destructing C" << endl;}
    private:
        B1 memberB1;
        B2 memberB2;
        B3 memberB3;
    };
    int main()
    {
        C obj(1,2,3,4);
        return 0;
    }
```

(2)
```
    #include <iostream>
    using namespace std;
    class A
    {
    public:
        A(){a=0;}
        A(int i){a=i;}
        void Print(){cout << a << ",";}
        int Geta(){return a;}
    private:
        int a;
    };
    class B:public A
    {
    public:B(){b=0;}
        B(int i,int j,int k);
        void Print();
    private:
        int b;
        A aa;
    };
    B::B(int i,int j,int k):A(i),aa(j){b=k;}
    void B::Print(){A::Print();
    cout << b << "," << aa.Geta() << endl;
    }
    int main()
    {
        B bb[2];
        bb[0]=B(1,2,5);
        bb[1]=B(3,4,7);
        for(int i=0;i<2;++i)
            bb[i].Print();
        return 0;
    }
```

6. 时钟的形状有多种多样的,能否编写一个程序,使得在生产时钟的时候,可以生产矩形时钟、椭圆时钟、圆形时钟、六边形时钟、梅花形时钟等样式的时钟？而且,不同形状的时钟,材质不同,提供的额外功能也会不同。

第6题分析视频   第6题编程视频

7. 重载运算符 << ,使之能够使用 cout 将 Clock 类对象的值以时间格式输出。

8. 定义一个 Location 类,重载运算符 + 和 - 实现平面位置的移动。

9. 定义一个 Shape 抽象类,派生出 Rectangle 类和 Circle 类,计算各派生对象的面积 Area( )。

 视频讲解

10. 定义猫科动物 Felid 类,派生出猫类(Cat)和豹类(Lepard),二者都包含虚函数 sound( ),要求根据派生类对象的不同调用各自重载后的成员函数。

11. 设计一个飞机类 Plane,由它派生出歼击机发 fighter 类和轰炸机 bomber 类,歼击机 fighter 类和轰炸机 bomber 类又共同派生出歼轰机(多用途战斗机)。请利用虚函数和虚基类描述飞机类及其派生的类族。

 视频讲解

上机实验

精灵游戏的开发与设计

在抓动物(精灵)游戏中,精灵有自动精灵,即根据某种算法运行的精灵;有用户控制精灵,即用户通过鼠标或者键盘控制精灵的移动,在游戏中,就代表用户的移动。

自动精灵有不同的类型,有的没有什么智能只能沿着一个方向移动,有的具有简单智能。没有智能的精灵,可能有的沿水平(y 值不变化)行走,有的沿垂直方向行走(x 值不变化)。具有简单智能的精灵,又分成强于用户精灵的追逐精灵,弱于用户精灵的躲避精灵。请编程实现这个游戏。

 视频讲解

分析 首先,我们有两类精灵:用户控制的精灵和自动精灵,都属于精灵,但一个需要用户控制运动,一个通过算法控制运动。因此,我们可以写一个精灵基类,都有 ID、姓名、当前位置、运动速度、运动方向等,关系如图 9-15 所示。

图 9-15　精灵关系图

用户控制的精灵和自动精灵的具体区别就是移动操作和碰撞检测不同,具体区别如下。

1. Move 操作不同

(1)自动精灵:按照固定速度和初始设置的方向移动。

(2)用户控制的精灵:根据鼠标(或键盘)操作结果设置精灵移动。

2. 碰撞检测不同

(1)自动精灵:不进行碰撞检测。

(2)用户控制的精灵:每时间周期都有检测是否与自动精灵碰撞。

基类的 Move 是抽象的,子类实现自己的 move 操作。

基类具有用户控制的精灵和自动精灵的共性,包括 ID、name、Pose、speed、Direction。

进一步分析,自动精灵又分成没有人工智能的精灵和有简单人工智能的精灵。而具有人工智能的精灵又有追逐精灵(比用户控制的精灵强大,用户控制的精灵遇到它就会失去分值或者生命);此外,还有躲避精灵(比用户控制的精灵弱小),用户控制的精灵遇到它就可以加分或者加生命值。这些自动精灵的 Move 操作也是不同的。

① 普通自动精灵。按照固定速度和初始设置的方向移动。

② 人工智能精灵。在速率范围内随机方向移动。

a. 躲避精灵。如果与用户控制的精灵在某范围内,需要朝远离用户控制的精灵方向移动,如果被用户精灵追上,用户精灵得高分,且移动速度加倍(限时)。该躲避精灵消失。

b. 追逐精灵。如果与用户控制精灵在某范围内,需要朝用户精灵方向移动,如果追上用户控制的精灵,则用户控制的精灵失去一条生命,该追逐精灵消失。

具体分析与编程实战请参考网站下载的第 9 章代码:"9-继承与派生编程实战"里面的"2-SpriteGame"的详细代码。其中,关于采用继承与派生的详细分析过程视频参考第 9 章中的"3-继承关系的精灵游戏 完整",关于采用多态技术改写的视频参考第 9 章多态里面的"1-智能精灵的分析"和"2-多态实现的多种类精灵游戏编程"。

小 结

视频讲解

1. 不同的继承方式,子类对基类中的成员的访问权限如表 9-1 所示。

2. 继承。

对类型之间的关系建模,共享公共的东西,仅特化本质上不同的东西。派生类能继承基类定义的成员,派生类可无须改变而使用那些与派生类具体特性不相关的操作,并可重定义那些与派生类相关的成员函数,将函数特化,考虑派生类的特性。我们称因继承而相关的类构成了一个继承层次。其中,一个类称为根,所有其他类直接或间接继承根类。除了从基类继承成员外,派生类还可定义更多的成员。

3. 面向对象编程的关键思想是多态性。因为在许多情况下可以互换地使用派生类或基类的"许多形态",所以称通过继承而相关联的类型为多态类。在 C++语言中,多态性仅用于因继承而相关联的类型的引用或指针。

① 在基类中用 virtual 将函数说明为虚函数。

② 在公有派生类中原型一致地重载该虚函数。

③ 定义基类引用或指针,使其引用或指向派生类对象。当通过该引用或指针调用虚函

视频讲解

数时,该函数将体现出虚特性来。

4. 继承和动态绑定在两个方面简化了我们的程序,即能够容易地定义与其他类相似但又不相同的新类,能更容易地编写忽略这些相似类型之间区别的程序。继承和动态绑定的思想在概念上非常简单,但对于如何创建应用程序以及对于程序设计语言必须支持的特性,含义深远。

5. 许多应用程序的特性可以用一些相关但略有不同的概念描述。面向对象编程与这种应用非常匹配。通过继承可以定义一些类型,可以模拟不同种类;通过动态绑定可以编写程序,使用这些类而又忽略与具体类型相关的差异。

习　题

1. 为计数器 Counter 类重载 ++ 、-- 、( ) 运算符,能达到如下要求:

```
void main(){
    Counter acounter(5);
    ++acounter;//对计数器进行加 1 操作
    --acounter;//对计数器进行减 1 操作
    int v=acounter();//获取计数器的值
    cout<<acounter;//输出计数器的值
}
```

2. 重载运算符" << ",使之能够使用 cout 将 Clock 类对象的值以时间格式输出。

3. 设计一个圆类 circle 和一个桌子类 table,另外设计一个圆桌类 roundtable,它是从前两个类中派生出来的。要求:输出圆桌的高度、面积和颜色等数据。

4. 实现一个两层的 stack(堆栈)类体系,其基类是个纯抽象类 stack,只提供最简单的接口 pop( )、push( )、size( )、empty( )、full( )、peak( )和 print( )。有两个派生类分别为 LIFO_Stack(先进后出堆栈)和 Peek_Stack(访问堆栈)。其中,Peek_Stack 可以让用户在不更改 Stack 元素的前提下,访问任何一个元素。

第 10 章
模板、命名空间和异常处理

10.1 模板

C++语言最重要的特征之一就是代码重用,为了实现代码重用,代码必须具有通用性。通用的代码需要不受数据类型的影响,并且可以自动适应数据类型的变化。这种程序设计类型称为参数化程序设计(泛型程序设计)。

模板是一种对类型进行参数化的工具,通常有两种形式:函数模板和类模板。函数模板仅针对参数类型不同的函数,类模板仅针对数据成员和成员函数类型不同的类。

10.1.1 函数模板

函数模板的格式如下:

视频讲解

```
template <class 形参名1,class 形参名2,...> 返回类型 函数名(参数列表)
{
    函数体
}
```

例如,写一个函数求两个值中的最大者。作为强类型的语言,C++语言"不允许"也不应该对两种不同类型的数据进行比较。一般的解决办法就是写一系列的函数,来分别完成整型、浮点型和用户自定义类型的求解。

```
int max(int x,int y){…}
float max(float x,float y){…}
```

这些函数除了操作的数据类型不同之外,代码框架是一样的。这使程序代码变得累赘而加大维护难度。

一个变通的方法是使用宏定义:

```
#define max(x, y)  ((x) > (y) ? (x) : (y))
```

这样做虽然解决了代码维护问题,但是由于宏定义只是在编译时进行简单的宏展开,避开了类型检查机制,因此可能带来一些难以发觉的错误。

使用C++语言的模板可以轻松地解决上述问题,此时数据类型本身就是一个参数。

例如,max 函数的模板可以定义为:

```
template <class T>
  T max(T x, T y){  return x > y ? x : y; }
```

关键字 template 后面的尖括号表明,max 函数要用到一个叫做 T 的参数(我们称作模板参数),而这个参数是一种类型。该模板的含义就是无论参数 T 为 int、char 或其他数据类型(包括类类型),函数 max 的语义都是对 x 和 y 求最大值。这样定义的 max 代表了一类具有相同程序逻辑的函数,称为函数模板。

模板是 C++ 语言支持参数化程序设计的工具,通过它可以实现参数化多态性。所谓的参数化多态性,就是将程序所处理的对象的类型参数化,使得一段程序可以处理多种不同类型的对象。

函数模板本身是不被编译的,所以函数模板不能直接使用,必须被实例化(即给定类型参数 T)后才能使用。例如:

```
int main(){
    double a = 1.0, b;
    b = max(a, 2.0);
    system("pause");
    return 0;
}
```

在上面的代码中,函数模板接受了一个隐含的参数:double。编译器自动将函数模板扩展成一个完整的关于 double 类型的比较大小的函数,然后再在函数模板被调用的地方产生合适的函数调用代码。

由函数模板实例化出的函数称为模板函数,它们之间的关系如图 10-1 所示。

图 10-1 函数模板与模板函数的关系

对于函数模板而言,不存在 max(int, int) 这样的调用,对函数模板的调用应使用实参推演来进行,即只能进行 max(2,3) 这样的调用,或者 int a, b; max(a,b),此时,模板 T 的类型为 int。

就像类和对象的关系一样,函数模板将具有相同正文的一类函数抽象出来,可以适应任意数据类型 T。

假设有如下的代码:

```
void Func(int num,char ch){
      int a = max(num,ch);
      int b = max(ch,num);
}
```

此时为函数模板提供了两个不同的类型(int 和 char),编译器无法按模板的规则实例化出那样的函数。但是在实际应用中 int 和 char 类型的数据之间的隐式类型转换是很普遍的情况。那么如何解决这样的问题呢?

C++ 语言允许一个函数模板可以使用多个模板参数或者重载一个函数模板。

1. 方法 1:使用多个模板参数

例 10-1 用两个不同的模板参数实现 max 函数模板。

```
//10-1.cpp
#include <iostream>
usingnamespace std;
template <class T, class D>
T max(T x, D y) {
    return (x >y) ? x : y;
}
int main()
{
    int a = 9;
    char b = 34;
    int rr = max(a, b);
    cout << rr << endl;
    system("pause");
    return 0;
}
```

此时,编译器根据参数 a 和 b 的类型,实例化出 int max(int x,char y)这样的函数。

2. 方法 2:重载一个函数模板

例 10-2 用重载函数实现 max 函数与 max 函数模版。

```
//10-2.cpp
template <class T>
T max(T x,T y){
    return (x >y)?x:y;
}
int max(int x,char y){
    return (x >y)?x:y;
}
int main(){
    int num =1;
    char ch =2;
    max(num,num);        // 调用 max(int,int)
    max(ch,ch);          // 调用 max(T,T)
    max(num,ch);         // 调用 max(int,int)
    max(ch,num);         // 调用 max(int,int)
    system("pause");
    return 0;
}
```

这种方式,我们仍然保留只有一个模板参数 T 的函数模板 max,然后再重载一个参数都是 int 类型的 max 函数。重载函数的最佳匹配遵循以下优先规则。

（1）完全匹配时,普通函数优于模板函数及模板函数的实例化版本。

（2）提升转换（例如,char 和 short 转换为 int 以及 float 转换为 double）。

（3）标准转换（例如,int 转换为 char 以及 long 转换为 double）。

（4）用户定义的转换,如类类型的转换。

10.1.2　类模板

类模板的格式为:

视频讲解

```
template<class 形参名1,class 形参名2,… >
class 类名
{ ... };
```

类模板和函数模板都是以 template 开始后接模板形参列表组成,模板形参不能为空,一旦声明了类模板就可以用类模板的形参名声明类中的成员变量和成员函数,即可以在类中使用内置类型的地方都可以使用模板形参名来声明。例如:

```
template<class T >
class A{
public: T a;
        T b;
        T Func(T c, T &d){a = c;b = d;};
};
```

类模板对象的创建方法是,比如一个模板类 A,则使用类模板创建对象的方法为 A<int> m;,在类 A 后面跟上一个 <> 尖括号并在里面填上相应的类型,这样的话,类 A 中凡是用到模板形参的地方都会被 int 所代替。

类模板也可以定义多个模板形参。例如:

```
template<class T,class D >
class A {
public: T a;
        D b;
        T Func(T c, D &d){a = c;b = d;};
};
```

此时创建对象的方法为 A<int, double> m;,即在 <> 尖括号里给出两个不同的类型,类型之间用逗号隔开。

在类模板外部定义成员函数的方法为:

```
template<模板形参列表>函数返回类型　类名<模板形参名>::函数名(参数列表){函数体}
```

例 10-3　用类模板实现一个双向链表,链表结点存储的数据用成员 value 表示,其类型为模板形参 T。

```
//10-3.cpp
template<class T >
class node{
    T value;
    node * prev, * next;
public:
    node(){prev = NULL;next = NULL;}
```

```
    void setValue(T value){this->value=value;}
    void append(node *p);
};
template <class T>
    void node<T>::append(node *p){
    p->next=this->next;
    p->prev=this;
    if(next!=NULL)
        next->prev=p;
    next=p;
}
int main(){
    node<int> *list_head;
    node<int> node,node1,node2;
    node.setValue(1);
    node1.setValue(2);
    node2.setValue(3);
    list_head=&node;
    list_head->append(&node1);
    list_head->append(&node2);
    system("pause");
    return 0;
}
```

调试状态运行程序,在监视窗口输入 list_head,打开 list_head 前面的" + ",可以看到链表中的结点结构关系,如图 10-2 所示。list_head 指向的结点值为 1,prev = NULL,next 的值为 0x00d9fc8c;而 0x00d9fc8c 结点的值为 3,pre 的值为 0x00d9fcb4,指向 list_head 结点,而 next 的值是 0x00d9fca0。逻辑关系如图 10-3 所示。

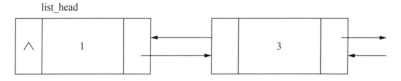

图 10-2　以 list_head 为头指针的双向链表中的结点结构关系

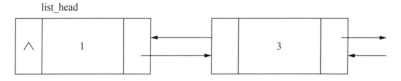

图 10-3　以 list_head 为头结点的双向链表前 2 个结点的逻辑关系

可以看出，这个链表可以适应不同的数据类型(如图 10-4 所示)，在 main 函数中，我们将模板类 node 实例化为能够处理 int 类型数据的类。

图 10-4　类模板和模板类的关系

10.2　命名空间

视频讲解

命名空间(也称为名字空间)是表达多个变量和多个函数组合成一个组的方法。主要是为了解决名字(用户定义的类型名、变量名和函数名)冲突的问题。

例如，MyStudent 和 YourStudent 两个文件都有 Student 类，该类里面有公有成员函数 ShowMe，使用的时候到底使用的是哪个 Student 呢?

例 10-4　在 MyStudent. cpp 和 YourStudent. cpp 这两个文件中都定义了 Student 类，main 函数定义 Student 类对象，运行程序并观察生成的是哪一个文件的类对象。

```cpp
//10-4.cpp
//MyStudent.cpp
class Student{
public:
    void ShowMe(){cout << "MyStudent" << endl;}
};
//YourStudent.cpp
class Student{
public:
    void ShowMe(){cout << "YourStudent" << endl;}
};
//main.cpp
#include"MyStudent.cpp"
#include"YourStudent.cpp"
int main(){
    Student s;
    s.ShowMe();
    system("pause");
    return 0;
    }
```

程序编译时，提示的错误如图 10-5 所示，类"Student"被重复定义。因为 MyStudent. cpp 和 YourStudent. cpp 都定义了 Student 类，因此编译器会报告"重复定义错误"。

图 10-5　未使用命名空间出现的错误提示信息

修改程序,为每一个文件增加命名空间。

例 10-5　在例 10-4 的基础上,为每个文件增加命名空间,运行程序并观察实际的是
哪一个文件的 Student 类对象。

```cpp
//10-5.cpp
//MyStudent.cpp
    namespace MyStudent{
    class Student {
    public:
        void ShowMe(){cout << "MyStudent" <<endl;}
    };
}
//YourStudent.cpp
namespace YourStudent{
    class Student{
    public:
        void ShowMe(){cout << "YourStudent" <<endl;}
    };
}
//main.cpp
#include"MyStudent.cpp"
#include"YourStudent.cpp"
int main(){
    Student s;
    s.ShowMe();
    system("pause");
    return 0;
}
```

程序虽然使用了命名空间,但方法不对,程序编译依然失败,如图 10-6 所示,显示
“Student”是未声明的标识符。虽然 2 个文件中的 MyStudent 都放在各自不同的命名空间中,
但使用的时候未指定类 Student 所在命名空间,因此报错。

图 10-6　命名空间定义错误出现的提示信息

例 10-6　在例 10-5 的基础上，修改 main.cpp 程序。

```
//10-6.cpp
//main.cpp
#include"MyStudent.cpp"
#include"YourStudent.cpp"
int main()
{
    MyStudent::Student ms;
    YourStudent::Student ys;
    ms.ShowMe();
    ys.ShowMe ();
    system("pause");
    return 0;
}
```

程序编译通过，此时，对象 ms 的类型是名字空间 MyStudent 下的 Student，而 ys 的类型是名字空间 YourStudent 下的 StudentID。运行结果如下：

```
MyStudent
YourStudent
```

命名空间还可以用 using 语句，使得使用 using 的命名空间可以省略命名空间名称，代码如下：

```
#include"MyStudent.cpp"
#include"YourStudent.cpp"
using namespace MyStudent;
int main()
{
    Student ms;
    YourStudent::Student ys;
    ms.ShowMe();
    ys.ShowMe ();
    system("pause");
    return 0;
}
```

由于使用 using 语句来规定默认的名字空间，因此在声明对象 ms 时，无须指定 Student 类是在哪个名字空间下；而对于 ys，如果需要明确告知编译器其类型是 YourStudent 名字空间下的 Student，则在声明 ys 时需要通过 YourStudent::Student 这样的方式显式指出来。

但如果两个命名空间都使用 using，会出现什么情况呢？

例 10-7　在例 10-5 的基础上，两个命名空间都使用 using，观察运行的程序。

```
//10-7.cpp
#include"MyStudent.cpp"
#include"YourStudent.cpp"
using namespace MyStudent;
using namespace YourStudent;
int main()
{
```

```
    Student ms;
    ms.ShowMe();
    system("pause");
    return 0;
}
```

此时会发生程序编译错误,如图 10-7 所示,此时仍然存在不能确定 Student 所在命名空间的问题。

图 10-7 命名空间定义发生歧义出现的提示信息

一个命令空间是一个作用域,在不同名字空间中命名相同的符号代表不同的实体。

命名空间可以在两个地方被定义:在全局范围层次或者是在另一个命名空间中被定义(这样就形成一个嵌套名字空间),不能在函数和类的内部定义。例如:

```
#include <iostream>
namespace OutNames
{
    int iVal1 = 100;
    int iVal2 = 200;
    namespace InnerNames //定义嵌套名字空间
    {
        int iVal3 = 300;
        int iVal4 = 400;
    }
}
int main(void)
{
    std::cout << OutNames::iVal1 << std::endl;
    std::cout << OutNames::iVal2 << std::endl;
    std::cout << OutNames::InnerNames::iVal3 << std::endl;   /*使用嵌套名字
空间成员 */
    std::cout << OutNames::InnerNames::iVal4 << std::endl;   /*使用嵌套名字
空间成员 */
    system("pause");
    return 0;
}
```

全局命名空间是隐式声明的,存在于每个程序中,可以用作用域操作符引用全局命名空间的成员。因为全局命名空间是隐含的,所以它没有名字。例如,::member_name。

命名空间可以是不连续的,它是由所有分离定义的命名空间的各个部分的整体构成的。一个命名空间可以分散在多个文件中,不同的文件中命名空间的定义也是累积的。但匿名命名空间虽然可以在给定文件中不连续,但不能跨越文件,每个文件有自己的未命名的命名空间。例如:

```
#include <iostream>
namespace //未命名的命名空间
{
    int count = 1;
}
using namespace std;
namespace //未命名的命名空间
{
    void name_printf(void)
    {
        cout << "count = " << count << endl;
    }
}
int main(void)
{
    count = 3;         //直接使用
    name_printf();     //直接使用
    system("pause");
    return 0;
}
```

匿名空间使作用域约束在一个文件中,代替使用 static 来声明变量和函数。

值得注意的是,和函数一样,匿名空间中的成员的名字不能与全局作用域中定义的名字相同。例如:

```
int i;  //global variable
namespace //unnamed namespace
{
    int i;
}
//error: reference to 'i' is ambiguous
```

可以使用 using namespace 指令,这样在使用命名空间时就可以不用在前面加上命名空间的名称。这个指令会告诉编译器,后续的代码将使用指定的命名空间中的名称。

```
#include <iostream>
using namespace std;
//第一个命名空间
namespace first_space{
    void func(){
        cout << "Inside first_space" << endl;
    }
}
//第二个命名空间
namespace second_space{
    void func(){
        cout << "Inside second_space" << endl;
    }
}
using namespace first_space;
int main ()
{
    func(); //调用第一个命名空间中的函数
```

```
        system("pause");
        return 0;
    }
```

当上面的代码被编译和执行时,它会产生下列结果:

```
    Inside first_space
```

using 指令也可以用来指定命名空间中的特定项目。例如,如果只打算使用 std 命名空间中的 cout 部分,则可以使用如下的语句:

```
    using std::cout;
```

随后的代码中,在使用 cout 时就可以不用加上命名空间名称作为前缀,但是 std 命名空间中的其他项目仍然需要加上命名空间名称作为前缀。例如:

```
#include <iostream>
using std::cout;
int main ()
{
    cout << "std::endl is used with std!" << std::endl;
    system("pause");
    return 0;
}
```

当上面的代码被编译和执行时,它会产生下列结果:

```
    std::endl is used with std!
```

using 指令引入的名称遵循正常的范围规则。名称从使用 using 指令开始是可见的,直到该范围结束。此时,在范围以外定义的同名实体是隐藏的。

视频讲解

10.3 异常处理

程序运行中的有些错误是可以预料但不可以回避的,例如,内存空间不足、硬盘上的文件被移动、打印机未连接好等系统运行环境造成的错误。这时要力争做到,允许用户排除环境错误,继续运行程序;至少要给出适当的提示信息,这就是异常处理程序的任务。C++的异常处理机制使得异常的引发和处理不必在同一个函数中,这样底层的函数可以着重解决具体问题,而不必过多地考虑对异常的处理。上层调用者可以在适当的位置设计对不同类型异常的处理。因此异常处理机制提供程序中错误检测与错误处理部分之间的通信。异常存在于程序的正常功能之外,要求程序立即处理。C++语言的异常由 throw 引发,用 try … catch 语句来完成异常处理。try … catch 语句表达式如下:

```
try { statements; }
catch (exception expression1) { statements;}
catch (exception expression2) { statements;}
catch (exception expressionN) { statements;}
```

(1) throw。当问题出现时,程序会抛出一个异常。这是通过使用 throw 关键字来完成的。

(2) catch。在想要处理问题的地方,通过异常处理程序捕获异常。catch 关键字用于捕获异常。

（3）try。try 块中的代码标识将被激活的特定异常。它后面通常跟着一个或多个 catch 块。

（4）try 块。以 try 开始，并以一个或多个 catch 结束。在 try 块中执行的代码所抛出的异常，常会被其中一个 catch 子句处理。

标准库定义了一组异常类用来在 throw 和相应的 catch 之间传递有关的错误信息。

例如，书店里的销售书系统，统计两个销售是否是同一个书号，如果是同一个书号则合并销售业绩；否则，输出不是同一个书号不能合并的信息。程序代码如下：

```
int test()
{    sales_item   item1,item2;
     std::cin >> item1 >> item2;
     if(item1.same_isbn(item2))
     {
         std::cout << item1 + item2 << std::endl;
         return 0;
     }
     else
     {
         std::cerr << "Data must refer to same ISBN" << std::endl;
         return -1;
     }
}
```

修改程序改用 throw 把错误抛给上层解决，程序代码如下：

```
If(!item1.same_isbn(item2))
    throw runtime_error("Data must refer to same ISBN");
// 如果程序执行到这里，则说明书号是相同的
std::cout << item1 + item2 << std::endl;
```

抛出的异常需要被上层捕获，所以如果 throw 抛出异常，应该在 try 里面捕获这个异常，根据异常的类型不同，在 catch 里面分别进行处理。之后，完善程序，持续处理合并工作，用异常处理机制捕获运行错误的程序代码如下：

```
void test(){
while(cin >> item1 >> item2){
    try{
        if(item1.sameisbn(item2))
        {    cout << item1 + item2 << endl;}
        else
            throw runtime_error("Data must refer to same ISBN");
    }
    catch(runtime_error err)
    {
        cout << err.what() << "\n Try Again? Enter y or n" << endl;
        char c;
        cin >> c;
        if(cin && c == 'n')
            break;
    }
  }
}
```

这是一个简单的例子，用来说明在 try 块中抛出异常和捕捉异常的情况。

下面,我们来分析一个函数嵌套调用的程序。

```cpp
#include <iostream>
using namespace std;
int main()
{
    void f1();
    try
    {
        f1();
    }//调用 f1()
    catch(double)
    {
        cout << "OK0!" << endl;
    }
    cout << "end0" << endl;
    return 0;
}
void f1()
{
    void f2();
    try
    {
        f2();
    } //调用 f2()
    catch(char)
    {
        cout << "OK1!";
    }
    cout << "end1" << endl;
}
void f2()
{
    void f3();
    try
    {
        f3();
    } //调用 f3()
    catch(int)
    {
        cout << "Ok2!" << endl;
    }
    cout << "end2" << endl;
}
void f3()
{
    double a = 0;
    try
    {
        throw a;
    } //抛出 double 类型异常信息
    catch(float)
    {
        cout << "OK3!" << endl;
    }
    cout << "end3" << endl;
}
```

程序的运行结果为：

```
OK0!(在主函数中捕获异常)
end0 (执行主函数中最后一个语句时的输出)
```

如果将 f3 函数中的 catch 子句改为 catch(double)，而程序中其他部分不变，则程序运行结果如下：

```
OK3! (在 f3 函数中捕获异常)
end3 (执行 f3 函数中最后一个语句时的输出)
end2 (执行 f2 函数中最后一个语句时的输出)
end1 (执行 f1 函数中最后一个语句时的输出)
end0 (执行主函数中最后一个语句时的输出)
```

如果将 f3 函数中的 catch 块改为

```
catch(double)
{
    cout << "OK3!"<<endl;
    throw;
}
```

则程序的运行结果为：

```
OK3!(在 f3 函数中捕获异常)
OK0!(在主函数中捕获异常)
end0 (执行主函数中最后一个语句时的输出)
```

通过这个例子，说明当 throw 一个异常时，可以在本层或上层捕获异常。异常通常是一些标准异常。标准异常有以下 4 种。

（1）exception 头文件。最常见的异常类，类名为 exception。它只通知异常，不提供更多的信息。

（2）stdexcept。定义了几种常见的异常类，如表 10-1 所示。

（3）new。头文件定义了 bad_alloc 异常类型，提供因无法分配内存而由 new 抛出的异常。

（4）type_info。定义了 bad_cast 异常类。

表 10-1　在 <stdexcept> 头文件中定义的标准异常类

异　　　常	最常见的问题
runtime_error	运行时错误：在运行时才能检测到的问题
range_error	运行时错误：生成的结果超出了有意义的值域范围
overflow_error	运行时错误：计算上溢
underflow_error	运行时错误：计算下溢
logic_error	逻辑错误：可在运行前检测到的问题
domain_error	逻辑错误：参数的结果值不存在
invalid_error	逻辑错误：不合适的参数
length_error	逻辑错误：试图生成一个超出该类型最大长度的对象
out_of_range	逻辑错误：使用一个超出有效范围的值

参考答案

╔══════════════════╗
║   **课堂练习题**   ║
╚══════════════════╝

1. 设计一个类模板,其中包括数据成员 T a[ ] 及其进行排序的成员函数 sort( ),模板参数 T 可以实例化为字符串。

2. 以 String 类为例,在 String 类的构造函数中使用 new 分配内存。将异常处理机制与其他处理方式对内存分配失败这一异常进行处理对比,说出异常处理机制的优点。

╔══════════════════╗
║   **小   结**   ║
╚══════════════════╝

1. 用 template 关键字声明模板参数,可以用该模板参数定义函数模板和类模板,当指定不同数据类型的时候,就可以得到支持不同数据类型的模板函数和模板类,提高了代码通用性。

2. 命名空间也称为名字空间,它是表达多个变量和多个函数组合成一个组的方法,主要是为了解决名字(用户定义的类型名、变量名、函数名)冲突的问题。

3. C++语言的异常处理机制使得异常的引发和处理不必在同一个函数中,这样底层的函数可以着重解决具体问题,而不必过多地考虑对异常的处理。上层调用者可以在适当的位置设计对不同类型异常的处理。把可能出错的代码放到 try 语句块当中,通过 throw 扔出异常,通过 catch 捕获异常并根据异常类型进行相应的处理。

╔══════════════════╗
║   **习   题**   ║
╚══════════════════╝

1. 写一个能够处理任意基本类型和复数类型的双向链表类,能够实现以下操作:在数据的第 i 个位置做插入/删除操作,根据关键字查找某个元素的详细信息等。根据输入的数据序列建立双向链表并测试上述功能的正确性。

2. 修改第 9 章的上机实验:精灵游戏,将各个类放到合适的命名空间中并增加合适的异常处理操作。

╔══════════════════════╗
║   **知识补充与扩展**   ║
╚══════════════════════╝

一、模板非类型形参

(1) 模板非类型形参。模板的非类型形参也就是内置类型形参,如 template < class T, int a > class B{ };其中 int a 就是模板非类型形参。

(2) 非类型形参在模板定义的内部是常量值,也就是说非类型形参在模板的内部是常量。

(3) 模板非类型形参只能是整型,指针和引用,像 double、String、String ＊＊这样的类型是不允许的。但是 double &、double ＊、对象的引用或指针是正确的。

(4) 调用模板非类型形参的实参必须是一个常量表达式,即它必须能在编译时计算出结果。

> **注意**　任何局部对象、局部变量、局部对象的地址、局部变量的地址都不是一个常量表达式，都不能用作模板非类型形参的实参。全局指针类型、全局变量、全局对象也不是一个常量表达式，不能用作模板非类型形参的实参。

（5）全局变量的地址或引用，全局对象的地址或引用 const 类型变量是常量表达式，可以用作模板非类型形参的实参。

（6）sizeof 表达式的结果是一个常量表达式，也能用作模板非类型形参的实参。

（7）当模板的形参是整型时调用该模板时的实参必须是整型的，且在编译期间是常量。例如，template < class T, int a > class A{{};如果有 int b，则 A < int, b > m;将出错，因为 b 不是常量；如果有 const int b，则 A < int, b > m;就是正确的，因为这时 b 是常量。

（8）非类型形参一般不应用于函数模板中。例如，有函数模板 template < class T, int a > void h(T b){{}，若使用 h(2)调用，则会出现无法为非类型形参 a 推演出参数的错误，对这种模板函数可以用显示模板实参来解决；如果用 h < int, 3 > (2)，则会把非类型形参 a 设置为整数 3。

（9）模板非类型形参的形参和实参之间允许下面的转换。

① 允许从数组到指针，从函数到指针的转换。例如，template < int *a > class A{{};int b[1]；A<b> m;即数组到指针的转换。

② 修饰符的转换。例如，template < const int *a > class A{{};int b；A<&b> m;即从 int * 到 const int * 的转换。

③ 提升转换。例如，template < int a > class A{{};const short b = 2；A<b> m;即从 short 到 int 的提升转换。

④ 整值转换。例如，template < unsigned int a > class A{{}；A<3> m;即从 int 到 unsigned int 的转换。

⑤ 常规转换。

二、类模板非类型形参示例

```
//模板的声明或定义只能在全局,命名空间或类范围内进行.即不能在局部范围,函数内进行,比如
不能在 main 函数中声明或定义一个模板
//类模板的定义
template < class T > class A{public:T g(T a, T b); A();};   //定义带有一个类模板类型形
参 T 的类 A
template < class T1,class T2 > class B{public:void g();}; //定义带有两个类模板类型
形参 T1,T2 的类 B

//定义类模板的默认类型形参,默认类型形参不适合于函数模板
template < class T1,class T2 = int > class D{public: void g();}; //定义带默认类型形
参的类模板,这里把 T2 默认设置为 int 型
//template < class T1 = int, class T2 > class E{}; //错误,为 T1 设了默认类型形参,则 T1
后面的所有形参都必须设置认默值

//以下为非类型形参的定义
//非类型形参只能是整型,指针和引用,像 double,String, String ** 这样的类型是不允许的.
但是 double &,double * 对象的引用或指针是正确的
template < class T1,int a > class Ci{public:void g();}; //定义模板的非类型形参,形参
为整型
```

```
template < class T1,int &a > class Cip{public:void g();};
template < class T1,A < int > * m > class Cc{public:void g();}; //定义模板的模板类型
形参,形参为 int 型的类 A 的对象的指针
template < class T1,double * a > class Cd{public:void g();};   //定义模板的非类型形
参,形参为 double 类型的指针
class E{}; template < class T1,E &m > class Ce{}; //非类型模板形参为对象的引用
//以下非类型形参的声明是错误的
template < class T1,A m > class Cc{}; //错误,对象不能作为非类型模板形参,非类型模板形
参的类型只能是对象的引用或指针
template < class T1,double a > class Cc{}; //错误,非类型模板的形参不能是 double 类
型,可以是 double 的引用
template < class T1,A < int > m > class Cc{}; //错误,非类型模板的形参不能是对象,必须是
对象的引用或指针,这条规则对于模板型参也不例外
//在类模板外部定义各种类成员的方法
//typeid(变量名).name()的作用是提取变量名的类型,如 int a,则 cout << typeid(a).name()
将输出 int
template < class T >   A < T >::A(){cout << "class A: " << typeid(T).name() << endl;}
//在类模板外部定义类的构造函数的方法
template < class T > T A < T >::g(T a,T b){cout << "class A g(T a,T b)" << endl;} //在
类模板外部定义类模板的成员
template < class T1,class T2 >   void B < T1,T2 >::g(){cout << "class g f()" << ty-
peid(T1).name() << typeid(T2).name() << endl;}
//在类外面定义类的成员时,template 后面的模板形参应与要定义的类的模板形参一致
template < class T1,int a >    void Ci < T1,a >::g(){cout << "class Ci g()" << ty-
peid(T1).name() << endl;}
template < class T1,int &a >     void Cip < T1,a >::g(){cout << "class Cip g()" <<
typeid(T1).name() << endl;}
//在类外部定义类的成员时,template 后的模板形参应与要定义的类的模板形参一致
template < class T1,A < int > * m > void Cc < T1,m >::g(){cout << "class Cc g()" <<
typeid(T1).name() << endl;}
template < class T1,double * a > void Cd < T1,a >::g(){cout << "class Cd g()" << ty-
peid(T1).name() << endl;}

//带有默认类型形参的模板类,在类的外部定义成员的方法
//在类外部定义类的成员时,template 的形参表中默认值应省略
template < class T1,class T2 >   void D < T1,T2 >::g(){cout << "class D g()" <<
endl;}
//template < class T1,class T2 = int > void D < T1,T2 >::g(){cout << "class D k()" <
< endl;} //错误,在类模板外部定义带有默认类型的形参时,在 template 的形参表中默认值应
省略
//定义一些全局变量.
int e = 2;  doubleed = 2.2; double * pe = &ed;
A < int > mw; A < int > * pec = &mw; E me;

//main 函数开始
int main()
{ //template < class T > void h(){} /*错误,模板的声明或定义只能在全局,命名空间或类范
围内进行.即不能在局部范围,函数内进行 */
//A < 2 > m; //错误,对类模板不存在实参推演问题,类模板必须在尖括号中明确指出其类型
//类模板调用实例
A < int > ma; //输出"class A: "创建 int 型的类模板 A 的对象 ma
B < int,int > mb; mb.g(); /*输出"class B g() int int"创建类模板 B 的对象 mb,并把类型形
参 T1 和 T2 设计为 int */
//非类型形参的调用
/* 调用非类型模板形参的实参必须是一个常量表达式,即它必须能在编译时计算出结果.任何局部
对象,局部变量,局部对象的地址,局部变量的地址都不是一个常量表达式,都不能用作非类型模板形
```

参的实参.全局指针类型,全局变量,全局对象也不是一个常量表达式,不能用作非类型模板形参的实参 */
/* 全局变量的地址或引用,全局对象的地址或引用 const 类型变量是常量表达式,可以用作非类型模板形参的实参 */
/* 调用整型 int 型非类型形参的方法为名为 Ci,声明形式为 template < class T1,int a > class Ci */
Ci < int,3 > mC1;
mC1.g() //正确,输出 class Ci g() int
const int a2 = 3; Ci < int,a2 > mci1; mci1.g(); /* 正确,因为 a2 在这里是 const 型的常量.输出 "class Ci g() int" */
//Ci < int,a > mci; /* 错误,int 型变量 a 是局部变量,不是一个常量表达式 */
//Ci < int,e > mci; /* 错误,全局 int 型变量 e 也不是一个常量表达式 */
/* 调用 int& 型非类型形参的方法类名为 Cip,声明形式为 template < class T1,int &a > class Cip */
Cip < int,e > mcip; //正确,对全局变量的引用或地址是常量表达式
//Cip < int,a > mcip1; //错误,局部变量的引用或地址不是常量表达式
/* 调用 double * 类型的非类型形参类名为 Cd,声明形式为 template < class T1,double * a > class Cd */
Cd < int,&ed > mcd; //正确,全局变量的引用或地址是常量表达式
//Cd < int,pe > mcd1; //错误,全局变量指针不是常量表达式
//double dd = 3.3; //错误,局部变量的地址不是常量表达式,不能用作非类型形参的实参
//Cd < int,&e > mcd; //错误,非类型形参虽允许一些转换,但这个转换不能实现

/* 调用模板类型形参对象 A < int > * 的方法类名为 Cc,声名形式为 template < class T1,A < int > * m > class Cc */
Cc < int,&mw > mcc; mcc.g(); //正确,全局对象的地址或者引用是常量表达式
//Cc < int,&ma > mcc;   //错误,局部变量的地址或引用不是常量表达式
//Cc < int,pec > mcc2;   //错误,全局对象的指针不是常量表达式

//调用非类型形参 E& 对象的引用的方法类名为 Ce.声明形式为 template < class T1,E &m > class Ce
E me1; //Ce < int,me1 > mce1; //错误,局部对象不是常量表达式
Ce < int,me > mce;   //正确,全局对象的指针或引用是常量表达式
//非类型形参的转换示例,类名为 Ci
/* 非类型形参允许从数组到指针,从函数到指针的转换,const 修饰符的转换,提升转换,整值转换,常规转换 */
const short s = 3; Ci < int,s > mci4; /* 正确,虽然 short 型和 int 不完全匹配,但这里可以将 short 型转换为 int 型 */

三、模板程序练习

标准模板库就是类与函数模板的大集合。STL 共有 6 种组件:容器,容器适配器,迭代器,算法,函数对象和函数适配器。

1. 容器

容器是用来存储和组织其他对象的对象。其中,表 10-2 中的容器表示 STL 中可用的所有容器,所有模板名称都在 std 命名空间中定义。T 是存储在容器中和使用键的地方的元素类型的模板类型形参,K 是键的类型。

C ++ 语言中也包括定义 hash_map < K,T > 和 hash_set < K,T > 的头文件 < hash_map > 和 < hash_set > 。它们是 map < K,T > 和 set < K,T > 容器的非标准变体,因为他们是在 stdext 命名空间中定义的(而不是在 std 中)。标准映射和集合容器用一个排序机制定位条目,而非标准 hash_map 和 hash_set 容器用散列机制定位条目。

表 10-2　STL 容器类的模板在标准头文件中定义

头 文 件	内　　容
< vector >	vector < T > 容器表示一个在必要时可自动增加容量的数组,只能在矢量容器的末尾添加元素
< deque >	deque < T > 容器实现一个双端队列,等价于一个矢量,不过增加了向容器开头添加元素的能力
< list >	list < T > 容器是一个双向链表
< map >	map < L, T > 是一个关联容器,用关联链(类型为 K)存储确定"链 – 对象"对所在位置的每一个对象(类型为 T)。映射中的每一个键的值必须唯一。这个头文件也定义了 multimap < K, T > 容器,其中"键 – 对象"对中的键不需要唯一
< set >	set < T > 容器是一个映射,其中个对象作为自身的键。集合中的所有对象必须唯一。使用对象作为自身的键的一个后果是无法在集合中修改对象:要修改对象,必须先删除后插入。这个头文件也定义了 multimap < K, T > 容器,它与集合容器相似,只是其中的条目不需要唯一
< bitset >	定义表示固定位数的 bitset < T > 类模板,通常用来存储表示一组状态或条件的标记(flag)

2. 容器适配器

容器适配器是包装了现有的 STL 容器类的模板类,它提供了一个不同的、通常更有限制性的功能。具体如表 10-3 所示。

表 10-3　容器适配器中的模板类

头 文 件	内　　容
< queue >	默认情况下,queue < T > 容器有 deque < T > 容器中的适配器定义,不过我们可以用 list < T > 容器定义它。我们只能访问队列中的第一个和最后一个元素,而且我们只能从后面添加元素,从前面删除元素。因此 queue < T > 容器运行过程就像排队一样。此外,这个头文件还定义了一个 priority_queue < T > 容器,它是一个排列它所包括的元素顺序的队列,因此最大的元素总在最前面。只有前端的元素可以被访问和删除。默认的情况下,优先级队列由 vector < T > 中的适配器定义,不过我们可以用 deque < T > 作为基础容器
< stack >	默认情况下,堆栈容器用 deque < T > 容器的适配器定义,不过可以用 vector < T > 或 list < T > 容器定义它。堆栈是一种先进先出的容器,因此添加或删除元素总是发生在顶部,我们只能访问顶部的元素

(1)利用容器适配器,建立容器对象分别为 vector 和 deque 的优先队列(priority_queue),用以描述某公司员工的所有员工信息,并输出该公司中工资最高的员工信息。

分析 vector 和 deque 是顺序容器,都具有添加、删除元素等功能。优先队列是以某种顺序容器为存储结构的新容器,具有优先级高的元素在前面,优先级低的元素在后面的特性。

首先,写出公司员工类;其次,以员工类为数据元素类型,使用优先队列快速找到工资最高的员工信息。参考程序如下。

```cpp
class staff
{
    int id;
    char name[50];
    float money;
public:
    staff(int i,char * cn,float m){id = i;strcpy(name,cn);money = m;};
    staff(){}
    ~staff(){};
    float GetMoney(){return money;}
    void PrintInfo()const{cout << "name: " << name << " id:" << id << " mon-
ey:" << money << endl;}
    bool operator < (const staff & s)const{return (money < s.money) ;}
    bool operator > (const staff & s)const{return (money > s.money) ;}
};
void main()
{
    staff s1;
    float m;
    priority_queue < staff,vector < staff >> vec_pq;
    vec_pq.push( staff(0,"Mike",1000));
    vec_pq.push ( staff(1,"June",3000));
    vec_pq.push ( staff(2,"Nice",1500));
    s1 = vec_pq.top ();
    s1.PrintInfo ();;
    priority_queue < staff,deque < staff >> deq_pq;
    deq_pq.push( staff(0,"Mike",1000));
    deq_pq.push ( staff(1,"June",3000));
    deq_pq.push ( staff(2,"Nice",1500));
    s1 = deq_pq.top ();
    s1.PrintInfo ();;
}
```

程序的运行结果如图 10-8 所示。

图 10-8　用 vector 和 deque 两个容器分别输出优先队列 Vel_pq 和 deq_pq 里的最高工资结果

上面的程序说明采用 priority_queue,无论用 vector 还是 deque 作为容器,都可以正确地进行优先队列的操作,使得优先队列的队首输出都是工资最高的员工。

(2)用关联容器 multimap 设计并实现一个在线聊天程序中所有用户的“好友列表”类。每个用户可以有多个好友,其中 key 是用户,value 是好友。容器中的每一项存储对应一个用户的好友,所有用户构成该容器的数据元素。

> **分析**　因为用户名与好友名都是字符串,且一个用户对应多个好友,所以可以采用 multimap 关联容器。参考程序如下。

```
int main()
{
    multimap < string,string > goodFriends;
    goodFriends.insert (make_pair("zhangsan","123"));
    goodFriends.insert (make_pair("zhangsan","456"));
    goodFriends.insert (make_pair("zhangsan","789"));
    goodFriends.insert (make_pair("lisi","123"));
    goodFriends.insert (make_pair("lisi","146"));
    cout << "lisi 的好友数量为: " <<goodFriends.count ("lisi") <<endl;
    cout << "lisi 的好友有:" <<endl;
    typedef multimap < string, string >::const_iterator   CIT;
    CIT cit;
    typedef pair <CIT, CIT > Range;
    Range range = goodFriends.equal_range("lisi");
    for( cit = range.first ;cit! = range.second ; ++cit)
        cout <<cit -> second <<endl;
    return 0;
}
```

程序的运行结果如图 10-9 所示。

图 10-9   用 multimap 关联容器输出 lisi 好友信息的运行结果

【问题】

虽然上面的程序实现了添加好友、查询好友等功能,但不是用类实现的,修改程序如下:

```
class GoodFriends
{
    multimap < string,string > friends;
public:
    GoodFriends(){}
    ~GoodFriends(){}
    void Insert(string n,string f){friends.insert(make_pair(n,f));}
    int Search(string n);
};
int GoodFriends::Search (string n)
{
    int s = friends.count (n);
    typedef multimap < string, string >::const_iterator   CIT;
    CIT cit;
    typedef pair <CIT, CIT > Range;
    Range range = friends.equal_range(n);
    for( cit = range.first ;cit! = range.second ; ++cit)
        cout <<cit -> second <<endl;
    return s;
}
int main()
{
```

```
    GoodFriends friends;

    friends.Insert ("zhangsan","123");
    friends.Insert ("zhangsan","456");
    friends.Insert ("zhangsan","789");
    friends.Insert ("lisi","123");
    friends.Insert ("lisi","146");
    int s = friends.Search ("lisi");
    system("pause");
    return 0;
}
```

注意　Search 成员函数只有打印好友,没有输出好友功能,应该把查询结果返回给调用者。

在类定义中修改成员函数为: int Search(string n,CIT& begin,CIT& end) ;
修改 Search 函数如下:

```
int GoodFriends::Search (string n,CIT& begin,CIT &end)
{
    int s = friends.count (n);
    typedef multimap <string, string >::const_iterator    CIT;
    CIT cit;
    typedef pair < CIT, CIT > Range;
    Range range = friends.equal_range(n);
    //for( cit = range.first ;cit! = range.second ; ++cit)
    //    cout << cit -> second << endl;
    begin = range.first ;
    end = range.second ;
    return s;
}
```

这样就实现了建立 Good Friends 类完成建立用户与多个好友建立关系,输出某用户所有的好友功能。而这都是通过标准模板库实现的。

网站推荐

① C ++ Programming Language Tutorials(http://www.cs.wustl.edu/~schmidt/C ++/)——C ++ 编程语言教程。

② C ++ Programming(https://en.wikibooks.org/wiki/C%2B%2B_Programming)——这本书涵盖了 C ++ 语言编程、软件交互设计、C ++ 语言的现实生活应用。

③ Free Country——Free Country(http://www.thefreecountry.com/sourcecode/cpp.shtml)提供了免费的 C ++ 源代码和 C ++ 库,这些源代码和库涵盖了压缩、存档、游戏编程、标准模板库和 GUI 编程等 C ++ 编程领域。

④ C and C ++ Users Group(http://www.hal9k.com/cug/)——C 和 C ++ 的用户团体提供了免费的涵盖各种编程领域 C ++ 项目的源代码,包括 AI、动画、编译器、数据库、调试、加密、游戏、图形、GUI、语言工具、系统编程等。